国家骨干建设院校优质核心课程教材

Jianzhu Shigong Jishu

建筑施工技术

徐凯燕　刘　灿　主　编
卢乃苏　副主编
李加林　主　审

人民交通出版社

内 容 提 要

本书是国家骨干建设院校优质核心课程教材。本书共10个学习单元,每个单元根据需要分若干学习情境,主要内容有:建筑施工技术课程简述、土方工程、地基处理与基础工程、脚手架和垂直运输设施、砌筑工程、钢筋工程、模板工程、混凝土工程、预应力混凝土工程、屋面防水工程。

本书可作为高职高专建筑工程技术、工程造价、房地产、城市轨道交通工程技术、工程监理等专业的教材和教学用书,也可供相关专业高职及中职院校教师和工程技术人员参考。

图书在版编目(CIP)数据

建筑施工技术/徐凯燕,刘灿主编.—北京:人民交通出版社,2013.6

ISBN 978-7-114-10506-7

Ⅰ.①建… Ⅱ.①徐… ②刘… Ⅲ.①建筑工程—工程施工—高等学校—教材 Ⅳ.①TU74

中国版本图书馆CIP数据核字(2013)第064697号

国家骨干建设院校优质核心课程教材

书　　名:**建筑施工技术**
著 作 者:徐凯燕　刘　灿
责任编辑:任雪莲　刘　君　贾秀珍
出版发行:人民交通出版社
地　　址:(100011)北京市朝阳区安定门外外馆斜街3号
网　　址:http://www.ccpress.com.cn
销售电话:(010)59757973
总 经 销:人民交通出版社发行部
经　　销:各地新华书店
印　　刷:北京市密东印刷有限公司
开　　本:787×1092　1/16
印　　张:12.75
字　　数:327千
版　　次:2013年6月　第1版
印　　次:2013年6月　第1次印刷
书　　号:ISBN 978-7-114-10506-7
定　　价:32.00元

广东交通职业技术学院

道路桥梁工程技术专业(群)教材编审委员会

序

2010年，广东交通职业技术学院成为我国首批启动的国家骨干高职院校建设单位，道路桥梁工程技术专业（以下简称路桥专业）成为重点建设专业（群）。

随着重点专业（群）建设项目的实施，进一步深化了人才培养模式、课程体系的改革，与其相适应的配套教材成了课程改革的必然要求。为适应这一需要，广东交通职业技术学院专业教师与广东省公路行业企业的专家和一线技术人员一道，紧密结合，组成教材编写小组，经过长期的调研，掌握了大量的第一手资料，通过充分的论证，制订了编写大纲。

在此基础上，既结合广东本土的诸多实际，又满足工学结合课程的要求，编写了路桥专业（群）部分核心课程的教材，具体包括：《建筑材料》、《公路软土地基处理技术》、《路面施工与检测》、《桥梁上部结构施工与检测》、《桥梁下部结构施工与检测》、《建筑施工技术》一套六本。

以上教材的编写，其素材来源广泛，既取材于工程一线，又融入了行业新规范、新标准，同时兼顾行业企业的新技术、新工艺、新材料等方面的运用，使教材内容紧密结合生产实际，融"教、学、做"为一体，力求体现能力本位，突出实践技能训练和动手能力培养的特点，并注重先进性、典型性与通用性的有机结合，使其适合高职院校师生使用。

教材的编写，其人员的代表性体现在校内包括专业带头人、骨干教师，校外包括代表性企业的专家、技术骨干。编写人员普遍具有长期从事职业教育或一线生产、管理的实践经验，有深厚的理论基础和丰富的工程实践经验，两者结合，相得益彰，准确把握了教材的深度和广度，使其更具教学的适用性和可操作性。

在此，向为本教材的编写付出辛勤劳动的行业企业的领导、专家、工程技术人员表示崇高的敬意和诚挚的谢意！

广东交通职业技术学院

道路桥梁工程技术专业（群）教材编审委员会

2012年12月

前　　言

本书是根据高等职业技术教育的要求，结合建筑施工的新技术标准和施工规程编写的。本书可作为高职高专建筑工程技术、工程造价、房地产、工程监理等专业的教材和教学用书，也可供相关高等职业及中等专业学校的教师和工程技术人员参考。

本书共10个学习单元，每个单元根据需要分若干学习情境，主要内容有：建筑施工技术课程简述、土方工程、地基处理与基础工程、脚手架和垂直运输设施、砌筑工程、钢筋工程、模板工程、混凝土工程、预应力混凝土工程、屋面防水工程。为了便于掌握重点和难点，各单元均配有练习题。

本书由徐凯燕、刘灿主编。其中，第一、二、三、四单元由徐凯燕编写，第五、六、八、九单元由刘灿编写，第七、十单元由卢乃荪编写。全书由徐凯燕负责统稿。

由于编者水平所限，编写时间仓促，书中定有不少缺点和错误，恳请读者批评指正。

编　者

2013年3月

目　录

单元一　建筑施工技术课程简述

建筑施工是指建筑产品的生产过程，即建筑物和构筑物建造过程的全部活动，这些活动都是以一定的方式在规定的建造地点进行的。这里，“一定的方式”是指技术途径，包括各单项技术，各工种、工艺和方法的合成，而且较多地以技术手段呈现出来。施工过程的技术手段越完善、越全面，它的终极产品即各种建筑物和构筑物便能以更高质、更安全、更经济的综合效益贡献于社会。每项工程的施工过程都是根据各工程的不同特点，选择合理的施工工艺和施工方法，也就是针对各个不同工程的特点和规模，如针对地质水文和气候条件，机械设备和材料供应条件，工程投资和资金储备条件，施工组织和人员条件，从运用先进技术、提高经济效益出发，积极地寻求完善的技术与经济效益的统一。

学习建筑施工技术，就是针对各个不同工程，研究其施工规律，选择最合理的施工工艺和施工方法。在学习过程中，既要学习前人在施工过程中总结出来的一些成功的技术和丰富的实践经验，还要尽可能多地了解国内外建筑领域的最新技术和发展动态；既要掌握施工组织和系统管理，还要能够读懂直接指导施工的相关技术文件，如各专业的施工图，相关的施工验收规范和技术规程，并能够用这些技术文件来规范工程施工中的每一道工序。

学习情境一　建筑工程概念

一、建筑工程定义

为新建、改建或扩建房屋建筑物和附属构筑物设施所进行的规划、勘察、设计和施工、竣工等各项技术工作所完成的工程实体。

（1）房屋建筑物：人类自行建造的，具有人类居住、活动并有保护性功能的土、木、砖、石、钢、混凝土等各种建筑材料形成的各种形态的实体。

建筑从规模上分有：单层、多层、高层；从性质上分有：民用建筑、工业建筑、公共建筑；从形式上分有：地下、洞穴、别墅、单体、群体建筑；从结构上分有：土木、砖石、砖混、框架、剪力墙、框架—抗震墙、框架—核心筒、筒中筒等。

（2）附属构筑物设施：为房屋建筑物配套的功能性设施和系统，如配电、给排水、锅炉、空调、通风、通信、电视、网络、电梯、太阳能设备等，也包括为这些设施建造的保护性房屋建筑。

（3）新建工程：在新的地址上，从基础、主体、装修到各个系统全部自行完善的整体性的房屋建筑物、附属构筑物及设施为新建工程。

新建工程的使用功能全部为新开设的，即各使用系统都是新建立后才健全的。

（4）改建工程：地址不变，保留或利用一部分原有的建筑物和附属构筑设施，在原有建筑物和附属构筑设施的基础上拆除一部分，再新建一部分建筑物或附属构筑设施的局部性、改造性的工程为改建工程。

改建工程原有的房屋建筑物和附属构筑物设施使用功能基本不改变或部分不改变，各使用系统在原有基础上进行了部分改变。

(5)扩建工程:不改变原有建筑物和附属构筑物,只是在原有建筑物和附属构筑物所属区域内新增建部分房屋建筑物或构筑物设施,具有扩展、扩容、扩充性的工程为扩建工程。

扩建工程原有建筑物和附属构筑物设施的使用功能基本没有改变,又增加了一部分新的使用功能和使用系统的房屋建筑物和附属构筑物设施。

二、建筑工程的建设程序

建设程序:是指一项建设工程从设想、提出到决策,经过设计、施工,直到投产或交付使用的整个过程中,应当遵循的内在规律。

按照建设工程的内在规律,投资建设一项工程应当经过投资决策、建设实施和交付使用3个发展时期。每个发展时期又可分为若干个阶段,各阶段以及每个阶段内的各项工作之间存在着不能随意颠倒的、严格的先后顺序关系。科学的建设程序应当坚持"先勘察、后设计、再施工"的原则。

1. 项目建议书阶段

(1)基本内容

①拟建项目的必要性和依据;

②产品方案、建设规模、建设地点初步设想;

③建设条件初步分析;

④投资估算和资金筹措设想;

⑤项目进度初步安排;

⑥效益估计。

(2)审批

项目建议书根据建设项目规模报送有关部门审批。项目建议书批准后,即可将项目列入项目建设前期工作计划,并进行下一步的可行性研究工作。

2. 可行性研究阶段

可行性研究阶段是指在项目决策之前,通过调查、研究、分析与项目有关的工程、技术、经济等方面的条件和情况,对可能的多种方案进行比较论证,同时对项目建成后的经济效益进行预测和评价的一种投资决策分析研究方法和科学分析活动。

(1)内容

可行性研究的主要作用是从建设项目和生产经营全过程分析项目的可行性,主要解决项目建设是否必要,技术方案是否可行,生产建设条件是否具备,项目建设是否经济合理等问题。同时为建设项目设计、银行贷款、申请开工建设、建设项目实施、项目评估、科学实验、设备制造等提供依据。

(2)可行性研究报告

可行性的研究成果就是可行性研究报告。批准后的可行性研究报告就是项目的最终决策文件,可行性研究报告经有关部门审查通过,拟建项目正式立项。

3. 设计阶段

设计是对拟建工程在技术、经济上进行全面的安排,是工程建设的具体化,是组织施工的依据。设计质量直接关系到建设工程的质量,是建设工程的决定性环节。

(1)初步设计

初步设计是根据批准的可行性研究报告和设计基础资料，对工程进行系统研究，概略计算，做出具体安排，拿出具体实施方案。其目的是在指定时间、空间等限制条件下，在总投资控制的额度内和质量要求下，做出技术上可行、经济上合理的设计和规定，并编制工程总概算。其额度不得超过可行性研究报告总投资的10%。

(2)技术设计

为了进一步解决初步设计中的重大问题，如工艺流程、建筑结构、设备选型等，根据初步设计和进一步的调查研究资料进行技术设计。这样做可以使工程更具体、更完善，技术指标更合理。

(3)施工图设计

在初步设计或技术设计的基础上进行施工图设计，使设计达到施工安装的要求。

施工图设计应结合实际情况，完整、准确地表达出建筑物的外形、内部空间的分割、结构体系及建筑系统的组成和周围环境的协调。按规定，建设单位须将施工图设计文件报县级以上人民政府建设行政主管部门或其他有关部门审查批准后方可使用。

4. 施工准备阶段

施工准备阶段的工作有：组建项目法人；征地、拆迁和平整场地；做到水通、电通、路通；组织设备、材料订货；建设工程报监；委托工程监理；组织工程招标投标，优选施工单位；办理施工许可证等。

建设单位按规定做好施工准备，具备开工条件以后申请开工，经批准后，便可进入项目施工安装阶段。

中标后的施工承包单位要有条不紊地进行施工准备工作，组建和完善项目经理部，调配合适的施工机具，并进行各项施工技术准备工作。此阶段的施工文件和施工现场准备工作详见图1-1。

5. 施工安装阶段

建设单位具备了开工条件并取得施工许可证后即可开工。

按照规定，工程新开工时间是指建设工程设计文件中规定的任何一项永久性工程第一次正式破土开槽的开始日期，不需开槽的工程，以正式打桩作为正式开工日期，铁道、公路、水库等需进行大量土石方工程的工程以土石方开挖作为正式开工日期。工程地质勘察、平整场地、旧建筑物拆除、临时建筑或设施等的施工不算正式开工。

本阶段的主要任务是按施工图设计进行建筑施工和安装，建成工程实体，也是施工人员、资金大量投入的阶段，是最重要的工程计划全面实施的阶段。

在施工安装阶段，施工承包单位应当认真做好图纸会审工作，参加设计交底，了解设计意图，明确质量要求；选择合适的材料供应商；做好人员培训；合理地组织施工队伍和施工机具，按照工程质量检验验收标准和安全生产的要求合理地安排施工，在施工安装过程中，建立并落实技术管理、质量管理体系和质量保证体系，严格对中间质量验收和竣工验收环节把好关。

6. 生产准备阶段

工程投产或使用前，建设单位应当做好各项生产准备工作。这是由建设阶段转入生产经营阶段的重要衔接阶段。在本阶段，建设单位应当做好相关工作的计划、组织、指挥、协调和控制工作。

7. 竣工验收阶段

建设工程按设计文件规定的内容和标准全部完成,并按规定将工程内外全部清理完毕达到竣工验收条件后,建设单位即可组织竣工验收,勘察、设计、施工、监理单位应参加竣工验收。竣工验收是考核建设成果、检验设计和施工质量的关键步骤,是由投资成果转入生产或使用的标志。竣工验收合格后,建设工程方可交付使用。

竣工验收后,建设单位应及时向建设行政主管部门或其他有关部门备案并移交建设项目档案。

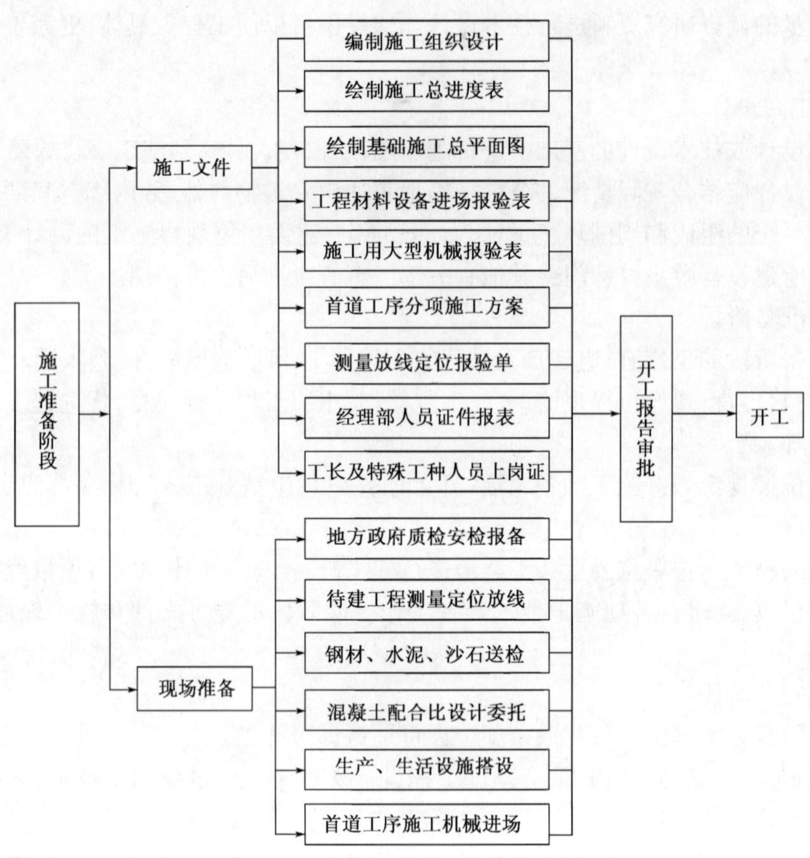

图 1-1　施工准备阶段的施工文件和现场准备

三、建筑工程的施工程序

建筑工程有特定的施工程序,它是从地基与基础施工起,至主体结构、屋面施工、建筑工程的装饰装修及给排水、电气、智能建筑、通风与空调、电梯等合为一体的、综合性的、有其特定的内在规律的项目,也形成了一个独特的专业体系。该体系将建筑工程质量验收程序划分为单位(子单位)工程、分部(子分部)工程、分项工程和检验批(详见学习情境二)。

在各建筑工程的施工和安装过程中,每道施工程序,每个分部工程、分项工程、检验批都有特定质量检验标准和生产安全要求,都有特定的技术和技能,每一个施工技术人员,施工管理人员都要熟练地掌握这些标准和要求,并运用这些标准和技能去安排生产和指导生产,让每一道施工工序都能科学地、有规律地运行,以达到质量检验标准,并取得最大的经济效益。

一般建筑工程的生产工艺流程见图1-2。

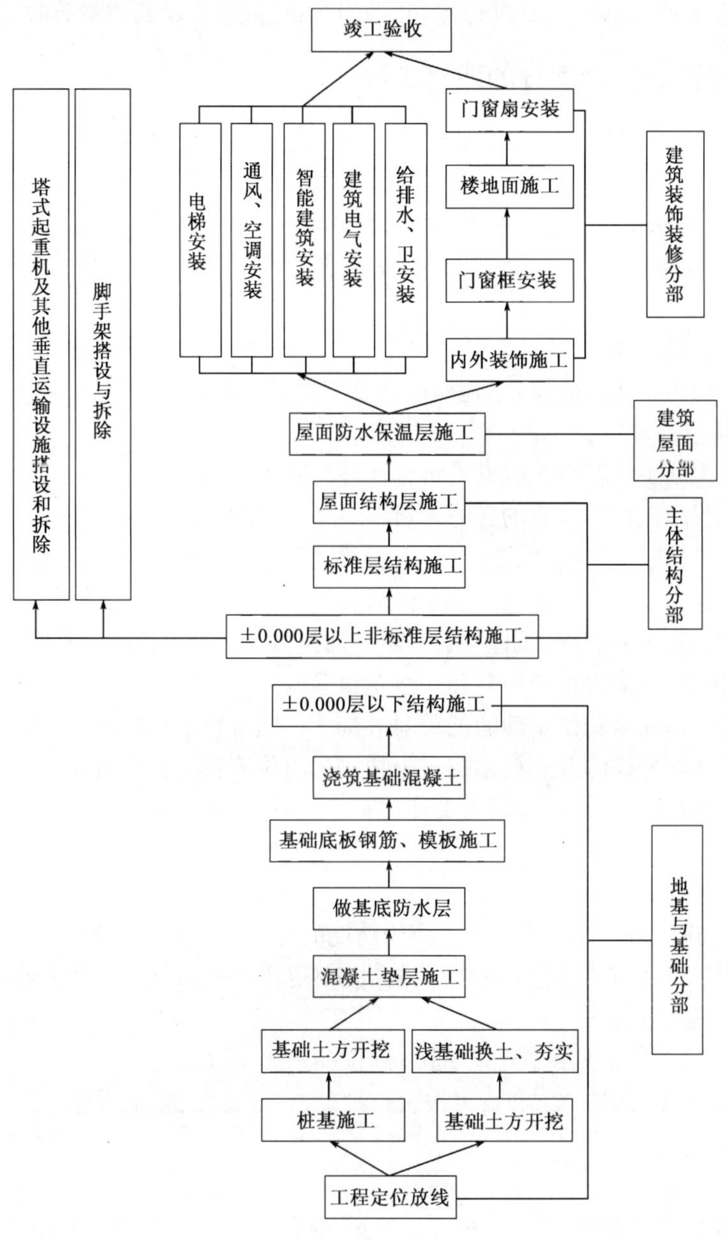

图1-2 一般建筑工程的生产工艺流程图

学习情境二 建筑工程质量验收统一标准

新中国成立以后,国家对建筑施工行业各个施工程序相继发布了相关的规范和验收标准。随着建筑业的发展,建筑业的许多工艺和材料都发生了较大的改变,这些规范和验收标准已不再完全适应建筑施工的现状。21世纪初,国家组织大量专业人员对原有的施工验收规范进行了修改,颁发了《建筑工程施工质量验收统一标准》(GB 50300—2001),并于2002年1月1日起正式实施,各相关专业工程施工质量验收标准都相继修订后实施。新颁发的施工验收规范又称为新规范，它在总结我国建筑工程施工质量验收实践经验的基础上，坚持“验评分离、强化验收、完善手段、过程控制”的指导思想，组成新的质量验收规范体系。

一、按质量验收程序划分的建筑工程

建筑工程质量：反映建筑工程满足相关标准规定或合同约定的要求，包括其在安全使用功能及其在耐久性能、环境保护等方面所有明显和隐含能力的特性总和。

验收：建筑工程在施工单位自行质量检验评定的基础上，参与建设活动的有关单位共同对检验批，分项、分部、单位工程的质量进行抽样复验，根据相关标准以书面形式对工程质量做出确认。

1. 建筑工程施工质量的基本要求

(1)建筑工程施工质量应符合《建筑工程施工质量验收统一标准》(GB 50300—2001)和相关专业验收规范的规定。

(2)建筑工程施工应符合工程勘察设计文件的要求。

(3)参加工程施工质量验收的各方人员应具备规定的资格。

(4)工程质量的验收均应在施工单位自行检查评定的基础上进行。

(5)隐蔽工程在隐蔽以前应由施工单位通知有关单位进行验收，并形成验收文件。

(6)涉及结构安全的试块、试件及有关材料应按规定进行见证取样检测。

(7)检验批的项目应按主控项目和一般项目验收。

(8)对涉及结构安全和使用功能的重要分部工程应进行抽样检测。

(9)承担见证取样检测及有关结构安全检测的单位应具有相应资质。

(10)工程的观感质量应由现场人员通过现场检查，并应共同确认。

2. 工程质量验收的划分

(1)单位工程的划分

①具备独立施工条件并能形成独立使用功能的建筑物及构筑物为一个单位工程。

②建筑规模较大的单位工程，其能形成独立使用功能的部分为一个子单位工程。

(2)分部工程的划分

①分部工程的划分应按专业性质、建筑部位确定。

②当分部工程较大或较复杂时，可按材料种类、施工特点、施工程序、专业系统及类别划分为若干子分部工程。

(3)分项工程划分

分项工程应按主要工种、材料、施工工艺、设备类别等进行划分。分项工程可由一个或若干检验批组成，检验批可根据施工及质量控制和专业验收需要按楼层、施工段、变形缝等进行划分。

(4)检验批定义

检验批是指按同一的生产条件或按规定的方式汇总起来供检验用的，由一定数量样本组成的检验体。

室外工程可根据专业类别和工程规模划分单位(子单位)工程。

二、建筑工程分部工程划分及主要分部工程、分项工程

(1)建筑工程的分部工程、分项工程划分见表1-1。

建筑工程分部工程、分项工程划分　表 1-1

序号	分部工程	子分部工程	分项工程
1	地基与基础	无支护土方	土方开挖、土方回填
		有支护土方	排桩、降水、排水、地下连续墙、锚杆、土钉墙、水泥土桩、沉井与沉箱，钢及混凝土支撑
		地基处理	灰土地基、砂和砂石地基、碎砖三合土地基，土工合成材料地基，粉煤灰地基，重锤夯实地基，强夯地基，一般地基，砂桩地基，预压地基，高压喷射注浆地基，土和灰土挤密桩地基，注浆地基，水泥粉煤灰碎石桩地基，夯实水泥土桩地基
		桩基	锚杆静压桩及静力压桩，预应力离心管桩，钢筋混凝土预制桩，钢桩，混凝土灌注桩（成孔、钢筋笼、清孔、水下混凝土灌注）
		地下防水	防水混凝土，水泥砂浆防水层，卷材防水层，涂料防水层，金属板防水层，塑料板防水层，细部构造，喷锚支护，滤水合式衬砌，地下连续墙，盾构法隧道；渗排水、盲沟排水，隧道、坑道排水；预注浆、后注浆，衬砌裂缝注浆
		混凝土基础	模板、钢筋、混凝土，后浇带混凝土，混凝土结构缝处理
		砌体基础	砖砌体，混凝土砌块砌体，配筋砌体，石砌体
		劲钢（管）混凝土	劲钢（管）焊接，劲钢（管）与钢筋的连接，混凝土
		钢结构	焊接钢结构、栓接钢结构，钢结构制作，钢结构安装，钢结构涂装
2	主体结构	混凝土结构	模板、钢筋、混凝土，预应力、现浇结构，装配式结构
		劲钢（管）混凝土结构	劲钢（管）焊接，螺栓连接，劲钢（管）与钢筋的连接，劲钢（管）制作、安装，混凝土
		砌体结构	砖砌体，混凝土小型空心砌块砌体，石砌体，填充墙砌体，配筋砖砌体
		钢结构	钢结构焊接，坚固件连接，钢零部件加工，单层钢结构安装，多层及高层钢结构安装，钢结构涂装，钢构件组装，钢构件预拼装，钢网架结构安装，压型金属板
		木结构	方木和原木结构，胶合木结构，轻型木结构，木构件防护
		网架和索膜结构	网架制作，网架安装，索膜安装，网架防火，防腐涂料
3	建筑装饰装修	地面	整体面层：基层，水泥混凝土面层，水泥砂浆面层，水磨砂浆面层，水磨石面层，防油渗面层，水泥钢（铁）屑面层，不发火（防爆的）面层； 板块面层：基层，砖面层（陶瓷锦砖、缸砖、陶瓷地砖和水泥花砖面层），大理石面层和花岗岩面层，预制板块面层（预制水泥混凝土、水磨石板块面层），料石面层（条石、块石面层），塑料板面层，活动地板面层，地毯面层； 木竹面层：基层、实木地板面层（条材、块材面层），实木复合地板面层（条材、块材面层），中密度（强化）复合地板面层（条材面层），竹地板面层
		抹灰	一般抹灰，装饰抹灰，清水砌体勾缝
		门窗	木门窗制作与安装，金属门窗安装，塑料门窗安装，特种门安装，门窗玻璃安装
		吊顶	暗龙骨吊顶，明龙骨吊顶
		轻质隔墙	板材隔墙，骨架隔墙，活动隔墙，玻璃隔墙

续上表

序号	分部工程	子分部工程	分 项 工 程
3	建筑装饰装修	饰面板(砖)	饰面板安装,饰面砖粘贴
		幕墙	玻璃幕墙,金属幕墙,石材幕墙
		涂饰	水性涂料涂饰,溶剂型涂料涂饰,美术涂饰
		裱糊与软包	裱糊、软包
		细部	橱柜制作与安装,窗帘盒、窗台板和暖气罩制作与安装,门窗套制作与安装,护栏和扶手制作与安装,花饰制作与安装
4	建筑屋面	卷材防水屋面	保温层,找平层,卷材防水层,细部构造
		涂膜防水屋面	保温层,找平层,涂膜防水层,细部构造
		刚性防水屋面	细石混凝土防水层,密封材料嵌缝,细部构造
		瓦屋面	平瓦屋面,油毡瓦屋面,金属板屋面,细部构造
		隔热屋面	架空屋面,蓄水屋面,种植屋面
5	建筑给水、排水及采暖	室内给水系统	给水管道及配件安装,室内消火栓系统安装,给水设备安装,管道防腐,绝热
		室内排水系统	排水管道及配件安装,雨水管道及配件安装
		室内热水供应系统	管道及配件安装,辅助设备安装,防腐,绝热
		卫生器具安装	卫生器具安装,卫生器具给水配件安装,卫生器具排水管道安装
		室内采暖系统	管道及配件安装,辅助设备及散热器安装,金属辐射板安装,低温热水地板辐射采暖系统安装,系统水压试验及调试,防腐,绝热
		室外给水管网	给水管道安装,消防水泵接水器及室外消火栓安装,管沟及井室
		室外排水管网	排水管道安装,排水管沟与井池
		室外供热管网	管道及配件安装,系统水压试验及调试,防腐,绝热
		建筑中水系统及游泳池系统	建筑中水系统管道及辅助设备安装,游泳池水系统安装
		供热锅炉及辅助设备安装	锅炉安装,辅助设备及管道安装,安全附件安装,烘炉、煮炉及其试运行,换热站安装,防腐,绝热
6	建筑电气	室外电气	架空线路及杆上电气设备安装,变压器、箱式变电所安装,成套配电柜、控制柜(屏、台)和动力、照明配电箱(盘)及控制柜安装,电线,电缆导管和线槽敷设,电线、电缆穿管和线槽敷设,电缆头制作、导线连接和线路电气试验,建筑物外部装饰灯具、航空障碍标志灯和庭院路灯安装,建筑照明通电试运行,接地装置安装
		变配电室	变压器、箱式变电所安装,成套配电柜、控制柜(屏、台)和动力、照明配电箱(盘)及控制柜安装,裸母线、封闭母线、插接式母线安装,电缆沟内和电缆竖井内电缆敷设,电缆头制作、导线连接和线路电气试验,接地装置安装,避雷引下线和变配电室接地干线敷设
		供电干线	裸母线、封闭母线、插接式母线安装,桥架安装和桥架内电缆敷设,电缆沟内和电缆竖井电缆敷设,电线、电缆导管和线槽敷设,电线、电缆穿管和线槽敷线,电缆头制作、导线连接和线路电气试验

续上表

序号	分部工程	子分部工程	分 项 工 程
6	建筑电气	电气动力	成套配电柜、控制柜(屏、台)和动力、照明配电箱(盘)及控制柜安装,低压电动机、电加热器及电动执行机构检查、接线,低压气动力设备检测、试验和空载试运行,桥架安装和桥架内电缆敷设,电线、电缆导管和线槽敷设,电线、电缆穿管和线槽敷线,电缆头制作、导线连接和线路电气试验,插座、开关、风扇安装
		电气照明安装	成套配电柜、控制柜(屏、台)和动力、照明配电箱(盘)安装,电线、电缆导管和线槽敷设,槽板配线,钢索配线,电缆头制作,导线连接和线路气试验,普通灯具安装,专用灯具安装,插座、开关、风扇安装,建筑照明通电试运行
		备用和不间断电源安装	成套配电柜、控制柜(屏、台)和动力、照明配电箱(盘)安装,柴油发电机安装,不间断电源的其他功能单元安装,裸母线、封闭母线、插接式母线安装,电线、电缆导管和线槽敷设,电缆头制作,导线连接和线路气试验,接地装置安装
		防雷及接地安装	接地装置安装,避雷引下线和变配电室接地干线敷设,建筑物等电位连接,接闪器安装
7	智能建筑	通信网络系统	通信系统,卫星及有线电视系统,公共广播系统
		办公自动化系统	计算机网络系统,信息平台及办公自动化应用软件,网络安全系统
		建筑设备监控系统	空调与通风系统,变配电系统,照明系统,给排水系统,热源和热交换系统,冷冻和冷却系统,电梯和自动扶梯系统,中央管理工作站与操作分站,子系统通信接口
		火灾报警及消防联动系统	火灾和可燃气体探测系统,火灾报警控制系统,消防联动系统
		安全防范系统	电视监控系统,入侵报警系统,巡更系统,出入口控制(门禁)系统,停车管理系统
		综合布线系统	缆线敷设和终接,机柜、机架、配线架的安装,信息插座和光缆芯线终端的安装
		智能化集成系统	集成系统网络,实时数据库,信息安全,功能接口
		电源与接地	智能建筑电源,防雷及接地
		环境	空间环境,室内空调环境,视觉照明环境,电磁环境
		住宅(小区)智能化系统	火灾自动报警及消防自动系统,安全防范系统(含电视临近系统,入侵报警系统,巡更系统、门禁系统、楼宇对讲系统、停车管理系统),物业管理系统(多表现场计量及与远程传输系统、建筑设备监控系统、公共广播系统、小区建筑设备监控系统、物业办公自动化系统),智能家庭信息平台
8	通风与空调	送排风系统	风管与配件制作,部件制作,风管系统安装,空气处理设备安装,消声设备制作与安装,风管与设备防腐,风机安装,系统调试
		防排烟系统	风管与配件制作,部件制作,风管系统安装,防排烟风口、常闭正压风口与设备安装,风管与设备防腐同,风机安装,系统调试
		除尘系统	风管与配件制作,部件制作,风管系统安装,除尘器与排污设备安装,风管与设备防腐,风机安装,系统调试

续上表

序号	分部工程	子分部工程	分 项 工 程
8	通风与空调	空调风系统	风管与配件制作,部件制作,风管系统安装,空气处理设备安装,消声设备制作与安装,风管与设备防腐,风机安装,风管与设备绝热,系统调试
		净化空调系统	风管与配件制作,部件制作,风管系统安装,空气处理设备安装,消声设备制作与安装,风管与设备防腐,风机安装,风管与设备绝热,高效过滤器安装,系统调试
		制冷设备系统	制冷组安装,制冷剂管道及配件安装,制冷附属设备安装,管道及设备的防腐与绝热,系统调试
		空调水系统	管道冷热(媒)水系统安装,冷却水系统安装,冷凝水系统安装,阀门及部件安装,冷却塔安装,水泵及附属设备安装,管道与设备的防腐与绝热,系统调试
9	电梯	电力驱动的曳引式或强制式电梯安装	设备进场验收,土建交接检验,驱动主机,导轨,门系统,轿厢,对重(平衡重),安全部件,悬挂装置,随行电缆,补偿装置,电气装置,整机安装验收
		液压电梯安装	设备进场验收,土建交接检验,驱动主机,导轨,门系统,轿厢,对重(平衡重),安全部件,悬挂装置,随行电缆,补偿装置,整机安装验收
		自动扶梯、自动人行道安装	设备进场验收,土建交接检验,整机安装验收

(2)室外单位(子单位)工程和分部工程可按表1-2划分。

室 外 工 程 划 分　　表1-2

单 位 工 程	子单位工程	分部(子分部)工程
室外建筑环境	附属建筑	车棚,围墙,大门,挡土墙,收集站
	室外	建筑小品,道路,亭台,连廊,花坛,场坪绿化
室外安装	给排水与采暖	室外给水系统,室外排水系统,室外供热系统
	电气	室外供电系统,室外照明系统

三、建筑工程质量验收标准

1. 检验批质量验收标准

(1)主控项目和一般项目的质量抽样检验合格。

(2)具有完整的施工操作依据、质量检验记录。

检验批:按同一生产条件或按规定的生产方式汇总起来供检验用的,由一定数量样本组成的检验体。

检验批是工程验收的最小单位,是分项工程乃至整个建筑工程质量验收的基础。检验批是施工过程中条件相同并有一定数量的材料、构配件或安装项目,由于其质量基本均匀一致,因此可以作为检验的基础单位,并按批验收。

检验批的合格条件包括两个方面:资料检查、主控项目检验和一般项目检验。表1-3为检验批质量验收记录表。

检验批质量验收记录 表1-3

工程名称			分项工程名称	验收部位	
施工单位			专业工长	项目经理	
施工执行标准名称及编号					
分包单位			分包项目经理	施工班组长	
主控项目	质量验收规范的规定		施工单位检查评定记录	监理（建设）单位验收记录	
	1				
	2				
	3				
	4				
	5				
	6				
	7				
	8				
	9				
	10				
一般项目	1				
	2				
	3				
	4				
施工单位检查评定结果	项目专业质量检查员： 年 月 日				
监理（建设）单位验收结论	监理工程师：（建设单位项目专业技术负责人） 年 月 日				

主控项目：建筑工程中对安全、卫生、环境保护和公众利益起决定性作用的检验项目。

一般项目：除主控项目以外的检验项目。

主控项目是对检验批的基本质量起决定性影响的检验项目，因此必须全部符合有关专业工程验收规范的规定。这意味着主控项目不允许有不符合要求的检验结果，即这种项目的检验具有否决权。

检验：对检验项目中的性能进行量测、检查、试验等，并将结果与标准规定要求进行比较,以确定每项性能是否合格所进行的活动。

见证取样检验:在监理单位或建设单位的监督下,由施工单位有关人员现场取样,并送至具有相应资质的检测单位所进行的检测。

交接检验:由施工的承接方与完成方经双方检查并对可否继续施工做出确认的活动。

抽样检验:按照规定的抽样方案,随机地从进场的材料、构配件、设备或建筑工程检验项目中,抽取一定数量的样本所进行的检验。

抽样方案:根据检验项目的特性所确定的抽样数量和方法。

计数检验:在抽取的样本中,对每一个体测量其某个定量特性的检查方法。

2. 分项工程质量验收标准

(1)分项工程所含的检验批均应符合质量合格的规定。

(2)分项工程所含的质量验收记录应完整。

分项工程的验收在检验批的基础上进行。一般情况下,两者具有相同或相近的性质,只是批量的大小不同而已。因此,将有关的检验批汇集即构成分项工程。分项工程质量合格的条件比较简单,只要构成分项工程的各检验批的验收资料文件完整,并且均已验收合格,即分项工程验收合格。表 1-4 为分项工程质量验收记录表。

分项工程质量验收记录 表 1-4

<table>
<tr><td colspan="2">工程名称</td><td></td><td colspan="2">结构类型</td><td colspan="2"></td><td>检验批数</td><td></td></tr>
<tr><td colspan="2">施工单位</td><td></td><td colspan="2">项目经理</td><td colspan="2"></td><td>项目技术负责人</td><td></td></tr>
<tr><td colspan="2">分包单位</td><td></td><td colspan="2">分包单位负责人</td><td colspan="2"></td><td>分包项目经理</td><td></td></tr>
<tr><td>序号</td><td colspan="3">检验批部位、区段</td><td colspan="2">施工单位检查评定结果</td><td colspan="3">监理(建设)单位验收结论</td></tr>
<tr><td>1</td><td colspan="3"></td><td colspan="2"></td><td colspan="3"></td></tr>
<tr><td>2</td><td colspan="3"></td><td colspan="2"></td><td colspan="3"></td></tr>
<tr><td>3</td><td colspan="3"></td><td colspan="2"></td><td colspan="3"></td></tr>
<tr><td>4</td><td colspan="3"></td><td colspan="2"></td><td colspan="3"></td></tr>
<tr><td>5</td><td colspan="3"></td><td colspan="2"></td><td colspan="3"></td></tr>
<tr><td>6</td><td colspan="3"></td><td colspan="2"></td><td colspan="3"></td></tr>
<tr><td>7</td><td colspan="3"></td><td colspan="2"></td><td colspan="3"></td></tr>
<tr><td>8</td><td colspan="3"></td><td colspan="2"></td><td colspan="3"></td></tr>
<tr><td>9</td><td colspan="3"></td><td colspan="2"></td><td colspan="3"></td></tr>
<tr><td>10</td><td colspan="3"></td><td colspan="2"></td><td colspan="3"></td></tr>
<tr><td>检查结论</td><td colspan="5">项目专业技术负责人:
年 月 日</td><td>验收结论</td><td colspan="2">监理工程师:
(建设单位项目专业技术负责人)
年 月 日</td></tr>
</table>

3. 分部(子分部)工程质量验收标准

(1)分部(子分部)工程所含分项工程的质量均应验收合格。

(2)质量控制资料应完整。

(3)地基与基础、主体结构和设备安装等分部工程有关安全及功能的检验和抽样检验结果应符合有关规定。

(4)观感质量验收应符合要求。

观感质量:通过观察和必要的量测所反映的工程外在质量。

分部工程的验收在其所含各分项工程验收的基础上进行。

首先,分部工程的各分项工程必须已验收合格且相应的质量控制资料文件必须完整,这是验收的基本条件。此外,由于各分项的性质不尽相同,因此作为分部工程不能简单地组合加以验收,还须增加以下检查项目。

涉及安全和使用功能的地基基础、主体结构,有关安全及重要使用功能的安装分部工程应进行有关见证取样送样试验或抽样检测。关于观感质量验收,这类检查往往难以定量,只能以观察、触摸或简单量测的方式进行,并且由各个人的主观印象判断,检查结果并不给出"合格"、"不合格"的结论,而是综合给出质量评价。对于差的检查点应经过返修处理等补救。分部(子分部)工程验收记录见表1-5。

分部(子分部)工程验收记录 表1-5

<table>
<tr><td colspan="2">工程名称</td><td></td><td colspan="2">结构类型</td><td></td><td colspan="2">层数</td><td></td></tr>
<tr><td colspan="2">施工单位</td><td></td><td colspan="2">技术部门负责人</td><td></td><td colspan="2">质量部位负责人</td><td></td></tr>
<tr><td colspan="2">分包单位</td><td></td><td colspan="2">分包单位负责人</td><td></td><td colspan="2">分包技术负责人</td><td></td></tr>
<tr><td>序号</td><td colspan="2">分项工程名称</td><td>检验批数</td><td colspan="3">施工单位检查评定</td><td colspan="2">验收意见</td></tr>
<tr><td>1</td><td colspan="2"></td><td></td><td colspan="3"></td><td colspan="2" rowspan="6"></td></tr>
<tr><td>2</td><td colspan="2"></td><td></td><td colspan="3"></td></tr>
<tr><td>3</td><td colspan="2"></td><td></td><td colspan="3"></td></tr>
<tr><td>4</td><td colspan="2"></td><td></td><td colspan="3"></td></tr>
<tr><td>5</td><td colspan="2"></td><td></td><td colspan="3"></td></tr>
<tr><td>6</td><td colspan="2"></td><td></td><td colspan="3"></td></tr>
<tr><td colspan="3">质量控制资料</td><td></td><td colspan="3"></td><td colspan="2"></td></tr>
<tr><td colspan="3">安全和功能检验(检测)报告</td><td></td><td colspan="3"></td><td colspan="2"></td></tr>
<tr><td colspan="3">观感质量验收</td><td colspan="6"></td></tr>
<tr><td rowspan="5">验收意见</td><td colspan="2">分包单位</td><td colspan="5">项目经理</td><td>年 月 日</td></tr>
<tr><td colspan="2">施工单位</td><td colspan="5">项目经理</td><td>年 月 日</td></tr>
<tr><td colspan="2">勘察单位</td><td colspan="5">项目负责人</td><td>年 月 日</td></tr>
<tr><td colspan="2">设计单位</td><td colspan="5">项目负责人</td><td>年 月 日</td></tr>
<tr><td colspan="2">监理(建设单位)</td><td colspan="5">总监理工程师(建设单位项目专业负责人)</td><td>年 月 日</td></tr>
</table>

4. 单位(子单位)工程质量验收标准

(1)单位(子单位)工程所含分部(子分部)工程的质量均应验收合格。

(2)质量控制资料应完整。

(3)单位(子单位)工程所含分部工程有关安全和功能的检测资料应完整。

(4)主要功能项目的抽查结果应符合相关专业质量验收规范的规定。

(5)观感质量验收应符合要求。

单位(子单位)工程质量竣工验收记录见表 1-6。

单位(子单位)工程质量竣工验收记录　　表 1-6

工程名称		结构类型		层数、建筑面积	
施工单位		技术负责人		开工日期	
项目经理		项目技术负责人		竣工日期	
序号	项目	验收记录		验收结论	
1	分部工程	共　分部,检查　分部, 符合标准及设计要求　分部			
2	质量控制资料核查	共　项,经审查符合要求　项, 经核定符合规范要求　项			
3	安全和主要使用功能核查及抽检结果	共检查　项,符合要求　项, 共抽查　项,符合要求　项, 经返工处理符合要求　项			
4	观感质量验收	共抽查　项,符合要求　项, 不符合要求　项			
5	综合验收结论				
参加验收单位	建设单位	监理单位	施工单位	设计单位	
	(公章) 单位(项目)负责人: 年　月　日	(公章) 总监理工程师: 年　月　日	(公章) 单位负责人: 年　月　日	(公章) 单位(项目)负责人: 年　月　日	

单位工程质量验收也称工程质量竣工验收,是建筑工程投入使用前的最后一次验收,也是最重要的一次验收。验收合格的条件有五个,除构成单位工程各分部工程应该合格,并且有关的资料文件应完整以外,还须进行以下三个方面的检查。

对涉及安全和使用功能的分部工程应进行检验资料的复查,不仅要全面检查其完整性(不得有漏检缺项),而且对分部工程验收时补充进行的见证抽样检验报告也要复核。这种强化验收的手段体现了对安全和主要使用功能的重视。

单位(子单位)工程质量控制资料核查记录见表 1-7。

单位(子单位)工程质量控制资料核查记录

表1-7

工程名称			施工单位		
序号	项目	工程质量控制资料检查项目	份数	核查意见	核查人
1	建筑与结构	图纸会审、设计变更、洽商记录			
2		工程定位测量、放线记录			
3		原材料出厂合格证书及进场检(试)验报告			
4		施工试验报告及见证检测报告			
5		隐蔽工程验收记录			
6		施工记录			
7		预制构件、预拌混凝土合格证			
8		地基基础、主体结构检验及抽样检测资料			
9		分项、分部工程质量验收记录			
10		工程质量事故及事故调查处理资料			
11		新材料、新工艺施工记录			
12					
1	给排水与采暖	图纸会审、设计变更、洽商记录			
2		材料、配件出厂合格证书及进场检(试)验报告			
3		管道、设备强度试验、严密性试验记录			
4		隐蔽工程验收记录			
5		系统清洗、灌水、通水、通球试验记录			
6		施工记录			
7		分项、分部工程质量验收记录			
8					
1	建筑电气	图纸会审、设计变更、洽商记录			
2		材料、配件出厂合格证书及进场检(试)验报告			
3		设备调试记录			
4		接地、绝缘电阻测试记录			
5		隐蔽工程验收记录			
6		施工记录			
7		分项、分部工程质量验收记录			
8					
1	通风与空调	图纸会审、设计变更、洽商记录			
2		材料、配件出厂合格证书及进场检(试)验报告			
3		制冷、空调、水管道强度试验、严密性试验记录			
4		隐蔽工程验收记录			
5		制冷设备运行调试记录			
6		通风、空调系统调试记录			
7		施工记录			
8		分项、分部工程质量验收记录			
9					

续上表

工程名称			施工单位		
序号	项目	工程质量控制资料检查项目	份数	核查意见	核查人
1	电梯	土建布置图纸会审、设计变更、洽商记录			
2		设备出厂合格证书及开箱检验记录			
3		隐蔽工程验收记录			
4		施工记录			
5		接地、绝缘电阻测试记录			
6		负荷试验、安全装置检查记录			
7		分项、分部工程质量验收记录			
8					
1	建筑智能化	图纸会审、设计变更、洽商记录、竣工图及设计说明			
2		材料、设备出厂合格证及技术文件及进场检（试）验报告			
3		隐蔽工程验收记录			
4		系统功能测定及设备调试记录			
5		系统技术、操作和维护手册			
6		系统管理、操作人员培训记录			
7		系统检测报告			
8		分项、分部工程质量验收报告			
结论： 施工单位项目经理： 年　月　日			总监理工程师： （建设单位项目负责人）　年　月　日		

此外，对主要使用功能还须进行抽查。使用功能的检查是对建筑工程和设备安装工程最终质量的综合检验，也是用户最为关心的内容。因此，在分项、分部工程验收合格的基础上，竣工验收时再作全面检查。抽查项目是在检查资料文件的基础上，由参加验收的各方人员商定，并用计量、计数的抽样方法确定检查部位。检查要求按有关专业工程施工质量验收标准的要求进行。

单位（子单位）工程安全和功能检验资料核查及主要功能抽查记录见表1-8。

最后，还须由参加验收的各方人员共同进行观感质量检查。检查的方法、内容、结论等已在分部工程的相应部分中阐述，最后共同确定是否通过验收。单位（子单位）工程观感质量检查记录见表1-9。

四、不合格工程处理的四种情况

通过返修或加固处理仍不能满足安全使用要求的分部工程、单位（子单位）工程，严禁验收。

返修：对工程不符合标准规定的部位采取整修等措施。

返工：对不合格工程部位采取的重新制作、重新施工等措施。

单位(子单位)工程安全和功能检验资料核查及主要功能抽查记录　　表1-8

工程名称			施工单位			
序号	项目	安全和功能检查项目	份数	核查意见	抽查结果	核查(抽查)人
1	建筑与结构	屋面淋水试验记录				
2		地下室防水效果检查记录				
3		有防水要求的地面蓄水试验记录				
4		建筑物垂直度、高程、全高测量记录				
5		抽气(风)道检查记录				
6		幕墙及外窗气密性、水密性、耐风压检测报告				
7		建筑物沉降观测测量记录				
8		节能、保温测试记录				
9		室外环境检测报告				
10						
1	给排水与采暖	给水管道通水试验记录				
2		暖气管道、散热器压力试验记录				
3		卫生器具满水试验记录				
4		消防管道、燃气管道压力试验记录				
5		排水干管通球试验记录				
6						
1	电气	照明全负荷试验记录				
2		大型灯具牢固性试验记录				
3		避雷接地电阻测试记录				
4		线路、插座、开关接地检验记录				
5						
1	通风与空调	通风、空调系统试运行记录				
2		风量、温度测试记录				
3		洁净室洁净度测试记录				
4		制冷机组试运行测试记录				
5						
1	电梯	电梯运行记录				
2		电梯安全装置检测报告				
1	智能建筑	系统试运行记录				
2		系统电源及接地检测报告				
3						

结论：

施工单位项目经理：　　　　总监理工程师：（建设单位项目负责人）

年　月　日　　　　年　月　日

注：抽查项目由验收组协商确定。

单位(子单位)工程观感质量检查记录　　表 1-9

工程名称			施工单位												
序号	项目		抽查质量状况										质量评价		
													好	一般	差
1	建筑与结构	室外墙面													
2		变形缝													
3		水落管,屋面													
4		室内墙面													
5		室内顶棚													
6		室内地面													
7		楼梯、踏步、护栏													
8		门窗													
1	给排水	管道接口、坡度、支架													
2		卫生器具、支架、阀门													
3		检查口、扫除口、地漏													
4		散热器、支架													
1	电气	配电箱、盘、板、接线盒													
2		设备器具、开关、插座													
3		防雷、接地													
1	通风与空调	风管、支架													
2		风口、风阀													
3		风机、空调设备													
4		阀门、支架													
5		水泵、冷却塔													
6		绝热													
1	电梯	运行、平层、开关门													
2		层门、信号系统													
3		机房													
1	智能	机房设备安装及布局													
2		现场设备安装													
3															
观感质量综合评价															
检查结论	施工单位项目经理： 年　月　日			总监理工程师： （建设单位项目负责人）　年　月　日											

注：质量评价为差的项目，应进行返修。

竣工验收时，当质量不符合要求时，属于一种非正常情况的处理。一般情况下，不合格现象在最基层的验收单位检验批时就应发现并及时处理，否则将影响后续检验批和相关的分项、分部工程的验收。因此所有质量隐患必须尽快消灭在萌芽状态，这就是强化验收、促进过程控制原则的体现。非正常情况下的处理分以下四种情况。

(1)在检验批验收时，其主控项目不能满足验收规范的规定或一般项目超过偏差限值的子项不符合检验规定的要求时，应及时进行处理的检验批，其中严重的缺陷应推倒重来，一般的缺陷通过翻修或更换器具、设备予以解决，应允许施工单位在采取相应措施后重新验收。重新验收如符合相应的专业工程质量验收规范，则应认为该检验批合格。

(2)当个别检验批试块强度等不符合要求、难以确定是否验收时，应请具有资质的法定检验单位检测，当鉴定结果能够达到设计要求时，该检验批仍应认为通过验收。

(3)如经检测鉴定达不到设计要求，但经原设计单位核算仍能满足结构安全和使用功能的情况，该检验批可予以验收。一般情况下，规范标准给出了满足安全和功能的最低限度要求，而设计在此基础上留有一定的余量。不满足设计要求和符合相应规范标准的要求，两者并不矛盾。

(4)更为严重的缺陷，或者超过检验批的更大范围内的缺陷，可能影响结构的安全性和使用功能。若经过法定检测单位检测鉴定以后认为达不到规范标准的相应要求，即不能满足最低限度的安全储备和使用功能，则必须按一定的技术方案进行加固处理，使之能保证其满足安全使用的基本要求。这样会造成一些永久性的缺陷，如改变结构外形尺寸，影响一些次要的使用功能等。为了避免社会财富更大的损失，在不影响安全和主要使用功能条件下可按处理技术方案和协商文件进行验收，责任方应承担经济责任，但不能作为轻视质量而回避责任的一种出路，这是应该特别注意的。

分部、单位(子单位)工程存在严重缺陷，经返修或加固处理仍不能满足安全使用要求的，严禁验收。

五、建筑工程质量验收程序和组织

(1)检验批及分项工程应由监理工程师(建设单位项目技术负责人)组织施工单位项目专业质量(技术)负责人等进行验收。

检验批和分项工程是建筑工程质量的基础，因此，所有检验批和分项工程均应由监理工程师或建设单位项目技术负责人组织验收。验收前，施工单位先填好“检验批和分项工程的质量验收记录”(有关监理记录和结论不填)，并由项目专业质量检验员和项目专业技术负责人分别在检验批和分项工程质量检验记录中相关栏目签字，然后由监理工程师组织，严格按规定程序进行验收。

(2)分部工程应由总监理工程师(建设单位负责人)组织施工单位项目负责人和技术、质量负责人等进行验收；地基与基础、主体结构分部工程的勘察、设计单位工程项目负责人和施工单位技术、质量部门负责人也应参加相关分部工程验收。

工程监理实行总监理工程师负责制，因此，分部工程应由总监理工程师(建设单位项目负责人)组织施工单位的项目负责人和项目技术、质量负责人及有关人员进行验收。因为地基基础、主体结构的主要技术资料和质量问题是归技术部门和质量部门掌握，所以规定施工单位的技术、质量部门负责人参加验收是符合实际的。

由于地基基础、主体结构技术性能要求严格，技术性强，关系到整个工程的安全，因此规定这些分部工程的勘察、设计单位工程项目负责人也应参加相关分部的工程质量验收工作。

(3)单位工程完工后，施工单位应自行组织有关人员进行检查评定，并向建设单位提交工程验收报告。

单位工程竣工验收，施工单位首先要依据质量标准、设计图纸等组织有关人员进行自检，并对检查结果进行评定，符合要求后向建设单位提交工程验收报告和完整的质量资料，请建设单位组织验收。

(4)建设单位收到工程验收报告后，应由建设单位(项目)负责人组织施工(含分包单位)、设计、监理等单位(项目)负责人进行单位(子单位)工程验收。

单位工程验收应由建设单位负责人或项目负责人组织，由于设计、施工、监理单位都是责任主体，因此，设计、施工单位负责人或项目负责人及施工单位的技术、质量负责人和监理单位的总监理工程师均应参加验收(勘察单位虽然是责任主体，但已参加了地基验收，故单位工程验收时，可以不参加)。

在一个单位工程中，对满足生产要求或具备使用条件、施工单位已预验、监理工程师已初验通过的子单位工程，建设单位可组织进行验收。由几个施工单位负责施工的单位工程，当其中的施工单位所负责的子单位工程已按设计完成，并经自行检验，也可按规定的程序组织正式验收，办理交工手续。在整个单位工程进行全部验收时，已验收的子单位工程验收资料作为单位工程验收的附件。

(5)单位工程由分包单位施工时，分包单位对所承包的工程项目应按上述规定的程序检查评定，总包单位应派人参加。分包工程完成后，应将工程有关资料交总包单位。

由于《建设工程承包合同》的双方主体是建设单位和总承包单位，总承包单位应按承包合同的权利义务对建设单位负责。分包单位对总承包单位负责，亦应对建设单位负责。因此，分包单位对承建的项目进行检验时，总包单位应参加；检验合格后，分包单位应将工程的有关资料移交总包单位，待建设单位组织单位工程质量验收时，分包单位负责人应参加验收。

(6)当参加验收各方对工程质量验收意见不一致时，可请当地建设行政主管部门或工程质量监督机构协调处理。

当对建筑工程质量验收意见不一致时，协调部门可以是当地建设行政主管部门，或其委托的部门(单位)，也可是各方认可的咨询单位。

(7)单位质量验收合格后，建设单位应在规定时间内将工程竣工验收报告和有关文件，报建设行政管理部门备案。

建设工程竣工验收备案制度是加强政府监督管理，防止不合格工程流向社会的一个重要手段。建设单位应依据《建筑工程质量管理条例》和建设部有关规定，到县级以上人民政府行政主管部门或其他有关部门备案；否则，不允许投入使用。

六、常用质量检测方法

(1)外观检查：检查构件的平直度、偏离轴线的差值、尺寸准确度、表面缺陷等。

(2)强度检测及内部缺陷检测：对材料强度、构件承载力、钢筋配制等的检测，常用的检验方法有回弹法(表面硬度法)、拔出法、超声波法、冲击反射波法和红外线法等。

学习情境三　施工现场安全系统工程分类

施工现场安全生产和文明施工是施工企业一个重要的管理内容，是一个完整的系统工程。经有关权威部门统计，按多年来发生的事故类别、原因、发生的部位统计分析，职工在施工现场因工死亡主要发生在高处坠落（占45%）、触电（17%）、物体打击（约占12%）、机械伤害（7%）、坍塌事故（6%），总计这五类事故占总数的87%，而这些事故主要集中在以下方面，即安全管理、文明施工、脚手架、基坑支护、模板工程、“三宝四口”防护、施工用电、物料提升机与外用电梯、塔吊、施工机具等。

一、安全管理

安全管理保证项目和一般项目见表1-10。

安全管理保证项目和一般项目　　表1-10

安全管理	保证项目	1. 现场围挡：有连续设置的围挡，市区高2.5m，一般路段1.8m，坚固连续
		2. 封闭管理：进出口有大门、门卫，进现场佩工作卡，门头有企业标志
		3. 施工场地：地面硬化，道路畅通，排水通畅，无废水污水积水，有吸烟处
		4. 材料堆放：按总平堆放，整齐，有挂牌，工完场清，垃圾、易燃物分类堆放
		5. 现场住宿：在建工程不兼作宿舍，办公生活区分开，有床铺，卫生安全
		6. 现场防火：有消防措施和相应规章制度，有灭火器材、消防水源，有动火审批手续
	一般项目	7. 治安综合管理：生活区有工人学习娱乐场所，有治安保卫制度，无失盗事件
		8. 施工现场标牌：大门口有内容齐全的五图一牌，有安全标语，有宣传读报栏
		9. 生活设施：有厕所、卫生间，食堂有卫生饮水，有淋浴室，无生活垃圾
		10. 保健急救：有保健医药箱，有急救器材和经培训的急救人员，有卫生宣传
		11. 社区服务：有防粉尘、防噪声措施，夜间施工有许可，施工不扰民

二、脚手架

落地式脚手架保证项目和一般项目见表1-11。

落地式脚手架保证项目和一般项目　　表1-11

落地式脚手架	保证项目	1. 施工方案：有施工方案，经审批，能指导施工
		2. 立杆基础：基础平实、符合方案，有底座、垫木、扫地杆，有排水措施
		3. 架体与建筑结构拉结：按规定两步三跨或三步三跨设坚固拉结点
		4. 杆件间距与剪刀撑：立杆、大横杆、小横杆、剪刀撑间距按规定设置
		5. 脚手板与防护栏杆：满铺、无探头板，外挂密目安全网，有1.2m高栏杆
		6. 交底与验收：搭设前有交底，有验收手续，有量化内容
	一般项目	7. 小横杆设置：小横杆设置在立杆与大横杆交点处，小横杆两端固定
		8. 杆件搭接：钢管立杆、大横杆须采用对接扣件连接，不得搭接
		9. 架体内封闭：施工层以下每隔10m用平网封闭，内立杆与建筑物间有封闭
		10. 脚手架材质：钢管不得弯曲、锈蚀，竹脚手架直径、材质符合要求
		11. 通道：架体须设上下通道，通道设置符合要求
		12. 卸料平台：须有设计计算，搭设符合要求，不与脚手架连接，有限荷标牌

三、基坑支护

基坑支护保证项目和一般项目见表 1-12。

基坑支护保证项目和一般项目 表 1-12

基坑支护	保证项目	1. 施工方案:有支护方案,针对性强,深度超 5m 有专项支护设计,经审批
		2. 临边防护:深度超过 2m 的基坑须有临边防护,防护符合要求
		3. 坑壁支护:坑槽开挖的安全边坡符合安全要求,特殊支护符合设计方案
		4. 排水措施:基坑内设有效排水设施,坑外排水有防止临近建筑危险沉降措施
		5. 坑边荷载:积土、料具堆放距离符合设计规定,机械施工与槽边距离合适
	一般项目	6. 上下通道:人员上下有专用通道,通道设置符合要求
		7. 土方开挖:无人在挖土机作业半径内,位置牢靠,操作员持证,不超挖
		8. 基坑支护变形监测:按规定对基坑变形及毗邻建筑物、管线、道路监测
		9. 作业环境:基坑内作业人员有安全立足点,垂直作业上下有隔离,照明足够

四、模板工程

模板工程保证项目和一般项目见表 1-13。

模板工程保证项目和一般项目 表 1-13

模板工程	保证项目	1. 施工方案:有施工方案,经审批,并根据混凝土输送方法制订针对性安全措施
		2. 支撑系统:有设计计算,符合模板设计要求
		3. 立柱稳定:立柱材料符合要求,底部有垫板,纵横支撑立杆间距符合规定
		4. 施工荷载:模板上施工荷载不超过规定,模板上堆料均匀
		5. 模板存放:大模板存放有防倾倒措施,各种模板存放整齐,不超高
		6. 支拆模板:2m 以上作业有可靠立足点、拆除区设警戒线及监护人,无悬空
	一般项目	7. 模板验收:有验收手续,支拆模板有安全技术交底,拆除前有拆模申请批示
		8. 混凝土强度:模板拆除前有混凝土强度报告,混凝土强度不达规定不提前拆模
		9. 运输道路:在模板上运输混凝土有走道垫板,垫板稳定牢固
		10. 作业环境:作业面孔洞及临边有防护措施、垂直作业面上下有隔离防护

五、"三宝四口"防护

"三宝四口"防护项目见表 1-14。

"三宝四口"防护项目 表 1-14

"三宝四口"防护	1. 安全帽:每人须按标准佩戴,安全帽符合标准
	2. 安全网:工程外侧用密目安全网封闭,规格材质符合要求,有准用证
	3. 安全带:危险作业处每人须按标准系安全带,安全带符合标准
	4. 楼梯口、电梯口防护:每道口有定型工具化严密防护,井内每 2 层有平网
	5. 预留洞口、坑井防护:每道口、坑井须有定型化、工具化严密防护措施
	6. 通道口防护:上下通道口须有严密、牢固、材质合格的防护棚
	7. 阳台、楼板、屋面等临边防护:防护严密、符合要求

六、施工用电

施工用电保证项目和一般项目见表1-15。

施工用电保证项目和一般项目 表1-15

施工用电	保证项目	1. 外电防护:不小于安全隔离距离,对外电有封闭严密的防护措施
		2. 接地与接零保护系统:采用TN-S系统,工作接地与重复接地符合要求,保护零线与工作零线不混接,专用保护零线设置符合要求
		3. 配电箱、开关箱:符合三级配电两级保护要求,有参数匹配、灵敏度高的漏电保护装置,有隔离开关,达到"一机、一箱、一漏、一箱",闸具完整,多路配电有标记,电箱下引线不混乱,有门、有锁、有防雨措施
		4. 现场照明:专用回路有漏电保护,灯具金属外壳有接零保护
	一般项目	5. 配电线路:电线不老化,无破皮,线路过道有保护,使用五芯线电缆
		6. 电气装置:闸具、熔断器与设备容量匹配,不用金属丝代替熔断丝
		7. 变配电装置:符合安全规定
		8. 用电档案:有专项用电施工方案,有地极阻值摇测、电工维修记录

七、物料提升机(龙门架、井字架)

物料提升机(龙门架、井字架)保证项目和一般项目见表1-16。

物料提升机(龙门架、井字架)保证项目和一般项目 表1-16

物料提升机(龙门架、井字架)	保证项目	1. 架体制作:有审批过的设计计算书,有出厂证和安全监督部门准用证
		2. 限位保险装置:吊篮有定型化停靠装置,有超高限位装置、缓冲器
		3. 架体稳定:缆风绳架高20m以下设1组,20~30m设2组,钢丝绳直径≥9.3mm,角度为45°~60°,用钢丝绳扣; 与建筑结构连接:连墙杆位置符合规范要求,牢固,不与脚手架连接,连墙杆材质及做法符合要求
		4. 钢丝绳:磨损不超标,无锈蚀,有过路保护,不拖地,绳卡符合规定
		5. 楼层卸料平台防护:平台两侧有严密的防护栏杆,平台脚手板搭设严密、平台防护门定型化、工具化,使用灵活、安全,地面进料口有防护棚
		6. 吊篮:有定型化工具化安全门,提升用双根钢丝绳,严禁人员乘坐上下
		7. 安装验收:有验收手续和责任人签字,验收单有量化验收内容
	一般项目	8. 架体:安装拆除有施工方案,基础符合要求,架体垂直偏差、架体与吊篮间隙符合规定,外侧有立网,防护严实,井字架开口处有加固措施
		9. 传动系统:卷扬机地锚牢固,卷筒钢丝绳缠绕整齐,有防滑脱保险装置
		10. 联络信号:有联络信号,信号方式合理、准确
		11. 卷扬机操作棚:卷扬机有符合要求的操作棚
		12. 避雷:防雷保护范围以外有避雷装置,避雷装置符合要求

八、外用电梯(人货两用电梯)

外用电梯(人货两用电梯)保证项目和一般项目见表1-17。

外用电梯(人货两用电梯)保证项目和一般项目　　表1-17

外用电梯(人货两用电梯)	保证项目	1. 安全装置:吊笼安全装置经试验,灵敏度高,门连锁装置起作用
		2. 安全防护:吊笼出入口有防护棚,每层卸料口有防护门,卸料台口合格
		3. 操作员:操作员持证上岗,每班按规定试车,按规定交接班及有交接记录
		4. 荷载:加配重载人、超过规定载人、超过规定质量都有控制措施
		5. 安装与拆卸:有安装拆卸方案,拆装队伍有资格证书
		6. 安装验收:电梯安装后有验收、拆装交底书,验收单上有量化验收
	一般项目	7. 架体稳定:架体垂直度在允许范围内,与建筑结构附着符合要求
		8. 联络信号:有准确的联络信号
		9. 电气安全:电气安装符合要求,电气控制有漏电保护装置
		10. 避雷:在避雷保护范围外有避雷装置,避雷装置符合要求

九、塔吊

塔吊保证项目和一般项目见表1-18。

塔吊保证项目和一般项目　　表1-18

塔吊	保证项目	1. 力矩限位器:有灵敏度高的力矩限位器
		2. 限位器:有灵敏度高的超高、变幅、行走限位装置
		3. 保险装置:吊钩、卷扬机滚筒皆有保险装置,上人爬梯有合格的护圈
		4. 附墙装置与夹轨钳:按规定高度安装合格附墙装置,夹轨钳正常使用
		5. 安装与拆卸:有安装拆卸方案,作业队伍有资格证书
		6. 塔吊指挥:操作员、指挥人员均持证上岗,高塔指挥使用旗语或对讲机
	一般项目	7. 路基与轨道:高塔基础符合设计要求
		8. 电气安全:塔吊与架空线路小于安全距离时有防护措施,有接地、接零
		9. 多塔作业:两台以上塔吊作业,有可靠的防碰撞措施
		10. 安装验收:安装完毕有验收手续并有责任人签字,验收单有量化验收内容

十、施工机具

施工机具防护项目见表1-19。

施工机具防护项目　　表1-19

施工机具	1. 平刨:有验收合格手续、护手安全装置,传动部位有防护罩,有保护接零、漏电保护器
	2. 圆盘锯:有验收合格手续,有锯盘护罩、分料器、防护挡板,有保护接零、漏电保护器
	3. 手持电动工具:有保护接零,操作者穿戴绝缘用品,不得随意接长电源线或更换插头
	4. 钢筋机械:有验收合格手续,有保护接零、漏电保护器,冷作业区及对焊作业区有防护
	5. 电焊机:有验收合格手续,有保护接零、漏电保护器,有二次空载保护器和触电保护器,一次线长度不超规定,操作穿戴绝缘用品,电源用自动开关,焊把线不老化,电焊机有防雨罩
	6. 搅拌机:有验收合格手续,有保护接零、漏电保护器,离合器、制动器、钢丝绳达规定要求,操作手柄有保险装置,搅拌机有防雨棚,作业平台平稳、安全,料斗有保险挂钩,传动部位有防护罩
	7. 气瓶:各种气瓶有标准色标,气瓶间距不小于5m,距明火不小于10m,或有隔离措施,乙炔瓶要立放,气瓶有防振圈和防护帽

续上表

施工机具	8. 翻头车:有准用证,制动装置灵敏,持证驾驶,严禁载人或违章行车
	9. 潜水泵:有保护接零、漏电保护器,保护装置灵敏,使用合理
	10. 打桩机械:有准用证,安装后有验收合格手续,有超高限位装置,行走路线地耐力符合说明书要求,打桩作业有方案,打桩操作不得违反操作规程

练习题

1. 施工准备阶段施工单位需要准备好哪些施工文件?施工现场要做好哪些准备工作?

2. 一个单位工程含有哪些分部工程?结合已建成使用的,仔细观察,说明它的地基与基础分部与主体结构分部各应有哪些主要的子分部和分项工程。(假设基础是桩基与平台)

3. 安全生产的十大安全防护项目各是什么?"三宝四口"指的是什么?塔式起重机必须有哪些限位装置和保险装置?现场施工用电保证项目有哪些?

单元二　土 方 工 程

学习情境一　土方开挖的有关知识

一、土方工程的施工特点

工程量大，劳动强度大，施工条件复杂，多为露天作业，受气候、水文、地质影响较大，难以确定的因素很多。因此，组织土方施工前，必须做好施工方案，选择好施工方法和机械设备，实行科学管理，以保证施工质量和经济效果。

二、土的工程分类

土的工程性质对施工方法的选择、劳动量和机械台班及工程费用都有较大影响，根据土的坚硬程度和开挖方法，在建筑结构中设计将土分为四类，参见表2-1。一般情况下，表中的软弱土在建筑工程设计中不能作为建筑物承载地基，施工挖除的土方多数属于这类土。

土的工程类型划分　　　　表2-1

土 的 类 型	岩石名称和性状	最初可松性系数 K_s	最后可松性系数 K'_s
软弱土	淤泥和淤泥质土，松散的砂，新近沉积的黏性土和粉土，$f_{ak} \leq$ 130的填土，流塑黄土	1.08～1.28	1.01～1.05
中软土	稍密的砾、粗、中砂，除松散外细、粉砂，$f_{ak} \leq 200$的黏性土和粉土，$f_{ak} > 130$的填土，可塑黄土	1.24～1.30	1.04～1.07
中硬土	中密、稍密的碎石土，密实、中密的砾、粗、中砂，$f_{ak} > 200$黏性土和粉土，坚硬黄土	1.26～1.32	1.06～1.09
坚硬土或岩石	稳定岩石，密实的碎石土	1.30～1.50	1.10～1.30

三、土的基本性质

1. 土的组成

土由固体颗粒（固相）、水（液相）、空气（气相）组成，三者之间比例不同，反映出各类土的物理状态不同，有干燥、潮湿之分，有密实和松散之分。土的三相物质是混合分布的，为阐述方便，可用三相图来表示（图2-1）。图中把土的固态颗粒、水、空气各自划分出来。它们在土中随着性态和状况的不同，其比例各有不同。这与它们所处地质地貌环境紧密相连。

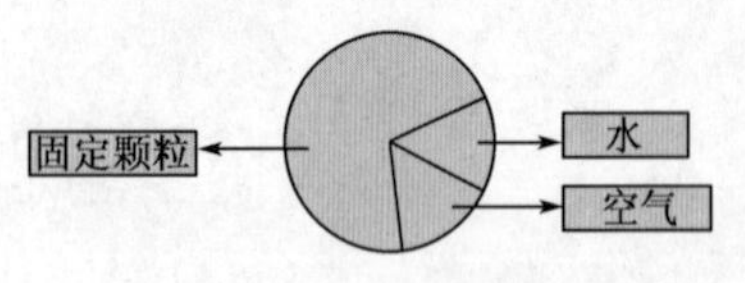

图2-1　土的组成

2. 土的物理性质

(1)土的可松性与可松性系数

天然土经开挖后,其体积因松散而增加,虽经振动夯实,也不能复原,这就称为可松性。

最初可松性系数为 K_s,最后可松性系数为 K_s'。它们的数值见表 2-1,一般土方施工中,只用到 K_s,用于计算实方和虚方的土方量,从而计算出需要的运输工具。对于挖除一类土,$K_s = 1.08 \sim 1.17$,对于挖除二类土,$K_s = 1.14 \sim 1.28$。

(2)土的天然含水率

土的天然含水率即土中水的质量与固体颗粒的质量之比。它反映土的干湿程度,用 w 表示。

(3)土的天然密度和干密度

土在天然状态下单位体积的质量,叫土的天然密度,用 ρ 表示,也称密度。

一般黏土的密度为 1 800 ~ 2 000kg/m^3,砂土的密度为 1 600 ~ 2 000kg/m^3。

干密度是土的固体颗粒质量与总体积的比值,用 ρ_d 表示。

(4)土的孔隙率

孔隙率反映了土的密实程度,孔隙率越小土越密实。

孔隙率是土的孔隙体积与土的总体积的比值,用 n 表示,用百分率计算。

(5)土的渗透系数

土的渗透系数表示单位时间内水穿透土层的能力,以 m/d 来表示,根据土的渗透系数的不同,可分为透水性土(砂土)和不透水性土(黏土),它影响施工降水与排水的速度。

四、土方边坡及支护

1. 边坡及边坡系数

(1)高差:在建筑结构中,上下两个不同高程的面或点之间的垂直距离称为高差。它的计算方法是以上高程值减去下高程值。在基坑开挖中,此高差就是土方挖方深度。

(2)边坡:基坑开挖时,为防止塌方,保证施工安全,在基坑周边留置的倾斜度斜坡,称为边坡(图 2-2)。

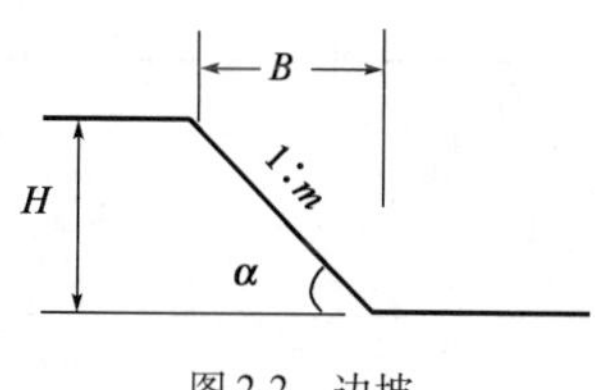

图 2-2 边坡

(3)边坡坡度和边坡系数:在基坑(槽)开挖深度超过一定限度时,土壁应做成有斜率的边坡,此斜率称为边坡坡度。土方边坡系数是以土方挖方深度 H 与底宽 B 之比表示,即:

$$\text{土方边坡坡度} = \frac{H}{B} = 1:m$$

式中:m——边坡系数,$m = B/H$。

(4)边坡开挖宽度:图 2-2 中,底宽 B 即为边坡开挖宽度,指基坑开挖时留置边坡的宽度。此边坡开挖宽度值 B 为边坡系数 m 与土方挖方深度 H 的乘积,即:

$$B = mH$$

(5)边坡开挖线:按上式计算出的开挖宽度放出的基坑边坡开挖边缘线,称为边坡开挖线。边坡开挖线就是基坑开挖的外边缘线。

土方边坡的大小与土质、开挖深度、开挖方法、边坡留置时间的长短、边坡附近的各种荷载情况及排水有关。

[例 2-1] 已知地面高度为 -0.600m,开挖基坑底高程为 -5.100m,根据土质,确定边

坡系数为1:0.75,请计算出此边坡部分的开挖线宽度。

解: [-0.600-(-5.100)]×0.75=4.500×0.75=3.375m=3 375mm

此边坡开挖线宽度为3 375mm。

[例2-2] 已知地面高度为0.600m,开挖基坑底高程为-5.100m,根据土质确定边坡系数为1:0.35,请计算出此边坡部分的开挖线宽度。

解: [0.600-(-5.100)]×0.35=5.700×0.35=1.995m=1 995mm

此边坡开挖线宽度为1 995mm。

2. 深度在5m以内不加支撑的边坡

当地质条件良好,土质均匀且地下水低于基坑(槽)或管沟底面高程时,挖方深度在5m以内不加支撑的边坡应符合表2-2的规定。

深度在5m内的基坑(槽)管沟边坡的最陡坡度(高、宽) 表2-2

序号	土 的 类 别	坡顶无荷载	坡顶有静载	坡顶有动载
1	中密的砂土	1:1.00	1:1.25	1:1.50
2	中密的碎石类土(充填物为砂土)	1:0.75	1:1.00	1:1.25
3	硬塑的粉土	1:0.67	1:0.75	1:1.00
4	中密的碎石类土(充填物为黏性土)	1:0.50	1:0.67	1:0.75
5	硬塑的粉质黏土	1:0.33	1:0.50	1:0.67
6	老黄土	1:0.10	1:0.25	1:0.33
7	软土(经井点降水后)	1:1.00		

注:静载指堆土或材料等,动载指机械挖土或汽车运输等。动静载应距挖方边缘0.8m以上,堆土及材料高度不宜超过1.5m。

3. 直立壁的一般规定

当地质条件良好,土质均匀且地下水位低于基坑(槽)或管沟底面高程时,挖方边坡可做成直立壁,且不加支撑,但深度不宜超过表2-3的规定。

直立壁的一般规定 表2-3

序 号	土 的 种 类	容许深度(m)
1	密实、中密的砂土和碎石类土(充填物为砂土)	1.0
2	硬塑、可塑的粉土及粉质黏土	1.25
3	硬塑、可塑的黏土和碎石类土(充填物为黏性土)	1.5
4	坚硬的黏土	2

注:挖方深度超过以上规定时,应考虑放坡或做成直立壁加支撑。

4. 基坑支护

(1)直立壁基坑和沟槽支护

在基坑或沟槽开挖时,为了缩小施工面,减少工作量,或因场地限制不能放坡时,对宽度不大、深5m以内的浅基坑(槽)管沟,可采用简单支护的措施保证作业的安全。其形式根据开挖深度、土质条件、地下水位、施工时间长短、施工季节和当地气象条件、施工方法与相邻建筑物的情况进行选择。一般采用横撑式支撑。横撑式支撑分水平挡土板和垂直挡土板两种。支撑所用材料:水平挡土板和垂直挡土板可用50mm厚的木板;横撑式的支撑可用径向尺寸大于100mm的圆木或方木,也可用可调节长度尺寸的工具式横支撑,如图2-3和图2-4所示。

(2)大基坑支护

对宽度较大的深基坑且地质条件复杂时,其直立壁基坑的支护方案应会同设计、建设单位共同制定,目前常用的方案有以下几种。

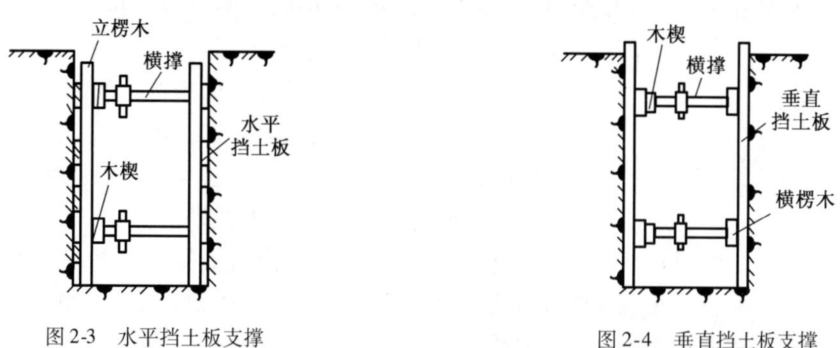

图 2-3　水平挡土板支撑

图 2-4　垂直挡土板支撑

①挡土灌注桩支护

在大基坑开挖时,对一部分必须设置直立壁边坡的基坑边坡,在开挖基坑周围,在基坑开挖土方前,用钻机钻孔,下钢筋笼,现场灌注混凝土桩,桩间距 1 ~ 2m,成排设置,上部设连续梁,在桩基强度达到设计要求后,在基坑中间方可用机械挖土,下挖 1m 左右装上横档,在桩背后装上拉杆与已设的锚杆拉紧,然后继续挖土至要求深度。如基坑深度小于 6m,也可不设锚拉杆,采取加密桩距或加大桩径的方法。

此法适用于开挖较大(6m 以上)的基坑,以及邻近有建筑物,不允许放坡,不允许附近地基出现下沉位移时采用。具体做法见图 2-5。

②土层锚桩支护

在大基坑开挖时,对一部分必须设置直立壁边坡的基坑边坡,也可沿开挖基坑(或边坡)每 2 ~ 4m 设置一层向下稍倾斜的土层锚杆。锚杆设置是用专门的锚杆钻机钻孔,安放钢筋锚杆,用水泥压力灌浆,达到强度后,安上横撑,借螺母拉紧或施加预应力固定在坑壁上,每挖一层,装设一层锚杆,直到挖土至要求深度(图 2-6)。土层锚杆也可与钢丝水泥网护坡结合使用,即在直立边坡一侧用钢丝网打土钉罩在直立边坡面,再用压力喷浆机将水泥与钢丝网固结在边坡土层上,对防止边坡土方坍塌有较好的效果。

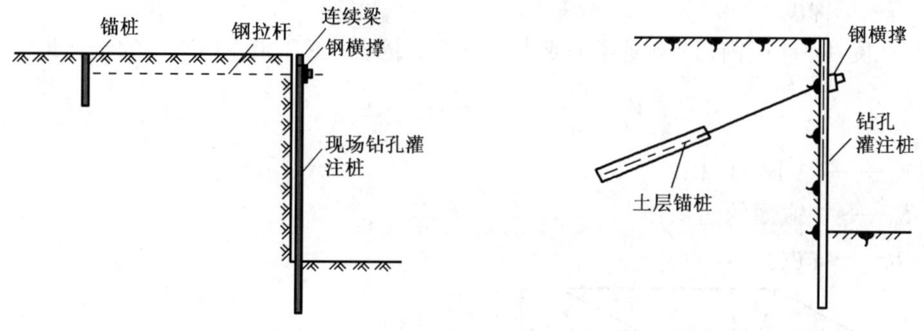

图 2-5　挡土灌注桩支护图

图 2-6　土层锚桩支护

③木杆支护

在基坑开挖中,有时迫于环境的需要,深度在 5m 以内的直立或较小边坡系数的边坡,由于未知的地质条件,土质不均匀,开挖留置边坡时,经常有部分不良土质边坡突然坍塌,工地可用小头直径 120mm 以上、长度在 6m 左右的粗圆木以排桩形式打入边坡,排桩间距不得大于300mm，可有效地阻挡大面积塌方。打桩工具即为铲斗挖土机的铲斗。

五、基坑排水

中小型工程施工，在基坑开挖、基础施工时，一般采用以下两种方法排水。

1. 基坑上边缘设砖墩挡水墙

在基坑上边侧，约距基坑上口边缘1 000mm处设砖墩挡水墙，阻挡地面水的进入，其做法如图2-7所示，要求在基坑周边封闭设置，所有施工用水都必须安排在挡水墙以外。

砖墩挡水墙
250
250
1 000

图2-7　砖墩挡水墙（尺寸单位：mm）

2. 基坑底部设明沟及集水井排水

基坑土方工程结束后，沿坑底周边开挖排水明沟。排水明沟的坡度宜控制在0.1%～0.2%，每隔20～40m设置1只集水井。

集水井内径一般为400～500mm，可用砖砌，也可制作钢筋笼（ϕ300mm，主筋用ϕ12mm钢筋，箍筋用ϕ6～ϕ8mm钢筋@100），笼外罩铁丝网，在网外填碎石做过滤层，再用潜水泵放进集水井钢筋笼中，将坑底的集水排出坑外。

在大面积基坑施工中，如基坑中部有集水，也可在中部设钢筋笼集水井，在施工基础垫层前，用碎石充填密实，或直接用垫层混凝土浇灌充塞此井孔。

学习情境二　土方工作量计算

在土方施工之前，必须计算土方工作量，但各种土方工程的外形有时很复杂，不规则，一般情况下，将其划分为一定的几何形状，采用一定的精度而又和实际情况近似的方法计算。

基坑：底面积在20m^{2}以内，且底长为底宽3倍以内者［图2-8a）］；基坑的土方量计算：

$$V=\frac{H}{6}\times(F_1+4F_0+F_2)$$

式中：F_1、F_2——上、下底面积；

F_0——中截面的面积；

H——深度。

基槽：宽度在3m以内，且长度等于或大于宽度3倍者［图2-8b）］；基槽的土方量计算：

$$V=\frac{H}{6}\times(F_1+4F_0+F_2)$$

式中：F_1、F_2——上、下底面积；

F_0——中截面的面积；

H——深度。

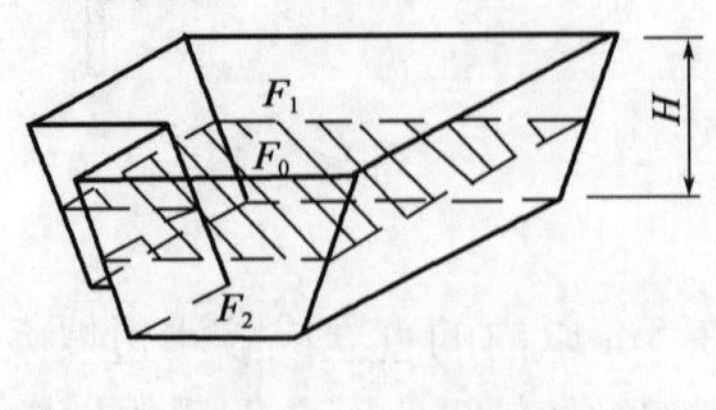

a)

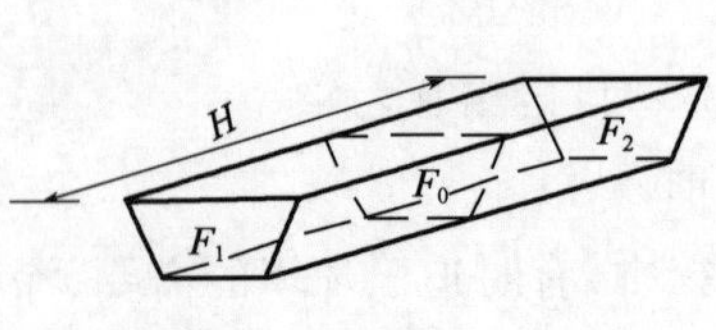

b)

图2-8　基坑、基槽土方量计算

学习情境三　土方工程开挖施工方案、质量标准、基底验收及回填土工程

一、土方开挖施工方案

1. 现场踏勘

(1)工程所在地应清除或拆迁开挖区域内地上和地下障碍物(如地上高压、照明、通信线路,电杆、树木、旧有建筑物、地下给排水、煤气、供热管道,电缆、沟渠、基础、坟墓等)。

(2)测量出本工程附近建筑物、道路、电杆、塔架等的距离,了解本工程施工时对这些不可拆迁的原有建筑物的影响程度,决定是否要有加固措施或隔离措施。

(3)勘定现场排水走向,以决定现场临时排水沟或永久性排水沟的位置。

(4)踏勘现场土方运输道路,也可与永久性现场施工道路结合考虑。

(5)土方施工时必要的生产设施和生活设施的现场布置;土方施工时必要的临时用水、用电线路的设置。

(6)了解并确定建设方给定的建筑红线、坐标点、水准点的具体位置及准确数值。

2. 制订施工方案的准备

(1)查清地质勘探设计单位对本工程地质状况所勘定的地质资料,查明本工程各层的土质、含水率及渗透系数,以决定本工程开挖时采取的放坡系数和排水措施。

(2)核对建筑设计单位提供的总平面图所提供的建筑红线、坐标、高程与建筑方现场提供的坐标、高程是否符合,有无缺项。

(3)核对建筑施工图与结构施工图及总平面图的坐标和高程是否一致。

(4)根据工程工期和工作量确定本工程的劳动组织和机械、人工用量。

(5)根据已确定的机械和人工情况,制订出施工方案。

3. 土方施工方案的主要内容

(1)编制依据

①施工图纸(地勘设计资料和建筑设计资料)。

②主要的规范、规程。

③施工组织设计。

④建设方提供的有关资料。

(2)工程概况

①建设单位。

②设计单位。

③地勘单位。

④监理单位。

⑤监督单位。

⑥施工单位(土方专业施工队)。

⑦施工范围(区域或项目)。

⑧基本情况(总工期、承包方式、质量目标等)。

⑨工程概况(建筑规模、高程、结构形式、基础形式、土方开挖控制工期、总土方量等)。

(3)施工程序和部署(排出程序图)

①施工程序或作业流程。

②施工部署即总的取土路线、运输路线及工作次序。

(4)施工机械及人员配备计划(列表)

①施工机械及设备计划,包括:施工机械及设备名称、规格、数量。

②施工人员配备计划,包括:工种名称、人员数量。

(5)施工形象进度计划

列表,包括项目名称、开工日期、结束日期及施工日进度表(横道图)。

(6)施工现场组织(列出程控图)

从项目经理至施工班组排出一张程序控制图。

(7)施工工艺

①确定放坡系数,确定操作宽度尺寸,基础尺寸加操作宽度作出垂直开挖线,按放坡系数计算出边坡开挖宽度,作出开挖坡度边缘线。

②按地域和环境要求,确定边坡是否要加固及加固方式。

③对于深基坑,要事先确定开挖的层次、回车道及安排人工修坡。

④对于桩基础,要提出对基坑底部工程桩的保护措施,一般采用机械与人工结合的施工措施。

⑤明确对施工机械作业、人工修坡及在基底留保护层的具体要求,机械挖土不少于200mm,人工挖土不少于100mm。

⑥明确对配合的测量工具的要求,挖土深度接近设计高程500mm时,其基底及垂直开挖线的测量必须准确无误。

⑦对排水沟的布置及在基坑开挖集水井提出具体要求。

⑧提出在清基及边坡修整后对基底及边坡的保护措施,有防止基底隆起及边坡坍塌的措施。

(8)安全管理及防护技术

①安全管理组织系统。

②进出口、危险区安全警示牌。

③作业人员及配合作业人员安全防护措施。

④夜间作业要求,基坑防塌方要求。

⑤上下坡道和防护栏杆的要求。

(9)环境保护措施

对运输车辆的清扫、运输车辆堆土的覆盖、车辆上堆土高度提出要求。

二、基坑开挖

(1)基坑开挖要求严格按施工方案和施工技术交底高标准进行,必须按规定的尺寸和合理的开挖顺序分层开挖,开挖断面必须准确,严禁超挖,并连续地进行施工,尽快地完成。

(2)开挖过程中必须统一指挥,遇到异常土质,必须立即制订处理措施,立即进行处理。

(3)现场施工员及测量人员必须跟班作业,随时掌控挖土断面及高程是否在施工方案允许范围之内。

(4)弃土、运土必须按指定的区域或路线进行,不得在基坑周围乱堆乱放。

(5)为防止基底被扰动,结构被破坏,根据机械和人工挖土的不同情况,按施工方案留出150~300mm厚的基底保护层。在最后用人工修整时一并清除。

(6)机械作业面和人工修坡、清基作业面必须严格分开,严禁交叉作业。

(7)如有地下水,必须做好地面排水和降低地下水的工作,地下水位应降低至基坑底以下0.5~10m后,方可开挖,降水工作应持续至回填完毕。

(8)施工机械行驶道路应填筑适当厚度的碎石或砾石。

(9)相邻基坑开挖时,应先深后浅或同时进行。

(10)在密集群桩上开挖基坑时,应在打桩完成后间隔一段时间,再对称挖土,并对基础桩采取严格的保护措施,严禁碰撞和损坏。

三、土方工程质量标准

(1)柱基、基坑、基槽和管沟基底的土质,必须符合设计要求,并严禁扰动。

(2)填方的基底处理,必须符合设计要求和施工规范规定。

(3)填方柱基、基坑、基槽及管沟回填的土料,必须符合设计要求和施工规范要求。

(4)填方和柱基、基坑、基槽、管沟的回填,必须按规定分层夯压密实。取样测定压实后的干密度,90%以上符合设计要求,其余10%的最低值与设计值的差不应大于0.08g/cm^3,且不应集中。

(5)土方工程的允许偏差和质量检验标准,应符合表2-4的规定。

土方开挖工程质量检验标准　　表2-4

项	序号	项　目	允许偏差或允许值(mm)					检验方法
			柱基、基坑、基槽	挖方场地平整		管沟	地(路)面基层	
				人工	机械			
主控项目	1	高程	-50	±30	±50	-50	-50	用水准仪检查
	2	长度、宽度(由设计中心向两边量)	+200 -50	+300 -100	+500 -150	+100	—	用经纬仪和钢尺量检查
	3	边坡坡度	按设计要求					观察或用坡度尺检查
一般项目	1	表面平整度	20	20	50	20	20	用2m靠尺和楔形厚薄规检查
	2	基本土性	按设计要求					观察或土样分析

注:地(路)面基层的偏差只适用于直接在挖、填方上做地面的基层。

四、基底验收

(1)建筑物的柱基、基坑、基槽是重要的隐蔽工程之一。基底土方工程结束后,施工单位自检,自检完全合格后,绘制基坑平面图,对照基底土质,将有异常土质的范围尺寸、深度记录在基坑平面图上,填写基坑验收申请表。

(2)此表呈请建设单位,由建设单位及时邀请结构设计单位、地质勘察单位、监理单位及当地政府质量监督部门对基底进行会同验收。

(3)对合格地基,由建设、设计、地勘、监理四单位在基坑验收表格上签字认可。

(4)对验收中由于地质的变化或一些地勘时未明的地质,必须采取的措施,汇同验收时应明确处理方法,由建设方委托施工单位处理;如有换土,一般不使用回填土,而采用砂石回填，处理合格后，可委托监理单位验收，仍由建设、设计、地勘、监理单位签字认可。

(5)基坑基底验收合格后，应立即进行垫层和基础施工，不可让基底暴露过久，以免基底土层回弹隆起，或遭受雨水的浸泡。

五、回填土工程

在柱基、条基、筏板基础等验收合格后，便可进行基础外围的回填土工程。

(1)在回填土方前，应清除基底的垃圾，抽除基槽中的积水、淤泥，如有地下水，应有排水措施。

(2)回填土料的土质及含水率、干密度必须符合设计要求，碎石类土、砂土、爆破石渣，也可用作表层以下的填料，但含有大量有机质的土不宜使用，淤泥、膨胀土不得使用。

(3)铺土厚度：人工用打夯机压实，一般为200~250mm；机械压实，如使用压路机等，一般为250~300mm。

单元三　地基处理与基础工程

学习情境一　浅地基处理

地基通过基础承载着上部建筑物的全部重量，所以，地基处理及加固是基础施工中的一项重要内容。

地基处理的原则是使建筑物各部位的沉降尽量趋于一致，以减小地基不均匀沉降对上部建筑物的影响。

地基处理及加固是个大家族，有浅基础的处理方式，可用较简便的方法来修建，如换土、强夯、砂桩、预压等法，埋深一般在5m以内；如果地基下有较深的软弱土层，就须采用深基础的处理方式，深基础的埋深一般大于5m，如桩基、沉井、地下连续墙等。浅基础见图3-1a)，深基础见图3-1b)。

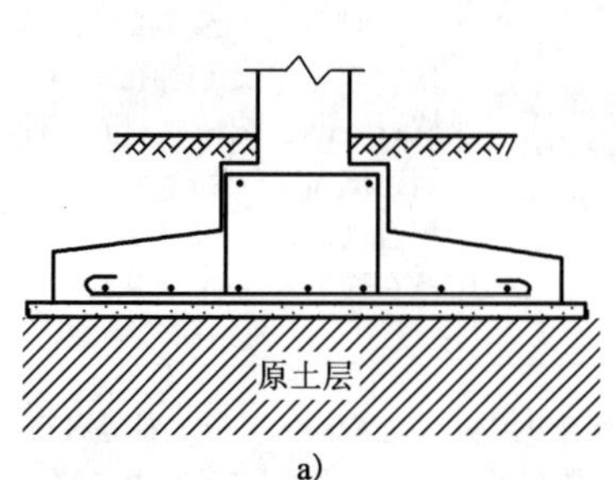

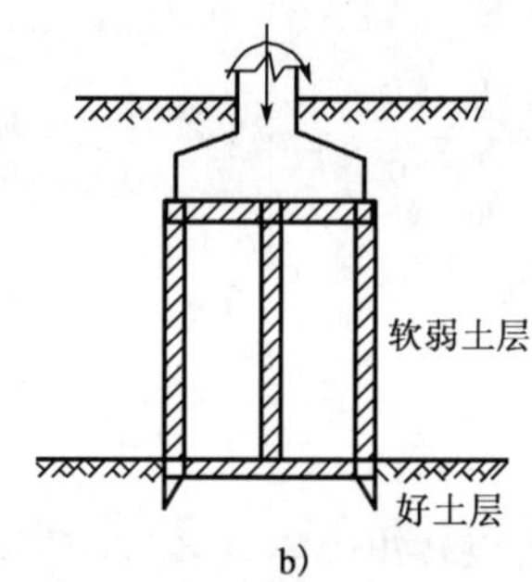

图3-1　浅基础、深基础示意图

为便于比较，现将有关浅基础的地基处理一部分做法归纳起来，根据它们的特点、构造要求、材料要求、施工要点、质量要求列成表格。

浅基础处理方法随着各地区地质的变化，结合有关地区的材料、机具可采用相应的浅地基处理方式，现将国内常用的几种浅基础地基处理方法汇总，详见表3-1。

我国常用的几种浅基础地基处理方法汇总　　表3-1

序号	名称	特　点	构造要求	材料要求	施工要点	质量要求
1	砂地基和砂石地基	挖去承载力低的软土层，用砂、砂石回填	地基厚度宜在0.5～3m，宽度宜向外放200～300mm	中粗砂、砾砂、碎(卵)石、石屑或其他工业废粒料，含泥量小于5%，碎(卵)石最大粒径小于50mm	验槽，基坑无积水，铺设时先深后浅，砂石级配均匀，分层夯实，可采用平振法、插振法、水撼法、夯实法、碾压法，虚铺厚度为150～250mm	干密度达到中密状态

续上表

序号	名称	特　点	构造要求	材料要求	施工要点	质量要求
2	灰土地基	挖去软土层，用2∶8或3∶7（石灰∶黏性土）回填	适宜处理1~4m厚软土层，宽度宜向外放500mm	就地挖出的黏性土及塑性指数大于4的粉土，粒径小于50mm，熟石灰过筛，活性指数大于14	验槽，基坑无积水，灰土拌和均匀，适当控制含水率，分层夯实，最大虚铺厚度为200~250mm，上下层灰土错缝距离>500mm	最小干密度：黏土大于1.45t/m^3，粉土大于1.55t/m^3
3	重锤夯实地基	用冲击能夯实基土表面，形成均匀硬壳层	处理厚度为1.2~2m，宽度宜向外放300mm	夯实土质应为稍湿的黏性土，砂土，饱和度小于60的湿陷性黄土等	试夯，基坑底面应高出设计高程，为总下沉量+100mm，地基土含水率适宜；夯击分段，一夯挨一夯，同一夯位连夯两下，锤底直径搭接，最后循环时，一夯压半夯	夯后总下沉量大于试夯下沉量90%，地基夯击深度合格
4	强夯地基	以冲击力和振动提高地基土强度降低压缩性	影响深度6~10m，宽度宜向外放3m	适用于碎石土、砂土、低饱和粉土、湿陷性黄土、高填土、杂填土等	应有地勘和试夯，确定有关技术参数，基坑无积水，落锤平稳，夯位准确，及时测量夯击下沉量，最后一遍下沉量必须合格	锤重、落距、夯击点布置及夯击次数符合设计要求
5	振冲地基	以高频振动，以高压水流成孔，填以砂石，形成桩体，提高地基承载力	复合地基形式，不适用地下水位高、易塌方、含大块石的土层	填料用坚硬碎石、卵石、角砾、圆砾、矿渣及砾砂、粗砂、中砂、粗集料为20~50mm，含泥量小于5%	先试验，确定成孔有关数据，按设计图定出冲孔中心位置；振冲时，按需要调节振冲器速度和水压值；填料与振冲配合进行；振冲桩上部1m桩体在施工时挖除	桩数、孔径、填料质量、级配、总量、密实度合格，桩位移小于$D/5$
6	砂桩地基	在地基中打入桩管，边拔管边灌砂，用振动将砂压缩成桩，提高地基强度	适用松散砂土、素填土、不适用饱和软黏土，破坏土的天然结构	天然级配的中粗砂，含泥量小于5%，也可用含泥量小、粒径小于50mm的石屑砾砂圆砾代用	先做7~9根成桩挤密试验，确定有关数据，用振动法或锤击法将带活瓣尖的钢管沉至设计深度，灌砂，边振动边拔出钢管使桩周围土挤密，提高地基强度	桩数、排列尺寸、孔径、深度、桩的填砂量合格，桩及桩间土挤密质量合格
7	水泥土搅拌桩地基	水泥、石灰为固化剂，在地基深处将软土和固化剂强行搅拌，软土硬结，有一定强度	适宜较深、较厚的淤泥、淤泥质土、粉土和承载力小于120kPa的黏土	固化剂为水泥、石灰，塑化剂为木质素磺酸钙，促凝剂为硫酸钠、石膏	深层搅拌机定位，预搅下沉，制配水泥浆，喷浆搅拌，提升，重复上一工序，成一根柱状加固体，外形呈“8”字形，一根一根搭接，成壁状加固体，它们连成一片，成块状	配合比合格，桩深、截面尺寸、搭接合格，整体稳定桩身强度合格
8	预压地基	在地基表面堆土或砂、石料，充水等进行预压	适宜各类软弱地基，包括天然沉积土层或人工冲击土层	土、砂、砖、石块、充水等	大面积可采用自卸汽车与推土机联合作业，可分级施压，预压荷载大于设计值，做好观测和记录，地面总沉降量达到预荷，计算最终沉降量80%时以上可卸荷	基底下的松软土层夯压密实

续上表

序号	名称	特　点	构造要求	材料要求	施工要点	质量要求
9	注浆地基	用化学溶液或胶结剂，通过压力灌注或搅拌混合，将土粒胶结，提高地基强度，降低压缩性	适用于加固基础，稳定边坡及防渗帷幕，对黏土、地下水以下的土也有效果	水玻璃、氯化钙溶液、铝酸钠、液态二氧化碳	有单液注浆工艺，双液注浆工艺及加气硅化工艺三种，注浆量可通过试验确定	试块做无侧限抗压试验，其值不得低于设计强度的90%

学习情境二　浅埋式钢筋混凝土基础施工

浅埋式钢筋混凝土基础又称天然浅基础，其造价低、施工简便，常用的有条式基础、杯口基础、筏式基础和箱式基础等。

一、几种浅基础形式

（一）条式基础

条式基础为长条形基础，一般情况下，它呈周圈封闭式纵横向布置，也可认为就是承重墙基础，它可以是钢筋混凝土结构，也可以是砖结构或毛石结构。

它包括柱下钢筋混凝土独立基础和墙下钢筋混凝土条形基础，它们的抗弯、抗剪性能良好，可在竖向荷载较大、地基承载力不高以及承受水平力和力矩等荷载的情况下使用。其高度不受台阶宽高比的限制，又称“宽基浅埋”。

1. 钢筋混凝土条式基础示例图（图3-2）

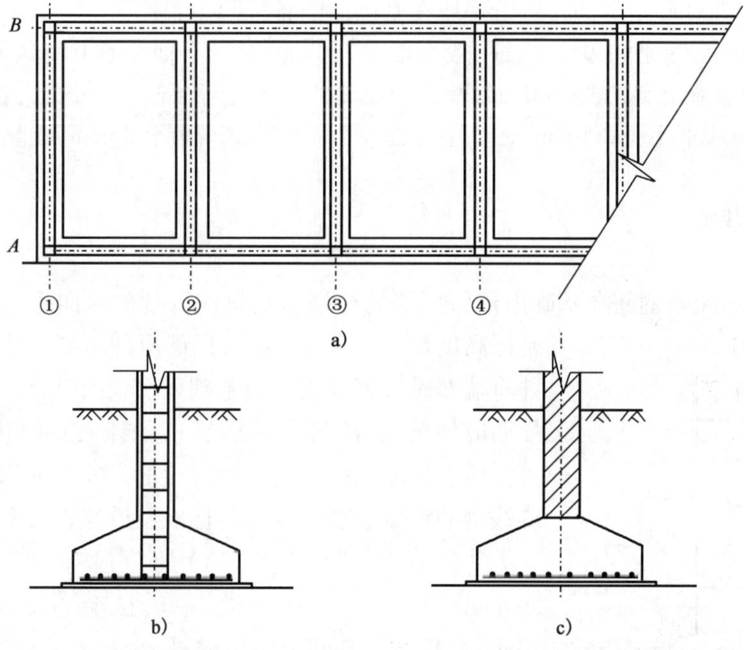

图3-2　钢筋混凝土条式基础示例图

a）基础平面图；b）柱下钢筋混凝土条式基础；c）墙下钢筋混凝土条式基础

2. 钢筋混凝土条式基础施工要点

(1)基槽验收合格后,应立即校对龙门桩各轴线,对因在土方施工碰撞发生位移的要给予纠正,确认无误后对基槽重新用经纬仪或拉线打出各轴线。

(2)抄出混凝土垫层高程,可以用垫层边模顶作垫层面高程,也可在基槽中打高程桩,高程桩间隔宜为1~1.5m。

(3)施工混凝土垫层要严格控制垫层面高程,其误差小于5mm,垫层面要求抹平。

(4)按校正过的龙门桩在垫层上弹出基础轴线和基础边线,弹出条式基础中构造柱线,并经过验收。

(5)支条式基础边模,模板外支撑必须牢固,需支撑在边坡上时,必须垫板。如遇阴雨,在施工混凝土前要全面检查模板支撑。

(6)基础钢筋必须按施工图和施工验收规范要求配料、绑扎,必须制作底层钢筋垫块,底筋钢筋保护层如为50mm,应用C30细石混凝土制作。

(7)构造柱钢筋的插筋在基础面上必须有稳妥的固定措施,基础钢筋完工后,应对构造柱钢筋位置纵横拉线,严格控制。在混凝土施工时,应安排钢筋工及时校正已位移的构造柱钢筋。

(8)混凝土施工应严格按试验部门提供的混凝土配合比配料;条式基础混凝土宜分层连续一次浇筑完成,并顺纵向从一端开始,依序后退;分层应根据高度拉开踏步槎,新老混凝土接槎不宜超过30~45min;对于条式基础上部斜坡面,如坡面大于45°,应支立斜面模板,振捣时,应待下部混凝土沉实后再施工上层混凝土。

(9)基础混凝土终凝后,便要覆盖浇水养护,养护时间为一星期以上。

(二)柱下钢筋混凝土单独基础

(1)单独基础形式:基础的外形通常以阶梯形或承插口的杯口形设置,各柱下的基础均单独设置,一般在基础最上面一个阶梯或在基础面的各柱间设置地梁。

(2)构造要求:基础的边缘高度一般不小于200mm;基础下面设有C10级别的混凝土垫层,垫层每边从基础边缘放宽100mm;基础混凝土级别不小于C15;底板受力钢筋直径宜不小于8mm,间距应不小于200mm;有垫层时,钢筋保护层应不小于35mm,无垫层时,应不小于70mm。

1. 阶梯形基础

(1)构造要求

①现浇柱的纵向钢筋在基础内预留插筋的规格与数量应与柱的纵向受力钢筋相同,当基础高度在900mm以内时,插筋应伸至基础底部的钢筋网,并将端部做成直弯钩。当基础高度较大时,位于柱子四角的插筋应伸至底部,其余的插筋只须伸入基础达锚固长度即可。插筋长度范围内均应设置箍筋。插筋伸出基础的长度,应按钢筋混凝土现行规范的标准及设计要求来确定。

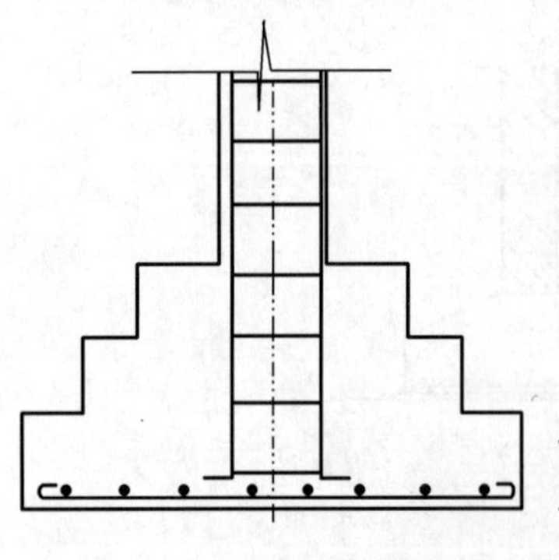

图3-3 现浇柱下阶梯形基础

②阶梯形基础(图3-3)的每阶高度一般为300~500mm,阶梯尺寸宜用整数,一般在水平及垂直方向均用50mm的倍数。基础顶面做成平台,每边从柱边缘放出不少于50mm的距离。

(2)施工要求

①垫层施工要求平整、密实。

②垫层面弹线:弹出基础的轴线及边线,弹出基础中部柱的边框线。

③钢筋施工:分清基础钢筋网的主次筋,将主筋放置于次筋下部,柱的插筋按要求插至基础底部,柱筋伸出基础面一定要有可靠的固定。施工混凝土时,柱筋不得偏移。

④单独柱基础一般一次性施工完,不留施工缝,有斜坡面的基础应用坍落度较小的混凝土施工,并须在混凝土初凝前用人工拍实。混凝土终凝后,须进行养护,或用土回填覆盖。

2. 杯口基础

(1)杯口基础常用钢筋混凝土预制柱基础,又称预制柱基础,较多地使用于1~2层的工业厂房的排架柱基础(图3-4),是独立基础的另一种形式。基础中预留凹槽,即杯口,然后插入预制柱,临时固定后,即在四周空隙中灌细石混凝土,其形式有单杯口、双杯口、高杯口等。

(2)杯口基础施工要点。

①要严格控制杯口芯模的轴线和芯模底高程。芯模的相对位置和底高程决定了整个基础的质量,一般在安装芯模时,芯模的底高程比设计深度大30~50mm。

②杯口基础的混凝土应按台阶分层浇筑,并注意四侧对称均匀进行,避免将杯口芯模挤向一侧,浇筑至芯模底上50~100mm高时,在振实后稍作停留,等杯口底混凝土沉实后,再浇筑杯口四周的混凝土。图3-5为杯口基础大样图。

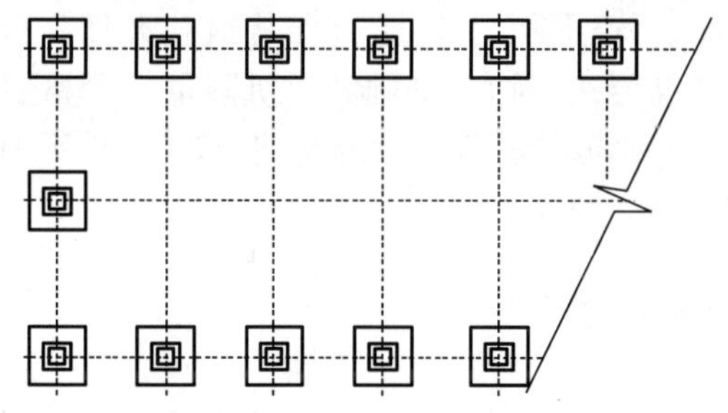

图3-4　工业厂房排架柱基础平面布置图

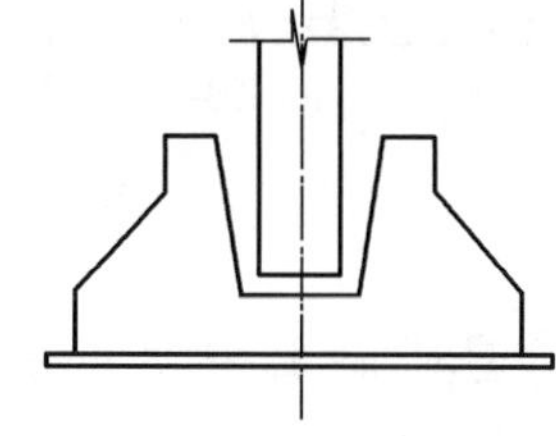

图3-5　杯口基础大样图

③杯口芯模一经取出,即将杯口内侧表面混凝土凿毛。

(三)筏式基础

筏式基础由钢筋混凝土底板、梁组成,适用于地基承载力较低而上部结构荷载较大的建筑,其外形和构造像倒置的钢筋混凝土楼盖,整体刚度较大,能有效地将各柱子的沉降调整得较为均匀,筏式基础一般可分为梁板式和平板式两种,如图3-6和图3-7所示。

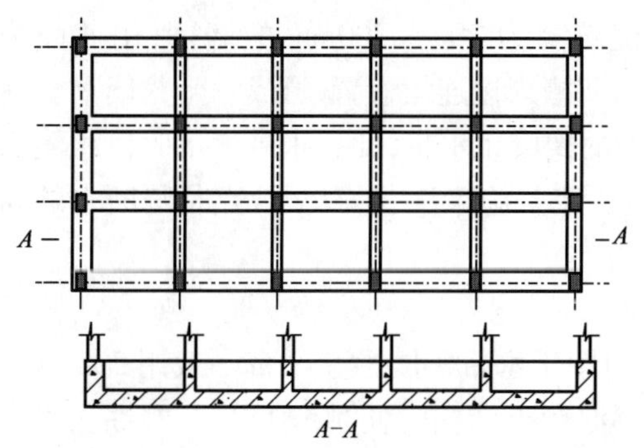

图3-6　梁板式筏式基础平面图及剖面图

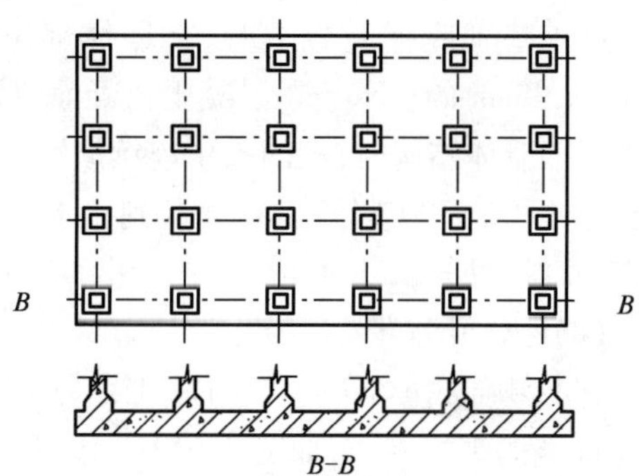

图3-7　平板式筏式基础平面图及剖面图

筏板基础施工要点：

(1)基坑内无积水，用混凝土垫层将筏式基础面找平，其平面高程误差应小于5mm。如有防水层，应在垫层面上做好防水层。如梁在板下（俗称反梁）梁边模可用砖砌，砖墙面用1:3水泥砂浆粉面抹光。

(2)弹梁柱线时要校对好轴线，并用红色油漆将柱基位置线标示明确。

(3)由于筏式基础位于地下，钢筋保护层应为50mm厚。

(4)混凝土施工，梁板宜一次施工完，并从一侧开始，连续施工，不宜留施工缝；如需留置施工缝，应有妥善处理施工缝的措施。

(5)柱插筋要保持好正确位置，施工混凝土时，要有专人看护。

(6)基础混凝土浇筑完，要及时养护，并防止基坑被水浸泡。

(四)箱式基础

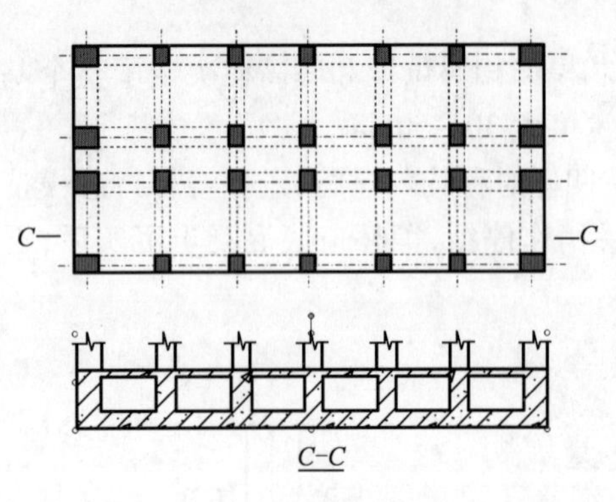

图3-8　箱式基础平面图及剖面图

箱式基础是由钢筋混凝土底板、顶板、外墙及内隔墙构成封闭的箱式结构，基础中部在内隔墙开门洞可作地下室。此基础整体性好，刚度大，有调整不均匀沉降能力和抗震能力，可适当消除因地基变形使建筑物开裂的可能性，减少基底处原有地基自重力，降低总沉降量。其适用作软弱地基上面积较小、平面形状简单、上部结构荷载大且分布不均匀的高层建筑物的基础和对沉降量有严格要求的设备基础或特种构筑物的基础，箱式基础平面图及剖面图如图3-8所示。

二、基础施工时施工缝止水带、后浇带施工

1. 止水带

埋于地下的钢筋混凝土箱式基础或剪力墙基础，因施工技术因素，必须分两次施工而将其分开，在基础与墙体连接部位便产生了一道人为的施工缝，由于地下基础埋置于地下，无论地下水位高低，均会处于地面水或地下水的浸泡之中。此施工缝如果处理不当，会给基础的地下部分防水带来隐患，因而施工单位便在基础与墙体分两次施工而留设的施工缝处的墙体中部增设一道上下连接的防水带，此防水带称为止水带。止水带分柔性和刚性两种。

(1)柔性止水带

施工基础底板混凝土时，在墙体部位周圈浇筑高为200～300mm的墙体，用截面为30mm×30mm的长木条在混凝土初凝前留设凹槽，凹槽周边连续设置，形成一个封闭环。在施工上部墙体结构时，在凹槽中连续填塞高膨胀性的橡胶止水带，此止水带遇水时体积能膨胀至原体积的300%以上，从而起到止水作用。其优点是施工工艺简单，缺点是隔断水的高度较小，做法如图3-9所示。

(2)刚性止水带

施工基础底板混凝土留置施工缝，通常使用刚性止水带。刚性止水带一般用3mm厚、300mm宽的钢板制作，如图3-10所示，在施工下部混凝土结构时便预埋1/2，此刚性止水带须连续设置，止水带连接接头焊缝须饱满，在浇筑基础混凝土前应采取措施将此钢板架立牢

固，钢板内外振捣密实。在施工上层墙体结构前，此施工缝接头处应进行凿毛处理。刚性止水带的缺点是工艺要求较高，固定位置难度较大，止水带钢板两侧的混凝土振捣时不易平整、密实。

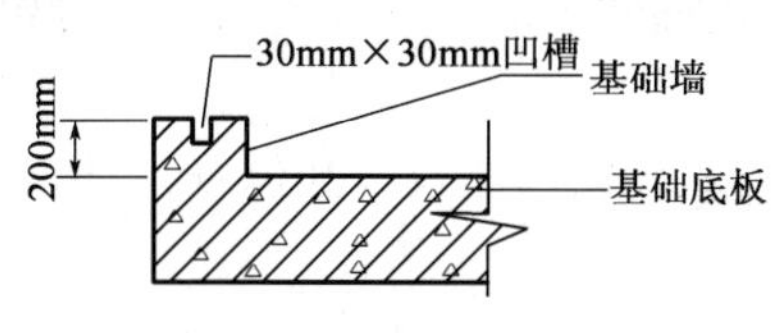

图 3-9　施工止水带凹槽

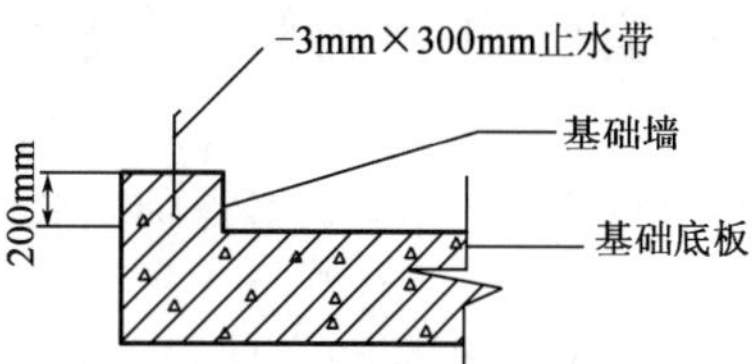

图 3-10　施工刚性止水带

止水带品种的选择由设计单位选定，也可由施工单位与设计方、建设方、监理方共同商定。无论使用何种止水带都必须周圈封闭，施工缝处都必须振捣密实。

2. 后浇带

在超长结构的建筑结构中，常分段、分块设置后浇带，也就是从基础下部底板起至建筑物屋面结构（也有至中间层的）全部贯通地设置一道或几道待后浇灌混凝土的人工缝，缝宽一般为 800 ~ 2 000mm，等主体全部完工后，再浇筑后浇带混凝土（图 3-11）。

后浇带是结构设计的需要，对超长结构不设置永久性伸缩缝时，在结构施工阶段，为减小混凝土收缩的不利影响，防止结构开裂，我国常用的做法是设置施工后浇带，此种形式的后浇带称为收缩后浇带。当建筑结构两侧的荷载不均匀，容易引起结构的差异而产生裂缝，此种后浇带称为沉降后浇带。后浇带除了解决施工期间的混凝土自收缩问题，也能解决施工期间由于温度变化引起的结构应力集中问题。后浇带的设置是结构设计者为减少结构开裂而采取的一项技术措施，也就是分超长、超大结构为小块，待结构的荷载全部或大部叠加上去后，让小块先行收缩或沉降，达到稳定后，再用高一级别的混凝土将其浇筑成一个整体。

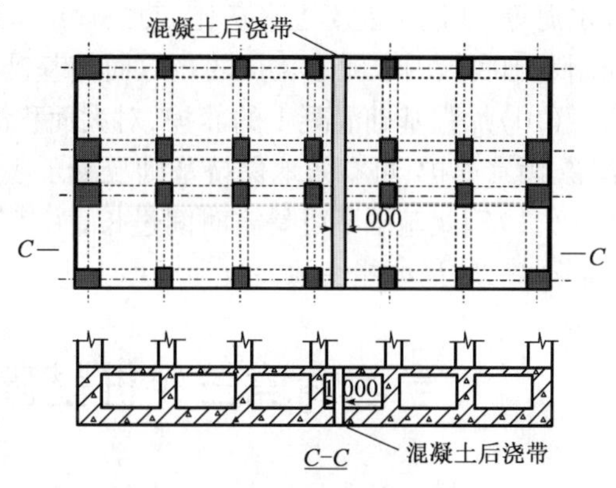

图 3-11　施工箱形基础后浇带

后浇带有关注意事项：

（1）后浇带应设置在结构受力较小处，一般在梁、板跨度内 1/3 结构弯矩和剪力较小处，且宜自上而下对齐，竖向不宜错开，后浇带间距一般为 30 ~ 50m。

（2）后浇带处有多处加固，如基础底处（包括防水层）要加深处理 150 ~ 300mm，此处的防水层次要增加，沿后浇带一线的板、墙、梁的钢筋配筋率都需加大，也就是在后浇带处都需有增加、增大纵向钢筋、缩小纵向钢筋间距的设计要求。

（3）后浇带一般要求结构封顶后（也有可施工至中间层如 6 层结构后）再行浇筑后浇带混凝土，浇筑后浇带混凝土时，此处的钢筋必须进行整理，除锈，混凝土施工缝处应凿毛，用比原梁板面高一级别并加膨胀剂的混凝土浇筑，也应有足够的养护时间。

（4）后浇带处施工缝处的隔离模板支撑可用木模，但最适宜的是用两层孔径不大于 10mm 的铁丝网将混凝土隔断，并按@ 200 间距纵横布置 ϕ12mm 的钢筋骨架，与结构主筋点焊。此骨架在浇筑后浇带混凝土时可不拆除。无论用何种模板隔断混凝土，都必须封严、牢固。

三、筏式、箱式基础施工要点

(1)基坑内无积水，施工垫层时，要找平基底高程，垫层面高程误差为 ±5mm。

(2)认真校对基础轴线，对基础内电梯井、集水井、楼梯间等加深部位要认真校对相关尺寸，做到准确无误。

(3)弹线时，不仅要放出各轴线墙的位置，也要放出基础内门洞及留孔位置，并用红油漆勾画出。

(4)做好基础各部位钢筋配料工作，对复杂部位，如斜面、多边形边要放出大样并经验收后再行配制。

(5)墙、柱、板的钢筋严格按钢筋混凝土施工规范和设计图纸及有关图集的要求施工。

(6)地下部分的外墙支模对拉螺栓要增加止水片。

(7)基础底板及基础墙板可分两次施工，但均应一次施工完，或施工至后浇带。

(8)混凝土施工时宜从纵向一端开始，然后每 500mm 高拉开踏步槎，如基础底板过厚，面积过大，或基础墙板过高，须在竖向扎钢丝网拦阻，新老混凝土接槎时间不宜超过 40min。

(9)基础底板厚度如在 1 000mm 以上，应考虑使用低水化热的水泥，如粉煤灰水泥、火山灰水泥等，并调整混凝土水灰比，使之适应大体积的混凝土施工要求，并应有测温措施，严格控制基础底板因水泥水化热的释放而使基础底板裂缝。

(10)加强基础混凝土的养护，对大面积的底板可先覆盖一层塑料薄膜，再覆盖 2 ~ 3 层草帘，洒水养护，可有效地保持基础混凝土表面湿度及降低混凝土内外温差值。

(11)箱式基础不可暴露时间过长，尤其是炎夏和寒冬，极易因日夜温差过大，而使箱体开展裂缝，应尽可能快地验收和回填土。

学习情境三　桩基础分类、预应力管桩施工

一、桩基的作用、与上部结构连接形式、名称和分类

桩基础也就是在基础下设置桩，与下部持力层相连接，故称为桩基础。其深度一般大于 5m，故也称为深基础。

1. 作用

(1)桩是将上部建筑物的荷载传至地下深处承载力较大的土层上或持力层上。

(2)使桩周围的软弱土层受到挤压，以提高基础下部土壤的承载力和密实度。

两者的目的都是保证建筑物的稳定性和减少地基沉降。

2. 基础桩与上部结构连接形式

(1)桩顶和上部建筑物的梁、柱之间可用承台连接，承台可与条形基础一起施工，也可作为独立基础单独施工，其形式见图 3-12。

承台下部可以是一根桩，也可以是多根桩，但桩与承台下部连接必须保证有 100mm 的高度，桩的顶部须有预留钢筋与承台锚固，预留钢筋长度不得小于钢筋的锚固长度。

(2)桩基上部是筏式基础或箱式基础时，可不设承台，桩顶直接伸入基础中承载，见图 3-13。

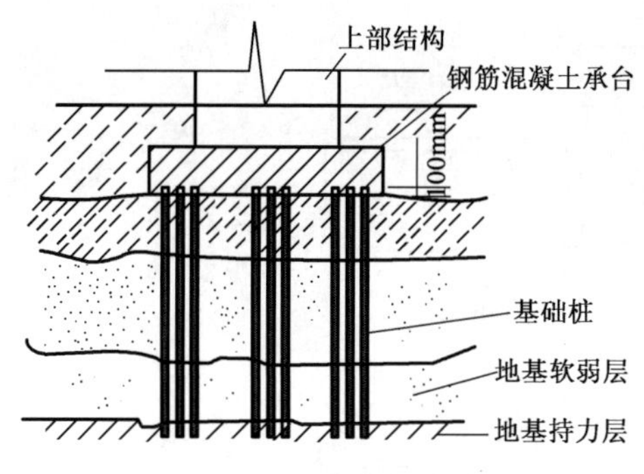

图 3-12　桩基础、承台示意图

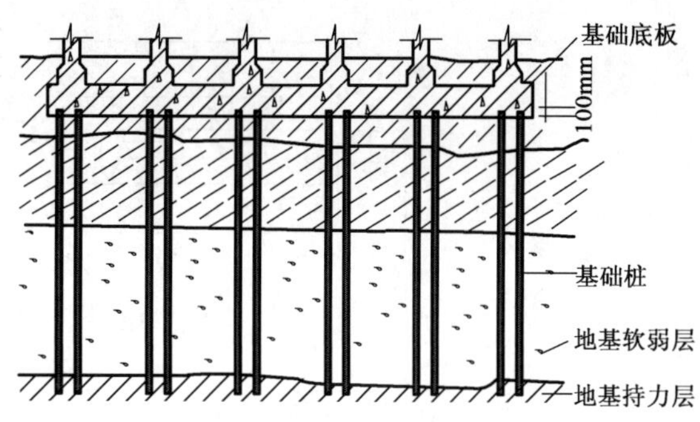

图 3-13　基础底板与基础桩连接图

桩与基础连接必须保证有 100mm 的高度，桩的顶部须有预留钢筋与承台锚固，预留钢筋长度不得小于钢筋的锚固长度。

3. 桩基名称

低承台桩基：由基桩和连接于基桩桩顶的承台梁共同组成，承台之间一般用承台梁相互连接，如图 3-14 所示。桩身全部埋入土中，承台底面与土体接触，则称为低承台桩基；若桩身露出地面，而承台底面位于地面以上，称高承台桩基。承台底下只用 1 根桩则称为单桩基础，有两根及两根以上桩则称为群桩基础。

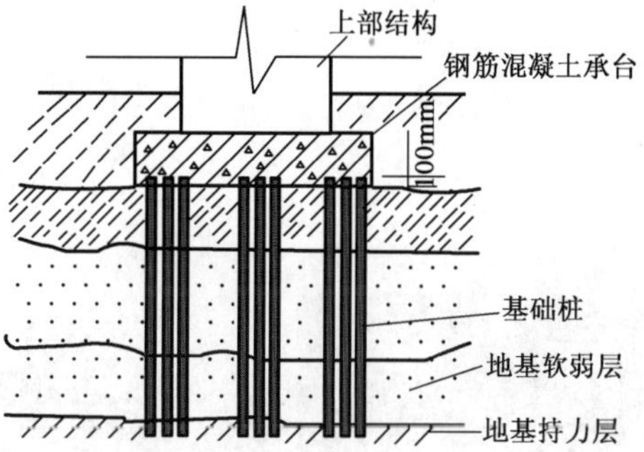

图 3-14　桩基础、承台示意图

4. 桩基分类

（1）按承载性质分类

桩基按承载性质可分为摩擦型桩和端承型桩。其中，在极限承载力下，桩顶荷载由桩侧阻力承受称为摩擦桩；在极限承载力下，桩顶荷载主要由桩侧阻力承受称为端承摩擦桩；在极限承载力下，桩顶荷载由桩端阻力承受称为端承桩；在极限承载力下，桩顶荷载主要由桩端阻力承受称为摩擦端承桩。

（2）按桩的使用功能分：竖向抗压桩、竖向抗拔桩、水平受荷载桩、复合受荷载桩。

（3）按桩身材料分：混凝土桩、预应力管桩、钢桩、组合材料桩。

（4）按成桩方法分：非挤土桩（如干作业法桩、泥浆护壁法桩、套筒护壁法桩）、部分挤土桩（如部分挤土灌注桩、预钻孔打入式预制桩等）、挤土桩（如挤土灌注桩、挤土预制桩等）。

（5）按桩的制作工艺分：预制桩和现场灌注桩。

二、预应力管桩

我国沿海地区常采用预应力管桩作为深基础，应用广泛的是先张法预应力管桩，它采用先张法工艺和离心成型法，制成空心圆筒体混凝土预制构件，节长一般不超过 15m，外直径为 300 ~ 1 000m 不等，壁厚为 60 ~ 130mm，施工时可先后沉入数节桩，在连接的端头板用点焊连接，端头板厚度一般为 18 ~ 22mm，外缘一圈有坡口，供烧焊用。管桩的构造及端部尺寸见图 3-15，混凝土强度为 C60 ~ C80。

预应力管桩成型工艺流程如图 3-16 所示。

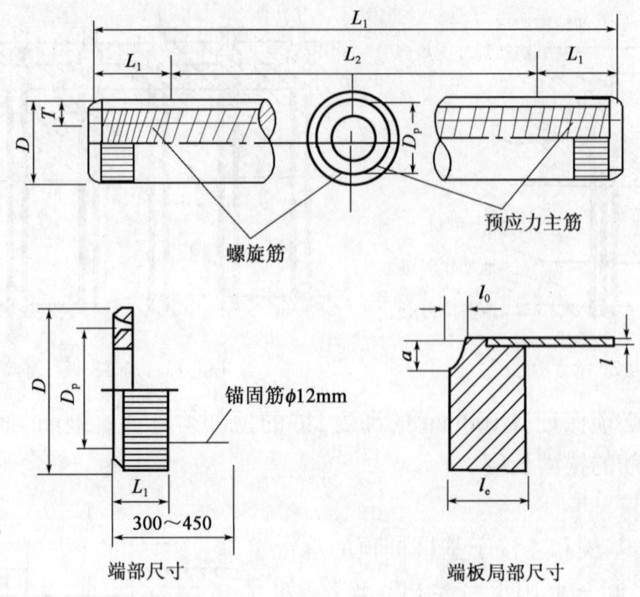

图 3-15　预应力管桩构造图

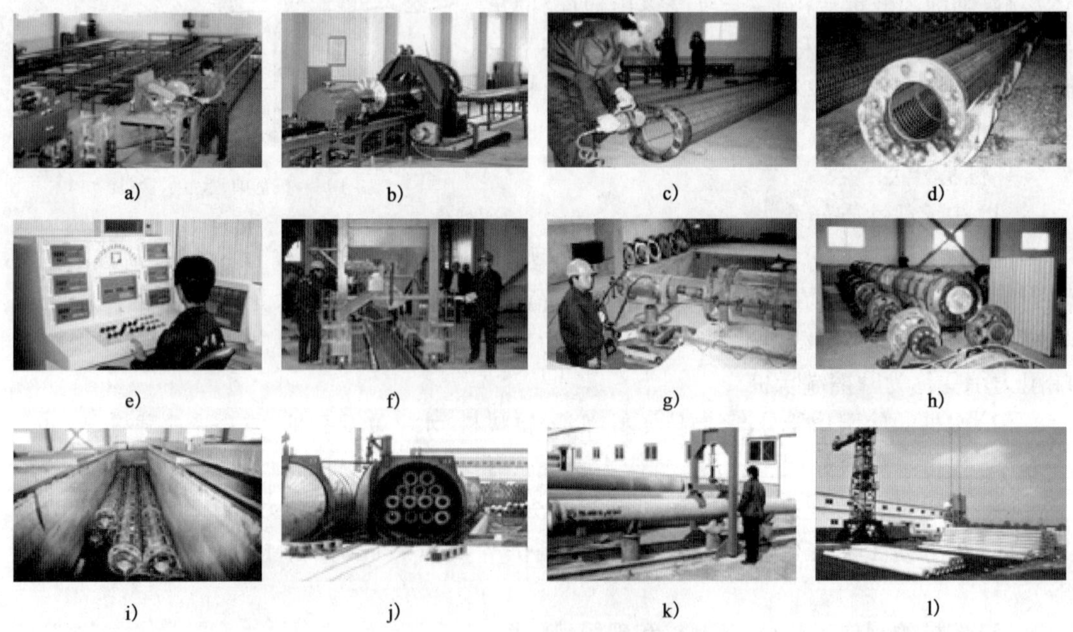

图 3-16　预应力管桩成型工艺流程

a)定长切割;b)滚焊成笼;c)装钢笼;d)钢筋笼入模;e)电脑配料;f)混凝土布料;g)预应力张拉;h)离心成型;i)蒸气养护;j)压蒸养护;k)结构检验;l)成品堆放

三、锤击预应力管桩沉桩施工工艺

1. 工艺流程

测量定位→底桩就位、对中调直→锤击沉桩→接桩→打至持力层→收锤。

(1)测定桩位,由专职测量人员在桩位中心打入一根长约 30cm 的细钢筋,露出地面约 5 ~ 8cm,并扎红布条作为样桩。还应用白灰画出一个与管径相同的圆圈,以减少误差。

(2)管桩就位，一般采用单点吊装，如图 3-17 所示，吊装时，先将桩头送入桩帽，再用人工扶住桩管下端将桩尖在白灰圈内就位，并保证桩身垂直偏差不得大于0.5%，还应使桩身、桩帽和桩锤的中心线重合，如不满足，应设法调整才能开锤，必要时拔出重插。

(3)测量垂直度宜用两台经纬仪在离打桩架 15m 以外从正交两个方向检验桩身垂直度，也可在正交方向设置两根吊砣垂线观察校正。

(4)为观察打桩时桩身入土情况，应在底桩上画出以米(m)为单位的长度标记，并按从下到上的顺序标明桩的长度。

(5)接桩：当底桩桩头被沉至离地面 0.5～1.0m 时，用钢丝刷将上下两个对接桩端头铁板上的泥土、铁锈刷净，然后在四周均匀对称点焊 4～6 点，拆除夹具，由两电焊工对称焊接，焊接层数不少于 2 层，待焊缝冷却 8～10min 后再沉桩。

2. 施工中应注意的问题

(1)准备工作：管桩必须有出厂合格证和产品说明书。清除场地障碍物，制订施工方案、打桩顺序。一般情况，根据桩的入土深度、管桩规格，依照先长后短、先大后小的原则进行。尽量减小挤土及对周围设施的不良影响。

(2)桩锤选择：桩锤(图 3-18)大小应尽量满足打桩的各项技术要求。如保证最后贯入度在 20～40mm/10 击，打桩破损率在 1%左右，最多不超过 3%，每根桩的锤击数宜在1 500击以内，最多不超过 2 500 击。选择锤重时，可现场试打确定，一般情况下，每个型号桩锤最大沉桩能力约为 100 倍的型号数(kN)，如 D45 柴油锤最多可打 4 500kN 的桩。也可根据锤重与桩重的比值来定，一般这个比值取 0.5，软土中取 0.4。为防止桩锤回弹过大，桩击应力过高将桩头打坏，应遵循“重锤轻击”的原则。

(3)桩帽和垫层：桩帽应有足够的强度、刚度和耐打性，宜做成圆筒形(图 3-19)，套筒深度宜为 35～40cm，内径应比管桩外径大 2～3cm。如套筒太深，桩身稍有倾斜就会使下沿口的铁板磕伤桩头混凝土；太浅会使桩帽从桩头脱离。如套筒桩头太大，则由于桩帽中心与桩身中心线的偏离而造成偏心打桩；如间隙太小，则桩身的微小倾斜会使桩帽挤坏桩头混凝土，所以桩帽的结构、尺寸应合理。

图 3-17　单点起吊预应力管桩

图 3-18　桩锤

图 3-19　桩帽及套筒

垫层有“桩垫”和“锤垫”之分。“锤垫”设在桩帽的上部，保护锤和桩头，一般采用竖纹硬木或盘圈层叠的钢丝绳制作，厚度 15 ~ 20cm；桩垫设在桩帽下部套筒里面，与桩顶接触，它可以延长锤击作用时间，降低锤击应力，保护桩头。桩垫一般用麻袋、胶合板等材料制作，要求厚度均匀，软硬合适，锤击后压实厚度不应小于 12cm。

(4)防止偏心打桩：打桩中，如果出现偏心打桩，容易打坏桩头，也影响最后成桩质量。打桩时应保证桩锤、桩帽和桩身中心线重合，特别是第一节底桩，对成桩质量影响最大，其垂直偏差不得大于 0.5%。

(5)保证接桩质量：坡口根部宜选用 ϕ3.2mm 的电焊条，其余部分可选用 ϕ4 ~ ϕ5mm 焊条，施焊应对称、分层、均匀、连续进行，焊缝要饱满，不得有凹痕、咬边、焊瘤、夹渣等缺陷，焊后要自然冷却，严禁用水冷却。

(6)在较厚的黏土、粉质黏土中施打多节管桩中，宜连续施工，一次完成，以免土体在触变性作用下，承载力恢复，超孔隙水消失，土体在桩周围固结，桩继续下沉困难。

(7)控制送桩深度：对承载力较大的摩擦端承桩，送桩深度不宜超过 2m，否则桩头容易打碎，桩顶位移也大。打桩与送桩应连续进行，防止周围土体固结，承载力增加，使沉桩困难。

送桩帽宜制成圆形，保证有足够的强度、刚度和耐打性，上下端面应平整，且与送桩中心线垂直，防止偏心，不得在晃动下施工，送桩帽下端面应设有排气孔，便于管桩空腔内空气或水分外溢，使管桩出现竖向劈裂缝。

(8)收锤标准：除设计明确规定桩端高程作控制的摩擦桩，保证设计桩长外，尚应按设计、施工等部门共同确认的标准收锤。一般情况下，施工中常以最后贯入度作为标准进行收锤，但最后贯入度是受外界影响较大的一个变量。桩锤型号不同，贯入度不同；桩长不同，贯入度不同；不同时间测得的贯入度不同；不同性质的桩对贯入度的灵敏度也不同。因此，收锤标准应根据场地工程地质、单桩承载力的设计值、桩的规格和长短、桩锤的大小和落距等因素，综合考虑最后贯入度、桩入土深度、总锤击数、每米沉桩锤数及最后 1m 沉桩锤击数、桩端持力层的岩土类别及桩尖进入持力层深度、桩土弹性压缩量等指标给出。收锤标准应以到达的桩端持力层、最后贯入度或最后 1m 沉桩锤击数为主要控制指标，桩端持力层作为定性控制，最后贯入度及最后 1m 沉桩锤击数作为定量指标。

图 3-20　管桩锯截机

(9)截桩：截桩必须使用专用管桩锯截机，在锯截管桩前必须准确地测定管桩锯截线高程，截桩时，应保持锯截面水平。严禁用锤击将桩头打碎的方法截桩，其专用设备如图 3-20 所示。

四、静力压桩施工工艺

1. 概念及原理

(1)静力压桩概念

静力压桩是利用压桩机用无振动的静压力(自重和配重)将预制桩压入土中的一种沉桩工艺。

(2)静力压桩原理

通过安置在压桩机上的卷扬机的牵引，由钢丝绳、滑轮及压梁，将整个桩机的自重力(800～1 500kN)反压在桩顶上，以克服桩身下沉时与土的摩擦力，迫使预制桩下沉。

(3)材料要求

静力压桩一般沉压预应力管桩。

(4)设计要求

①对纯摩擦桩，终压时以设计桩长为控制条件。

②对端承摩擦型静压桩，长度大于21m时，应以设计桩长为主，终压力作对照。

③对承载力要求较高的桩基，终压力值宜尽量接近压桩机满载值。

④对长14～21m的静压桩，应以终压力达满载值为终压控制条件。

⑤当桩周土质较差且设计承载力较高时，宜复压1～2次(对长度小于14m的桩，可连续多次复压)。

(5)试桩

针对具体工程和不同的地质条件，及设计选定的桩型，一般都要进行试压，每种桩型试压不少于4根，以决定终压力和桩长。

(6)施工准备

①施工现场三通一平已完成，无积水，地面、地下各种管、线、沟已清除。

②各桩按顺序编号，编制压桩施工计划和预应力管桩施工方案。

③对桩位现场放线，各桩位都有明显标志，并经过验收。

2.压桩机械设备

(1)机械静力压桩机，由压桩架、传动设备、平衡设备、量测设备组成。

(2)液压静力压桩机，由液压吊装机构、液压夹持、压桩机构(千斤顶)、行走及回转机构、液压及配电系统、配重铁等组成，此机体积小巧，使用方便，见图3-21和图3-22所示。

图3-21　工作中的静力压桩机

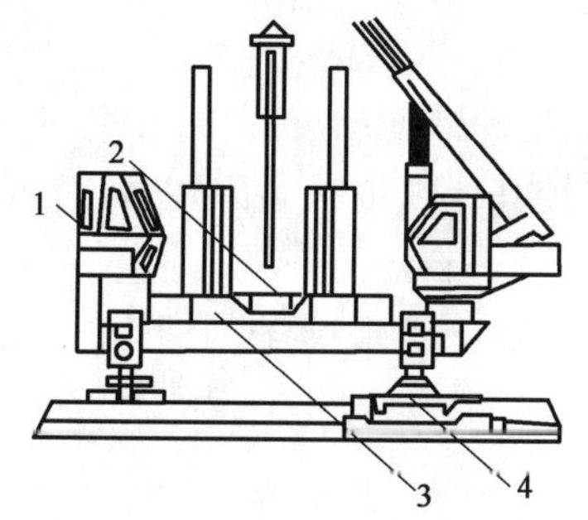

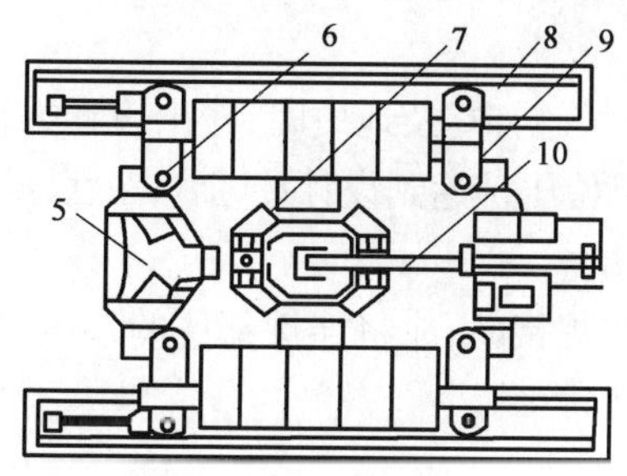

图3-22　液压静力压桩机

1-操作室；2-夹持与压桩机构；3-配重铁块；4-短船入回转机构；5-电控系统；6-液压系统；7-导向架；8-长船行走机构；9-支腿式底盘结构；10-液压起重机

3. 压桩工艺方法

(1)施工程序(图 3-23 和图 3-24)

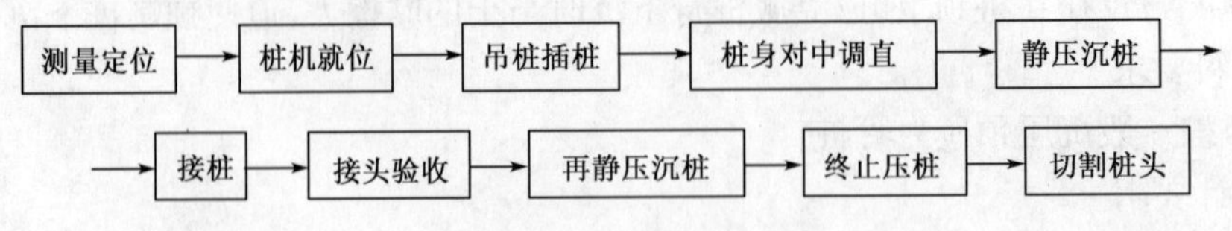

图 3-23 施工程序

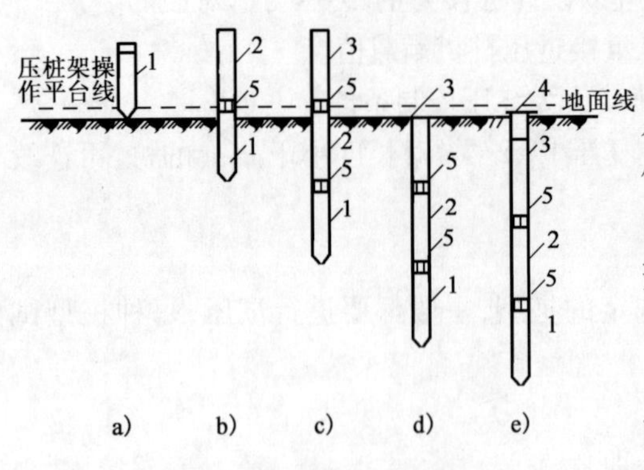

图 3-24 压桩程序示意图

a)准备压第一段桩;b)接第二段桩;c)接第三段桩;d)整根桩压平至地面;e)采用送桩器压桩完毕

1-第一段桩;2-第二段桩;3-第三段桩;4-送桩器;5-接头

(2)压桩方法

用起重机和压桩机自身的起重机,将桩吊入夹持器中,夹持器将桩夹紧,并作上下伸程动作,将桩压入土层中,一段行程完结后,再松夹回程,重复伸程,这样连续压桩操作,把桩压入预定深度的土层中。

(3)桩拼接的方法

①浆锚接头,它是用硫黄水泥或环氧树脂配制成的黏接剂,把上段桩的预留插筋黏接于下段桩的预留孔内。

②焊接接头,因在每节管桩的端部都预埋有铁箍和环形铁板,上下桩对正后,由两位焊工对称焊接,如上下桩铁板有空隙,应用楔形铁板塞垫,焊缝必须饱满。

4. 压桩施工要点

(1)压桩应连续进行,因故停歇时间不宜过长,否则压桩力将大幅度增长而导致桩压不下去或桩机被抬起。

(2)同一承台内设置的多根桩,压桩时,要间隔进行,以保持桩位的正确位置。

(3)压桩时,应有两台经纬仪在相互成 90°的位置上校对桩的垂直度,也可用两只吊线锤校对,每压一根桩,它们都要配合一次,同时有一台水准仪测定桩顶高程,以计算出每根桩实际埋置深度。

(4)每根桩压入土中的终压值及复压值和贯入度都要有专人进行记录,并有现场监理人员见证。

(5)压桩时,遇有复杂地质时,应由设计方提出处理措施;遇有大孤石时,应拔出桩,对孤石实行爆破,以使压桩达到设计要求的深度,此桩较其他邻近桩高出较多,有可能未达到设计要求的持力层。

(6)上下桩焊接时,应将连接部位的杂质、油污、泥土清理干净,上下桩必须在同一轴线上,焊缝必须饱满。

学习情境四 现浇混凝土桩(灌注桩)施工

现浇混凝土桩(灌注桩)按其施工方法分类见图 3-25。

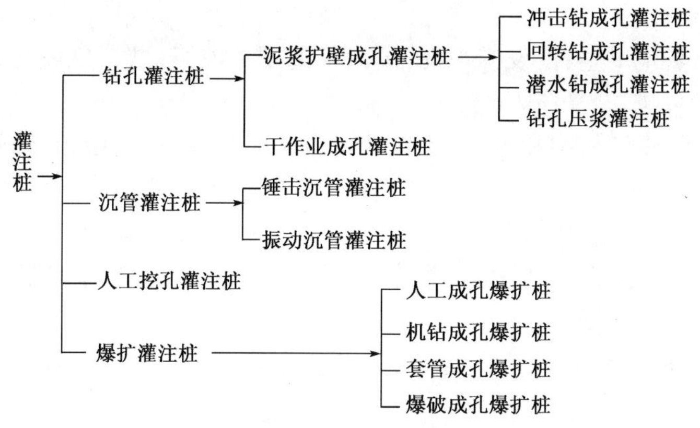

图 3-25　现浇混凝土桩按施工方法分类

一、钻孔灌注桩

利用钻机钻出桩孔，用钻杆排出钻渣，清孔后，在钻孔中吊放钢筋，用套管连续浇注混凝土，即形成钻孔灌注桩。

1. 泥浆护壁成孔灌注桩

在制孔过程中，用黏土泥浆护壁，保持井壁的土层不塌陷的施工工艺。此种形式适用于地下水位较高的地质条件。

泥浆护壁成孔灌注桩按使用机械和材料不同又分为冲击钻成孔、回转钻成孔、潜水钻成孔及钻孔压浆灌注桩等，它们都适宜在水下作业。

(1)施工方法

分正循环法和反循环法。

正循环施工法：泥浆经钻杆内腔流向孔底，将钻头切削破碎下来的钻渣岩屑，经钻杆与孔壁的环状空间携带至地面，如图 3-26 所示。该法设备简单，适应狭小场地，费用低，但对于直径 1m 以上及较深的桩孔，效率低，排渣能力较差，孔底沉渣多，孔壁泥皮厚，不适用于含有卵石、砾石的地层。

反循环施工法：通过泵吸或射流抽吸，或送入压缩空气，使钻杆内腔形成负压与充气液柱形成压差，使经过钻杆与孔壁间的环空间隙流向孔底的泥浆，携带钻头切削下来的钻屑由钻杆内腔高速地返回地面泥浆池(图 3-27)。该法泥浆上返速度快，排渣能力强，对孔壁的冲刷作用小，在孔壁形成的泥皮相对较薄，成孔质量好。

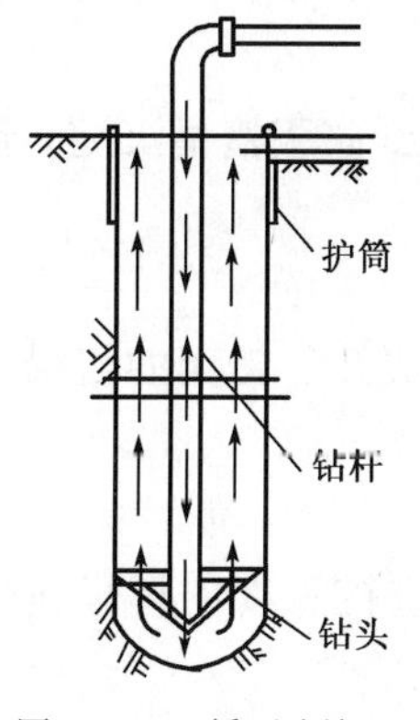

图 3-26　正循环法施工

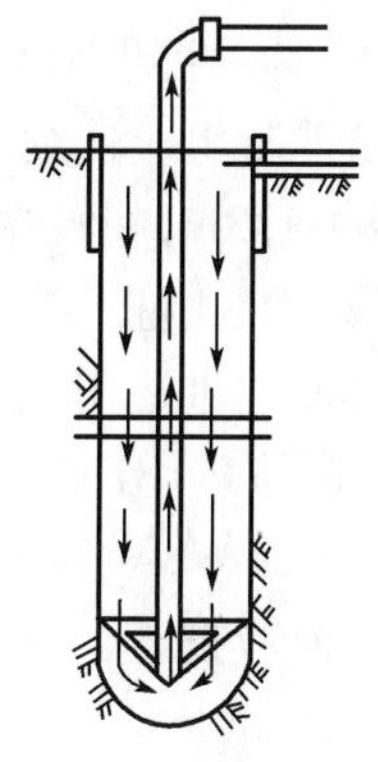

图 3-27　反循环法施工

(2)施工程序

①施工准备:场地平整,挖设排水沟,设泥浆池制备泥浆,做试桩成孔,设置桩基定位点和水准点,放线定桩位,并复核等。

②钻孔前准备:安装桩架和水泵,桩位处埋设孔口护筒,以起定位、保护孔口、存储泥浆等作用。

③钻孔:开始钻孔时轻压慢速,逐渐转为正常,并在孔内注入泥浆,保持泥浆液面高于地下水位1.0m以上,以起护壁、携渣、润滑钻头、降低钻头发热、减少钻进阻力作用。如在黏土层中钻孔,可注入清水护壁。

④清孔,无论是原浆或另注入泥浆,都用护浆法清孔,当排出泥浆比重降至1.1或1.15~1.25为合格。

⑤吊放钢筋笼和浇筑水下混凝土。钢筋笼埋设前应先在其上设置钢筋环,混凝土垫块或于孔中设置3~4根导向钢筋,以确保保护层厚度,水下浇筑混凝土通常用导管法施工。其工艺流程见图3-28。

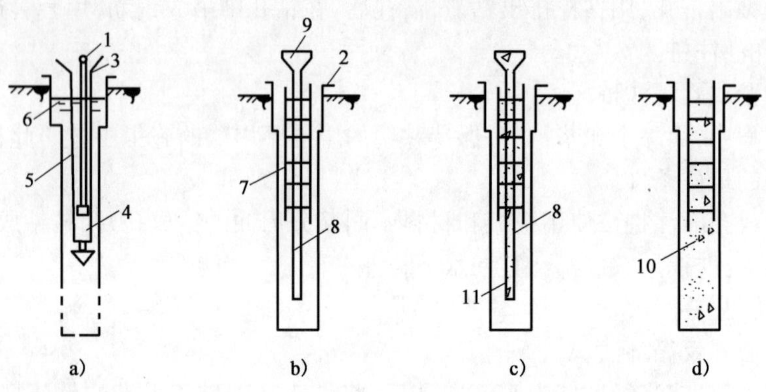

图3-28　潜水钻成孔灌注桩施工示意图

a)成孔;b)插入钢筋笼和导管;c)灌注混凝土;d)成桩

1-钻杆或悬挂绳;2-护筒;3-电缆;4-潜水电钻;5-输水胶管;6-泥浆;7-钢筋骨架;8-导管;9-料斗;10-混凝土;11-隔水栓

(3)质量要求

①护筒中心要求与桩中心偏差不大于50mm,其埋深在黏土中不小于1m,在砂土中不小于1.5m。

②泥浆比重在黏土和亚黏土中应控制在1.1~1.2,在较厚的夹砂层中应控制在1.1~1.3,在穿过砂卵石层中或易于坍塌的土层中,应控制在1.3~1.5。

③孔底沉渣,端承桩小于50mm,摩擦桩小于150mm。

④水下浇筑混凝土应连续施工,孔内泥浆用潜水泵回收到储浆槽里沉淀,导管应始终埋入混凝土中0.8~1.3m,并始终保持1m。

2. 干作业成孔灌注桩

干作业成孔灌注桩适用于地下水以上干土层中桩基的成孔。常用的机械有螺旋钻机、钻孔扩机,它们适用于干作业。

(1)施工方法

①钻机就位时应校正,平整、稳固,在钻架上应有控制进桩深度的标尺,便于施工中观测、记录。

②钻孔时,先调直桩架挺杆,先钻0.5~1.0m深,一切正常后,再继续钻进,土块随螺旋

叶片上升排出孔口，达到设计深度后，在原深处空转清土，孔底虚土厚度不大于规范要求，停钻，提钻，检查成孔质量，合格后即可移机。

③清孔后应用测绳(锤)或手提灯测量孔深及虚土厚度，虚土厚度等于钻深与孔深之差，一般不应大于100mm，如清孔时，少量浮土泥浆不易清除，可投入25～60mm粒径的卵石或碎石插实，挤密土体。

④钢筋笼骨架应一次绑好，并绑好砂浆垫块，对准孔位吊直扶稳，缓慢进入孔内，勿碰孔壁，下放到设计位置后，应立即固定。钢筋笼过长可分两段吊放，在孔位上约1m高处，采用电焊连接。

⑤钢筋笼定位后，应立即浇筑混凝土，混凝土的坍落度一般为8～10cm，为保证其和易性，应适当调整砂率，掺粉煤灰和减水剂等。

⑥桩混凝土浇筑应连续进行，分层振实，分层高度一般不大于1.5m，用接长软轴的振动器捣实。浇筑至顶时，应适当超过设计高程，以便在截桩时，桩顶高程满足设计要求。

⑦桩顶插筋，应由专人垂直插入，防止插斜、插偏。成桩的施工程序如图3-29所示。

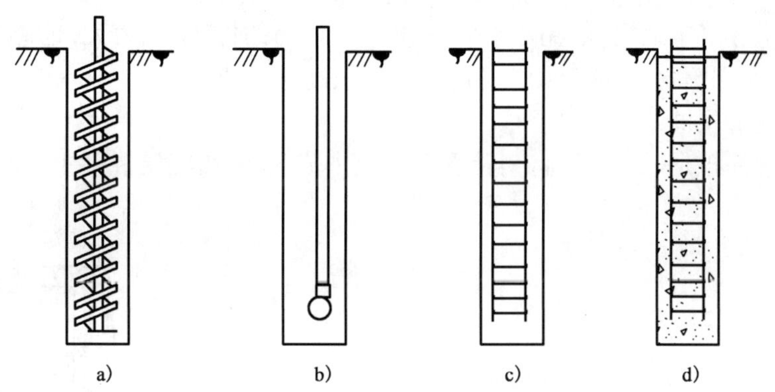

图3-29　螺旋钻孔成桩的施工程序

a)螺旋钻机钻孔；b)空转清土后掏土；c)放钢筋骨架；d)浇筑混凝土

(2)质量要求

①桩的原材料和混凝土强度符合设计要求和规范规定。

②桩的成孔深度必须符合设计要求，垂直允许偏差小于1%，以摩擦力为主的桩，沉渣厚度严禁大于300mm，以端承力为主的桩，沉渣厚度严禁大于100mm。

③桩位允许偏差：单桩、条形桩基沿垂直轴线方向和群桩基础边沿的偏差是1/6桩径；条形桩基沿顺轴方向和群桩基础中间桩的偏差为1/4桩径。

3. 泥浆护壁和干作业成孔灌注桩施工中常遇问题及处理

(1)孔壁坍塌

钻孔中，如发现排出的泥浆中不断出现气泡，或泥浆突然漏失，就表示出现孔壁坍塌。原因是土质松散，泥浆护壁不好，护筒周围未用黏土紧密填封以及护筒内水位不高。此时，首先应保持孔内水位，并加大泥浆比重以稳定钻孔的护壁；如坍塌严重，应立即回填黏土，让孔壁稳定。

(2)钻孔偏斜

原因可能是钻杆不垂直，钻头导向部分压短，导向性差，土质软硬不一，或者遇上孤石。防止措施有：钻头加工要精确，钻杆安装垂直，操作时注意观察。如发生偏斜，可提起钻头，上下反复扫钻几次，以便削去硬土；如无效，应于孔中部回填黏土至偏孔处0.5m以上重新钻进。

(3)孔底虚土

钻孔中由于钻孔机械结构所限,孔底常残存一些虚土,施工时,较大规模的虚土必须清除,因它影响承载力。目前的办法是用质量为20kg的铁饼人工辅助夯实,也可使用一些孔底夯实专用工具。

(4)断桩

是否断桩是鉴定桩身质量的关键。立足于预防,一是首批混凝土一次浇筑成功,二是分析地质情况,研究解决对策,三是严格控制现场混凝土配合比。

二、沉管灌注桩

沉管灌注桩是用锤击沉管机或振动沉管机将带有活瓣式桩靴或预制钢筋混凝土桩尖的钢管锤击或振动沉入土中(图3-30),然后边浇筑混凝土(或先在管内放入钢筋笼)边锤击或振动拔管而成桩,前者称锤击沉管灌注桩,后者称振动沉管灌注桩。

此法能适应较复杂地层,能用小桩管打出较大截面的桩,承载力大,也避免了坍孔、瓶颈、断桩、移位、脱空等缺陷,能沉能拔,速度快,工效高,操作安全。

1. 锤击沉管灌注桩

锤击沉管灌注桩是采用落锤将钢套管沉入土中成孔,然后浇筑混凝土,抽出钢管,如图3-31所示。

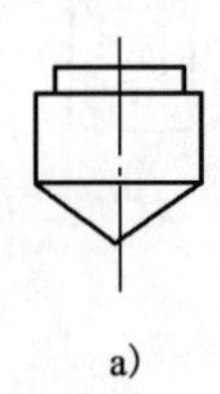

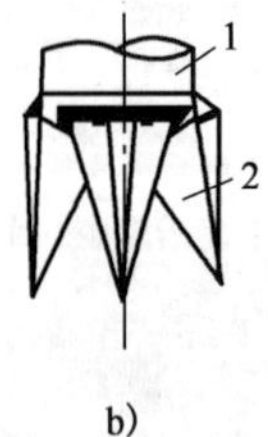

图3-30 混凝土预制桩尖、活瓣桩尖和封口桩尖

a)钢筋混凝土桩靴;b)钢活瓣桩靴

1-桩管;2-活瓣

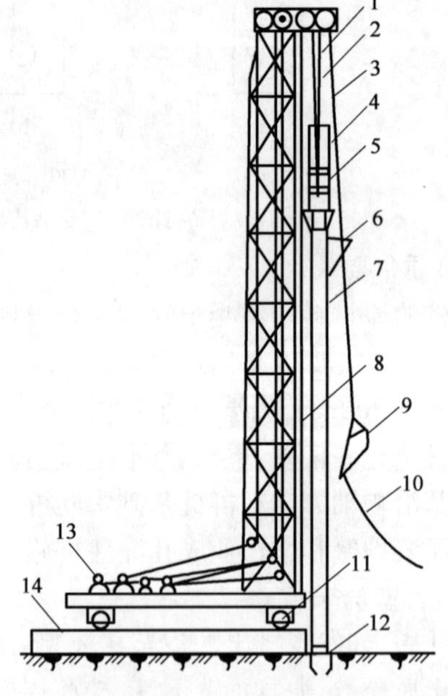

图3-31 锤击沉管打桩机示意图

1-桩锤钢丝绳;2-桩管滑轮组;3-吊斗钢丝绳;4-桩锤;5-桩帽;6-混凝土漏斗;7-桩管;8-桩架;9-混凝土吊斗;10-回绳;11-行驶用钢管;12-预制桩靴;13-卷扬机;14-枕木

(1)施工程序(图3-32)

①桩机就位,吊起桩管,垂直套入预埋好的预制混凝土桩尖,压入土中。桩管与桩尖接

触处垫麻绳垫圈,以防地下水渗入管内,当桩管、桩架、桩锤在同一垂直线上时,即可在桩管上扣上桩帽,起锤沉管。

②沉管时,先用低锤轻击,无偏移后进入正常施工,沉至设计要求深度,检查管内有无进泥浆或水,即可浇筑混凝土,桩管内混凝土尽量灌满,然后开始分次拔管。

③拔管要均匀,第一次拔管高度以能容纳第二次所需灌入的混凝土量为限,不宜拔管过高。对一般土层,每分钟不大于1m,对在软弱土层及软硬土交界处,应控制在0.8m以内。

④锤击冲击频率,不得少于每分钟50次。拔管时应使管内混凝土量略高于地面,略高于设计高程。

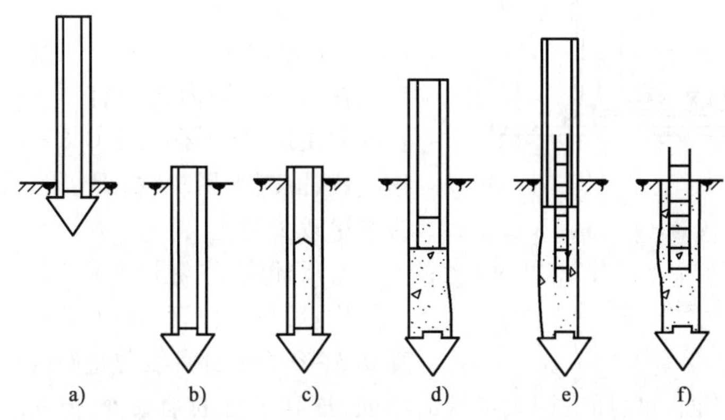

图3-32　锤击沉管灌注桩施工程序示意图

a)就位;b)沉入套管;c)开始浇筑混凝土;d)边锤击边拔管并继续浇筑混凝土;e)下钢筋笼,并继续浇筑混凝土;f)成型

上面的施工工艺称为单打灌注桩,为提高桩的质量和承载力,常采用复打扩大灌注桩。

(2)复打扩大灌注桩的施工方法

即是在第一次单打法施工完并拔出桩管后,清理桩管外壁及桩孔地面上的污泥,立即在原桩位上再次安放桩尖,再作第二次沉管,使未凝固的混凝土向四周挤压扩大桩径,然后灌注第二次混凝土,拔管方法与第一次相同,复打施工时要注意前后两次沉管的轴线应重合,复打一定要在第一次灌注的混凝土初凝之前进行。

(3)质量要求

①锤击灌注桩混凝土强度不得低于C20,混凝土坍落度,有筋时为80~100mm,无筋时为60~80mm。碎石粒径,有筋时不大于25mm,无筋时不大于40mm。桩尖强度不得低于C30。

②当桩的中心距为桩管外径的5倍以内或小于2m时,均应跳打,中间空出的桩段待邻桩混凝土达到设计强度的50%以后,方可施打。

③桩位允许偏差:群桩不大于$0.5D$(D为桩管外径),对于两个桩组成的基础,在两个桩的连线上偏差不大于$0.5D$,垂直此线的方向上则不大于$1/6D$;墙基由单桩支承的,平行墙的方向偏差不大于$0.5D$,垂直墙的方向不大于$(1/6)D$。

2. 振动沉管灌注桩

振动沉管灌注桩是采用激振器或振动冲击锤将钢套管沉入土中成孔而成的灌注桩(图3-33)。

(1)施工程序

安装好桩机,将桩管下端的活瓣合起来,对准桩位,徐徐放下桩管,压入土中,勿使偏斜,

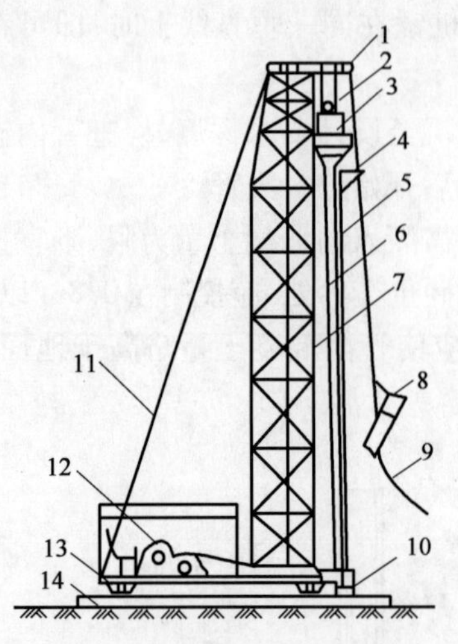

图 3-33　振动沉管打桩机示意图

1-导向滑轮;2-滑轮组;3-激振器;4-混凝土漏斗;5-桩管;6-加压钢丝绳;7-桩架;8-混凝土吊斗;9-回绳;10-桩尖;11-缆风绳;12-卷扬机;13-钢管;14-枕木

即可开动激振器沉管(图 3-34)。

桩管下沉到设计要求后,便停止振动,立即向管内灌注混凝土,再次开动激振器,边振动边拔管,在拔管中继续向管内灌注混凝土。反复进行,直至桩管全部拔出地面后,即形成混凝土桩身。振动灌注桩也可采用单振法、反插法、复振法。

(2)施工方法

①单振法:在沉入土中的桩管灌满混凝土后,开动激振器 5 ~ 10s,开始拔管,边振边拔,每拔 1m,停拔振动 5 ~ 10s,如此反复,直至桩管全部拔出。在一般土层内拔管宜 1.2 ~ 1.5m/min,在较软弱的土层中,不得大于 0.8 ~ 1.0m/min,单振法速度快,混凝土用量少,但桩的承载力低,适用于含水量较少的土层。

②反插法:在桩管内灌满混凝土后,先振动再开始拔管,每次拔管高度 0.5 ~ 1.0m,向下反插深度 0.3 ~ 0.5m,如此反复进行并始终保持振动,直至桩管全部拔出地面。反插法扩大了桩的截面,提高了桩的承载力,但混凝土用量较大,一般用于饱和软土层。

③复振法:同锤击沉管灌注桩相同。

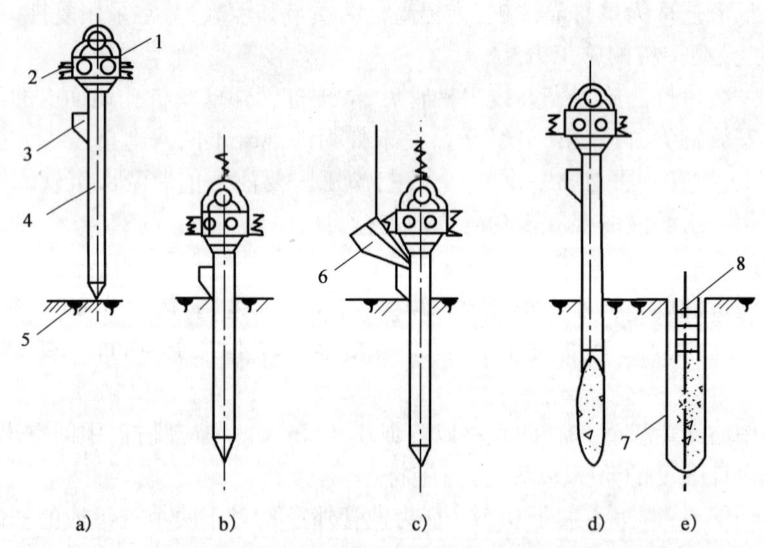

图 3-34　振动沉管灌注桩施工程序示意图

a)桩机就位;b)沉管;c)上料;d)拔出桩管;e)在桩顶部混凝土内部插入钢筋并灌满混凝土

1-振动锤;2-加压减振弹簧;3-加料口;4-桩管;5-桩尖;6-加料斗;7-混凝土;8-钢筋笼

(3)质量要求

①振动沉管灌注桩的混凝土强度不宜低于 C15,混凝土坍落度在有筋时为 80 ~ 100mm,无筋时为 60 ~ 80mm,粗集料粒径不得大于 30mm。

②在拔管时，桩管内应保持有不少于2m高度的混凝土，以便有足够的压力，防止混凝土在管内阻塞。

③振动沉管灌注桩的中心距不宜小于4倍桩管外径，否则应采取跳打，相邻桩施工时，其间隔时间不得超过混凝土的初凝时间。

④为保证桩的承载力要求，必须严格控制最后两个两分钟的沉管贯入度，其值按设计要求确定。

⑤桩位允许偏差同锤击灌注桩。

3. 施工中常遇到的问题及处理

(1)断桩

断桩一般出现在软硬土层交接处，并多数发生在黏土层中，产生断桩的主要原因是桩距过小，受邻桩施打时挤压的影响，桩身混凝土终凝不久就受到振动和外力作用；又由于软硬土层间传递水平力大小不同，对桩产生剪应力等。

处理办法是拔去断桩段，略增大桩的截面面积或加箍筋后，重新浇筑混凝土。如施工中控制桩中心距 $>3.5D$，用跳打法或控制邻桩混凝土达设计强度的50%后，再打中间桩，就可避免断桩。

(2)瓶颈桩

瓶颈桩是指桩的某处直径缩小形似瓶颈，其截面面积不符合设计要求，多数产生在黏土层及弱土层。产生的主要原因是：在这些含水率较大的软弱土层中沉管时，土受挤压便产生很高的孔隙水压，拔管后便挤向新的混凝土，造成瓶颈。如果拔管速度过快，混凝土量少，和易性差，混凝土出管后扩散性差也易造成瓶颈。

处理方法：应保持管内混凝土略高于地面，使之有足够的扩散压力，拔管时再复打或反插，严格控制拔管速度。

(3)吊脚桩

吊脚桩是指桩的底部混凝土隔空或混进泥沙而形成松散层的桩。产生的原因是：预制钢筋混凝土桩尖承载力或钢活瓣桩尖刚度不够，沉管时变坏或变形，有水或泥沙进入桩管；另外，拔管时，桩靴未脱开或活瓣未张开，混凝土未及时从管内流出。

处理方法：拔出桩管，填砂后重打；或采取密振动慢拔，开始拔管时反插几次再正常拔管。

(4)桩尖进水、进泥

原因是桩尖与桩管接合处或钢活瓣桩尖闭合不紧密；或钢筋混凝土桩尖被打破，钢活瓣变形所致。

处理方法：拔出桩管，清除管内泥沙，修整桩尖钢活瓣变形缝隙，用黄砂回填桩孔后再重打；若地下水位过高，等沉管至地下水位时，先在桩管内灌入0.5m厚度的水泥砂浆作封底，再灌1m高度的混凝土增压，然后再继续下沉桩管。

三、人工挖孔灌注桩

人工挖孔灌注桩是用人工挖掘的方法成孔，圆形，一般桩长为10~30m，桩径为800~5 000mm。成孔后放钢筋笼，浇筑混凝土而成钢筋混凝土桩。特点是设备简单，无污染，对原有建筑物影响小，如需提高速度，各桩孔可同时开挖。最大的优点是，可直接观察到桩基底部地质变化，桩底沉渣能清除干净，质量可靠。最适用于高层建筑选用大直径的灌注桩，详

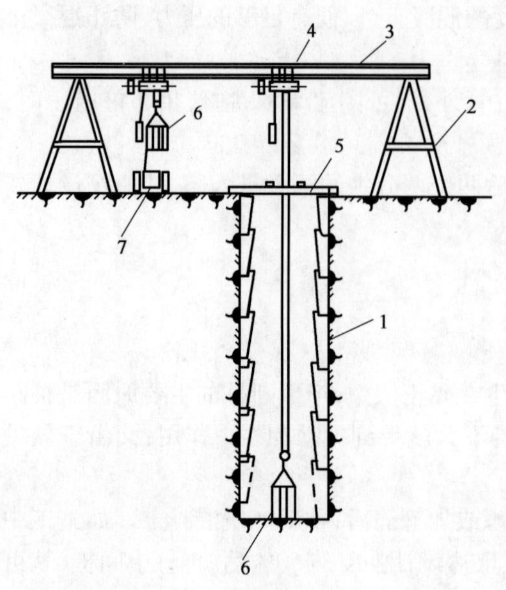

图 3-35　人工挖孔灌注桩成孔示意图

1-混凝土护壁;2-钢支架;3-钢横梁;4-电动葫芦;5-安全盖板;6-活底吊桶;7-机动翻斗车或手推车

见图 3-35。缺点是人工耗量大,开挖效率低,安全操作条件差,一般情况下,只适用于地下水位以上。

1. 施工设备

施工所需设备有:电动葫芦、提土桶、潜水泵、鼓风机、风管、镐、锹、土筐、照明灯、对讲机、电铃、运土机械、混凝土机械等。

2. 施工工艺

为确保施工安全,必须拟定出合理的护壁措施和降排水、通风方案,以防孔壁坍塌和流沙发生。

护壁有现浇钢筋混凝土护壁、喷射混凝土护壁、混凝土沉井护壁、砖砌体护壁、钢套管护壁,型钢—木板桩工具式护壁等。应用最广泛的是现浇钢筋混凝土护壁,护壁一般由基础结构设计人员设计,交由专业施工队施工,其施工流程为:

(1)按设计图放线,定桩位。根据龙门桩放出每个桩孔的圆心,并在桩孔 1 000mm 外,加钉通过圆心的呈十字形布置的控制桩 4 根。

(2)开挖桩孔土方。分段开挖,每一施工段高度一般为 0.5 ~ 1.0m,开挖直径为设计桩加护壁厚度。

(3)绑扎护壁钢筋。按设计要求绑扎护壁钢筋,圆箍筋须先加工成半成品,井下绑扎时应错开接头。

(4)支设护壁模板。模板高度是开挖高度 +50 ~ 80mm,护壁厚度由结构设计人员设计。上下护壁一层咬一层,上厚下薄,上部增厚的 100mm 呈斜面向井中心坡进约 50mm,以便浇灌护壁混凝土。护壁模板一般做成工具式,4 片或 8 片拼装成一个圆筒。

(5)放置操作平台。内模支好后,吊放钢制或木制的两半圆形操作平台入孔内,置于内模顶部,以放置料具和浇筑混凝土操作之用。

(6)浇筑护壁混凝土。由于护壁厚度一般在 70 ~ 100mm,要振捣密实,主集料宜不大于 30mm。

(7)拆除模板继续下段施工。当护壁混凝土达到 1MPa(常温下 24h),方可拆模,开挖下段土方,土方挖好后再支模,如此循环,直至挖到设计高程。

(8)排出孔底积水,吊钢筋笼,浇筑桩身混凝土。桩孔挖好后,检查孔底土质,达设计要求后,再将孔底挖成扩大头,待桩孔全部成型后,用潜水泵排出孔底积水,立即浇筑混凝土,当混凝土浇至钢筋笼底部的设计高程时,将钢筋笼用槽钢吊挂在筒壁上,继续浇筑混凝土,形成桩基。如果钢筋笼过长过大,可分段放置,架立在井口 1m 高处,对纵筋进行焊接连接,如图 3-36 所示。

3. 质量要求

(1)必须保证桩孔的挖掘质量,桩孔挖成后,应有专人下孔底检验土质是否与地质报告相符,扩孔的几何尺寸是否与设计相符,孔底的残渣情况要作为隐蔽验收记录归档。

(2)桩基的混凝土原材料、混凝土强度符合设计和规范要求,桩芯混凝土量不得小于计算体积,灌注混凝土的桩顶高程及浮浆处理,必须符合设计和规范要求。

(3)桩孔中心线平面位置偏差不大于20mm,桩的垂直度偏差不大于1%桩长,桩径允许偏差不大于±50mm。

(4)钢筋骨架保证不变形,箍筋与主筋要点焊,钢筋笼入孔后,保护层要正确。

(5)混凝土坍落度宜为100mm,必须用漏斗和串筒或溜管下放混凝土,避免离析,必须分层振捣密实。

4.安全措施

孔内作业,应严格按矿山井下安全作业规范施工:如操作人员必须戴安全帽,孔口操作人员佩安全带;孔下有人时,孔口必须有人监护;向上吊运土石渣时,下部人员顶部必须有安全护板;信号明确,孔口上下联系须用对讲机和电铃;护壁要高出地面200mm,以防杂物落入孔内,无人作业时,孔口要加盖;孔内设安全软梯,孔外周围设安全护栏;孔下照明采用安全电压;潜水泵必须有防漏电装置;应有鼓风机向孔底送洁净空气等。

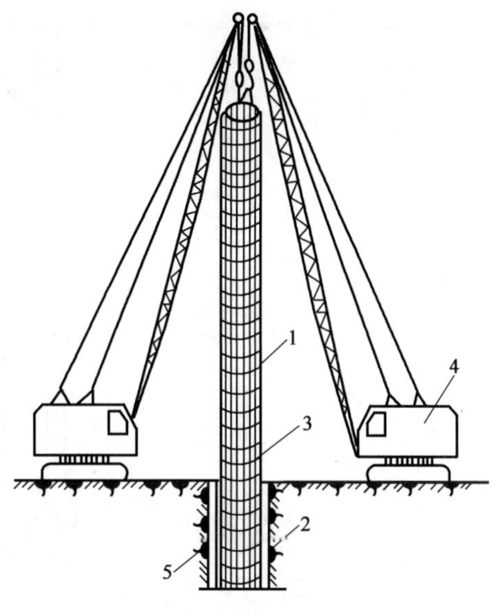

图3-36 人工挖孔灌注桩吊放钢筋笼

1-上节钢筋笼;2-下节钢筋笼;3-钢筋焊接接头;4-15t履带式或轮胎式起重机;5-混凝土护壁

四、爆扩灌注桩

爆扩灌注桩是用钻孔或爆扩成孔。孔底放入炸药,再灌入适量混凝土,然后引爆,使孔底形成扩大头,此时孔底混凝土落入孔底空腔内,再放钢筋骨架,浇筑桩身混凝土制成灌注桩。爆扩桩在黏性土层中使用效果较好(在软土或砂土中不易成形),桩长一般为3~6m,最大不超过10m,扩大头直径D为(2.5~3.5)d。这种桩成孔简单,成本低,但质量不便检查,施工要求严格。

1.施工方法

(1)成孔

爆扩桩的成孔根据土质确定,一般有人工成孔、机钻成孔、套管成孔、爆扩成孔等。其中,爆扩成孔是先用洛阳铲或钢钎打出一个直孔,孔径为40~70mm,然后在直孔内吊入玻璃管装的炸药条,管内放置两个串联的雷管,经引爆并清除积土后即形成桩孔。

根据工程需要,爆扩桩的类型有单桩、串联桩、并联桩、斜桩、空心桩、群桩等,如图3-37所示。

(2)爆扩大头

爆扩大头,宜采用硝铵炸药和电雷管进行,用量由现场试验确定。药包宜包扎成扁圆球形,以便炸出来的扩大头面积较大。药包中心最好并联放两个雷管,以保证顺利引爆。药包用长绳吊下安放在孔底正中。如孔底有水,可加压重物以免浮起,药包放正后上面填盖200mm厚的砂子,保证药包不被混凝土冲破。从桩孔中灌入一定量的混凝土后,即进行扩大头的引爆。

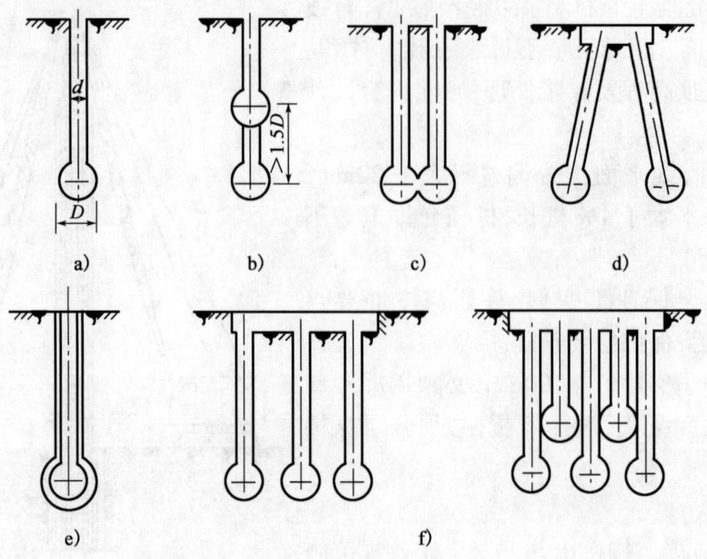

图 3-37　爆扩灌注桩的类型

a)单桩;b)串联桩;c)并联桩;d)斜桩;e)空心桩;f)群桩

爆扩灌注桩根据要求还可使用爆扩两次成型和扩孔扩头一次成型的施工工艺，见图 3-38所示。

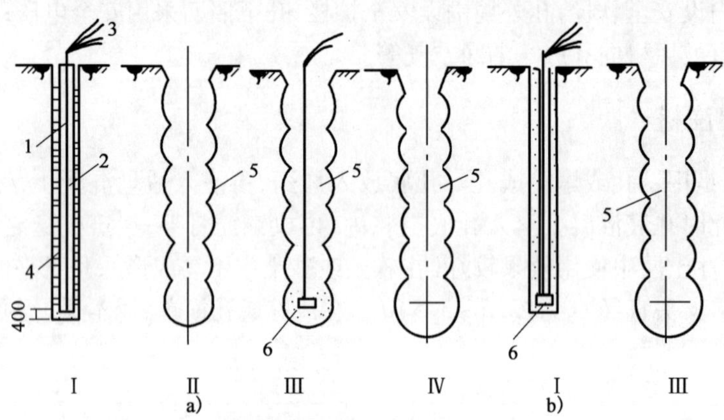

图 3-38　爆扩成孔法施工工艺

a)爆扩两次成型;b)扩孔扩头一次成型

1-条形药包;2-电雷管;3-导爆线(每个雷管一根);4-砂子填实;5-孔壁;6-爆头药包

2. 施工中常见的问题

施工中常见的问题有:拒爆、拒落、回落土、偏头等。

学习情境五　桩基础的检测与验收

一、桩基的检测

成桩的质量检验应使用两种方法进行:一种是静载试验，另一种是动测。

1. 静载试验

(1)试验目的

静载试验的目的,是采用接近于桩的实际工作条件,通过静载加压,确定单桩的极限承载力,可作为设计依据,或对工程桩进行抽样检验和评价。

(2)试验方法

静载试验是模拟实际荷载情况,一般使用实际荷载的 1.6~1.8 倍总压力,通过静载逐步加压,得出一系列关系曲线,综合评定并确定其容许承载力,能较好地反映单桩的实际承载力。通常采用的是单桩竖向抗压静载试验、单桩竖向抗拔静载试验和单桩水平静载试验。图 3-39 为堆重平台静载试验装置,图 3-39a)为平面式,图 3-39b)为基坑式。

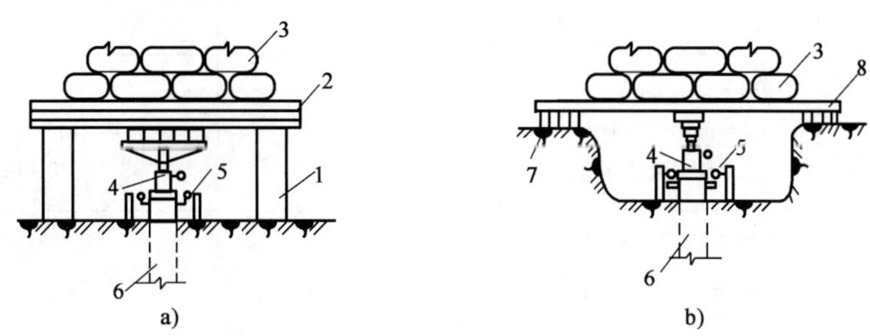

图 3-39 堆重平台静载试验装置

1-支墩;2-钢横梁;3-钢锭;4-油压千斤顶;5-百分表;6-试验桩;7-垫木;8-钢架

(3)试验要求

①在桩身强度达到设计要求后 10~30d 后方可进行静载试验。

②除设计规定外,无论何种桩,单位工程检验桩数不应少于 1%,且不应少于 3 根。

2. 动测法检测

(1)特点

动测法是检测桩基承载力及桩身质量的一项技术,作为静载试验的补充。

(2)试验方法

国内有代表性的方法有:动和参数法、锤击贯入法、水电效应法、共振法、机械阻抗法、波动方程法等。

(3)桩身质量检验

目前,国内使用的是应力波反应法,又称低(小)应变法。其原理是根据一维杆件弹性反射理论(波动理论)采用锤击振动力法检测桩体的完整性,即以波在不同阻抗和不同约束条件下的传播特性来判别桩身质量。

二、桩基验收

1. 桩基验收规定

待全部桩施工结束,承台或底板开挖到设计高程,并取得承载力检验和桩身质量检验报告(有执业资格的部位提供)后,可作最终验收。

2. 桩基验收资料

(1)工程地质勘察报告、桩基施工图、图纸会审纪要、设计变更资料、材料代用通知单等。

(2)经审定的施工组织设计、施工方案及执行中的变更情况。

(3)桩位测量放线图,包括工程桩位复核签证单。

(4)制作桩的材料试验记录,成桩质量检查报告。

(5)单桩承载力检测报告。

(6)基坑挖至设计高程的基桩平面图及桩顶高程图。

3. 桩基允许偏差

(1)预制桩

打(压)入桩(方桩、管桩、钢桩)的桩位偏差,必须符合表3-2的规定。斜桩倾斜度的偏差不得大于倾斜角正切值的15%(倾斜角系桩的纵向中心线与铅垂线间的夹角)。

预制桩(钢桩)桩位的允许误差 表3-2

序号	项目	允许偏差(mm)
1	盖有基础梁的桩: (1)垂直基础梁的中心线 (2)沿基础梁的中心线	 $100+0.01H$ $150+0.01H$
2	桩数为1~3根桩基中的桩	100
3	桩数为4~16根桩基中的桩	1/2桩径或边长
4	桩数大于16根桩基中的桩: (1)最外边的桩 (2)中间桩	 1/3桩径或边长 1/2桩径或边长

注:H为施工现场地面高程与桩顶高程的距离。

(2)灌注桩

灌注桩的桩位偏差符合表3-3的规定,桩顶高程至少要比设计高程高出0.5m,桩底清孔质量按不同的成桩工艺有不同的要求,应按有关规范执行,每浇筑50m^3混凝土必须有一组试件,小于50m^3混凝土的桩,每根桩必须有一组试件。

灌注桩的平面位置和垂直度的允许偏差 表3-3

序号	成孔方法		桩径允许偏差(mm)	垂直度允许偏差(mm)	桩位允许偏差(mm)	
					1~3根,单排桩基垂直于中心线方向和群桩基础的边桩	条型桩基沿中心线方向和群桩基础的中间桩
1	泥浆护壁钻孔桩	$D<1\,000$mm	±50	<1	$D/6$,且不大于100	$D/4$,且不大于150
		$D<1\,000$mm	±50		$100+0.01H$	$150+0.01H$
2	套管成孔灌注桩	$D<500$mm	−20	<1	70	150
		$D>500$mm			100	150
3	干成孔灌注桩		−20	<1	70	150
4	人工挖孔桩	混凝土护壁	+50	<0.5	50	150
		钢套管护壁	+50	<1	100	200

注:1. 桩径允许偏差的负值是指个别断面。

2. 采用复打、反插法施工的桩,其桩径允许偏差不受本表限制。

3. H为施工现场地面高程与桩顶设计高程的距离,D为设计桩径。

练习题

1. 请对题图 3-1 的条式基础，简要地写出其施工方案。

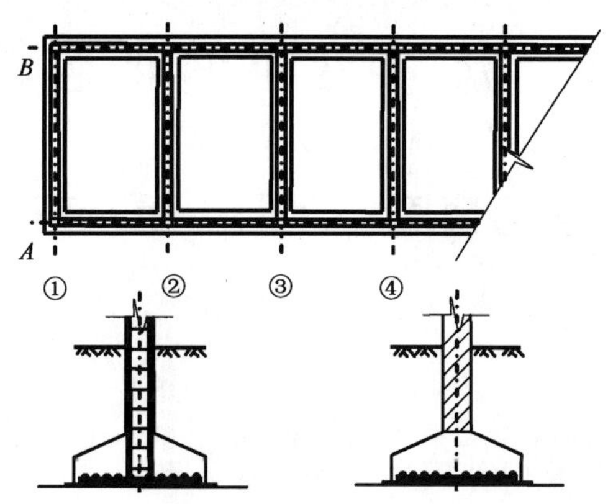

题图 3-1　某建筑条式基础图

2. 写出锤击沉桩保证接头质量的技术要求；写出锤击沉桩贯入度受外界影响的几个因素；写出锤击沉桩应以什么作为主要控制指标，应以什么作为定性控制，应以什么作为定量指标？

3. 现浇混凝土桩有哪几种？泥浆护壁灌注桩的正、反循环作业法有什么区别？

4. 请叙述沉管灌注桩的复打法、单振法、反插法和复振法的内容。

5. 人工挖孔灌注桩的质量和安全要求有哪些？

6. 请对照表 3-2，填充题表 3-1。

题表 3-1

序号	项　目	允许偏差（mm）	
		管桩直径 300mm，$H = 20$m	管桩直径 400mm，$H = 20$m
1	盖有基础梁的桩： （1）垂直基础梁的中心线 （2）沿基础梁的中心线		
2	桩数为 1 ~ 3 根桩基中的桩		
3	桩数为 4 ~ 16 根桩基中的桩		
4	桩数大于 16 根桩基中的桩： （1）最外边的桩 （2）中间桩		

单元四　脚手架和垂直运输设施

学习情境一　脚　手　架

一、脚手架构造

1. 功能

安全防护、工人操作、各楼层间少量的垂直及水平运输。

2. 脚手架的种类

图 4-1　外脚手架

(1)按其搭设位置分:外脚手架(图 4-1)、里脚手架。

(2)按其所用材料分:木脚手架、竹脚手架、金属脚手架。

(3)按其用途分:操作脚手架、防护脚手架、承重脚手架、支撑脚手架。

(4)按其构造形式分:多立杆式脚手架、框式脚手架、吊挂式脚手架、悬挑式脚手架、升降式脚手架、工具式脚手架、桥式脚手架等。

3. 搭设脚手架的基本要求

(1)满足工人操作、材料堆置和运输的需要。

(2)坚固稳定、安全可靠。

(3)搭拆简单、搬移方便。

(4)尽量节约材料,能多次周转使用。

4. 地方特点

广东地区使用较为广泛的是钢管扣件式脚手架和竹脚手架,它们搭设灵活,拆除方便,可以多次周转重复使用,同时,能适应建筑物平面、立面变化的需要,前者适用于多层和高层建筑,后者适用于多层建筑。

二、扣件式钢管脚手架

扣件式钢管脚手架由底座、立杆、纵向水平杆(大横杆)、横向水平杆(小横杆)、剪刀撑、斜撑杆、连墙杆、脚手板、连接扣件等构成。

1. 材料要求

(1)钢管

①应选用外径 48mm、壁厚 3.5mm 的钢管,长度以 4.5 ~ 6.0m 和 2.1 ~ 2.3m 为宜。

②每根钢管的最大质量不应大于 25kg,有严重锈蚀、弯曲、压扁或裂纹的不得使用。

③钢管上严禁打孔。

(2)扣件

①扣件分直角扣件、旋转扣件、对接扣件(图4-2)。

直角扣件用于钢管相互垂直的十字连接点,旋转扣件用于钢管之间任意角度的连接点,对接扣件用于钢管接长处的连接。扣件采用可锻铸铁的制作。采用其他材料制作的扣件,应经过试验,并必须符合安全规范的规定。

②扣件应有出厂合格证明,发现有脆裂、变形、滑丝的禁止使用,在螺栓拧紧力矩达65N·m时,不得发生破坏。

(3)底座

底座设在脚手架立杆的底部,可减小立杆受力而产生的沉降。可用钢板与钢管焊接而成,其尺寸如图4-3所示。

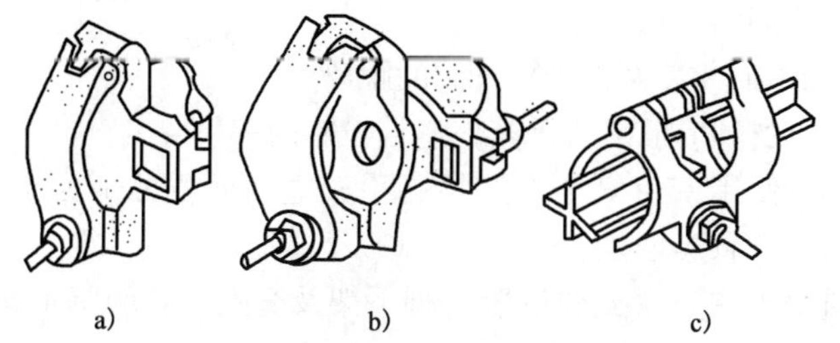

图4-2 扣件形式

a)直角扣件;b)旋转扣件;c)对接扣件

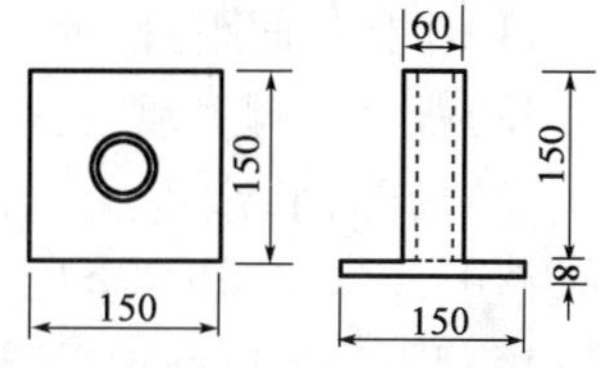

图4-3 底座尺寸(尺寸单位:mm)

(4)脚手板

脚手板可采用钢、木、竹材料制作,每块质量不宜大于30kg,材质应符合以下规定:

①冲压钢制脚手板应采用厚度2~3mm的Q195钢材,其规格一般为:长1.5~3.6m,宽230~250mm,肋高50mm,脚手板两端应有连接装置,板面应有防滑构造。凡出现板面裂纹、扭曲的不得使用。

②木脚手板应选用厚度不小于50mm的杉木或松木板,宽度以200~300mm为宜,凡是腐朽、扭曲、斜纹、破裂和大横透节的不得使用。距板的两端头80mm处应使用铁丝箍绕2~3圈或用铁皮钉牢。

③竹串片脚手板的板厚不得小于50mm,并用直径8~10mm的螺栓,按间距500~600mm穿透拧紧。螺栓孔径不得大于10mm,螺栓离竹串片板端部的距离应为200~300mm,竹串片脚手板一般长度为2~3m,宽度为250~300mm。

④竹笆片板应横向密编,纵片不得少于5道,每道用双片,每块竹笆板沿纵向用宽40mm竹片两根相对夹紧,并钻眼穿钢丝扎牢;横片应一正一反,竹片宽度不得小于30mm,厚度不得小于8mm。四边端部纵横交点应钻孔并用钢丝穿过扎牢。

(5)安全网

安全网为符合国家标准的密目安全网,网目密度不得低于2 000目/100cm^2,安全网的续燃、阻燃时间应小于等于4s,并有产品生产许可证编号等验证手续。网的宽度不得小于3m,每张网的质量不超过15kg,边绳与网体连接必须牢固。使用过一次以上的旧网调入其他工程使用,必须附有原始记录及其使用记录,并必须按规定进行耐冲击性能和耐贯穿性检验,合格后方可使用。

2. 脚手架的名称

(1)立杆:脚手架中垂直于水平面的竖向立杆。

(2)大横杆:沿脚手架纵向设置的纵向水平杆。

(3)小横杆:沿脚手架横向设置的横向水平杆。

(4)连墙杆:连接脚手架与建筑物的构件,采用钢管、扣件或预埋件组成的连墙件称为刚性连墙件;采用钢筋作拉筋构成的连墙件称柔性连墙件。

(5)剪刀撑:在脚手架外侧面成对设置的交叉杆件。

(6)抛撑:在未设连墙件时,脚手架下部设置的临时支撑。

(7)横向斜撑:指双排架内、外立杆之间的斜撑。

(8)纵距、跨距、柱距:指脚手架立杆纵向相邻两杆之间的距离。

(9)横距、排距:指脚手架立杆横向两杆之间的距离。

(10)步距:指脚手架上、下水平杆之间的距离。

(11)小横杆间距:指脚手架同一水平面相邻两根小横杆间的距离。

(12)敞开式脚手架:仅设有作业层栏杆和挡脚板,无其他遮挡设施的脚手架。

(13)局部、半封闭、全封闭脚手架:使用密目安全网遮挡脚手架立面面积分别为小于30%、小于30% ~70%、全长全高全遮挡三种类型。

(14)开口、封口型脚手架:沿建筑物周圈没有交圈设置的脚手架及交圈设置的脚手架。图4-4为钢管扣件式脚手架构造。

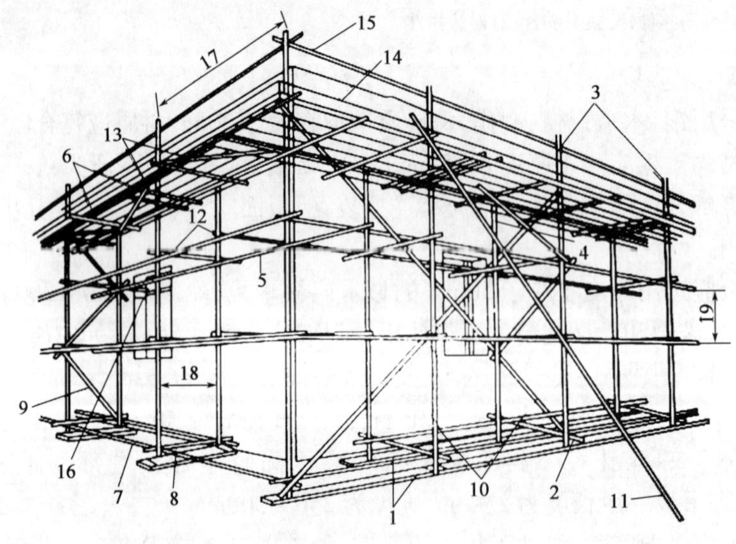

图4-4 钢管扣件式脚手架构造

1-垫板;2-底座;3-外立杆;4-内立杆;5-大横杆;6-小横杆;7-纵向扫地杆;8-横向扫地杆;9-横向斜撑;10-剪力撑;11-抛撑;12-直角扣件;13-水平斜撑;14-挡脚板;15-防护栏杆;16-连墙固定杆;17-纵距、跨距;18-横距、排距;19-步距

多立杆式脚手架搭设见图4-5。

三、脚手架的结构及体系

1. 脚手架的结构尺寸

敞开式双排脚手架结构设计尺寸见表4-1。

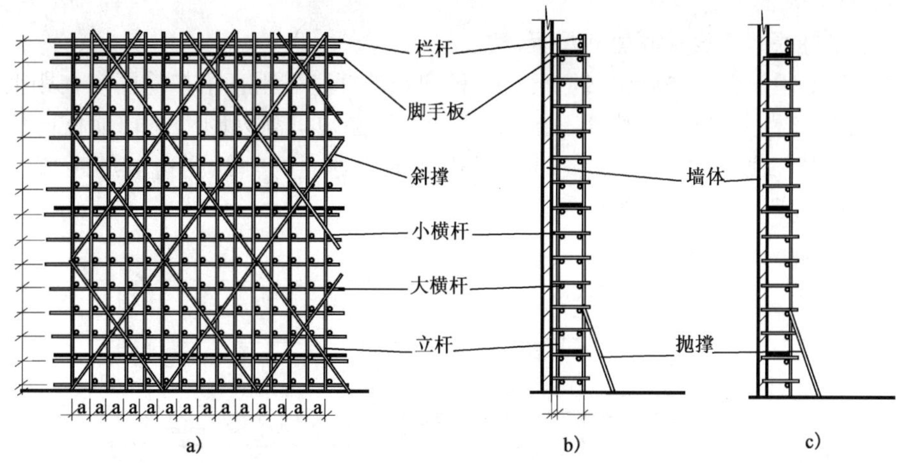

图4-5　多立杆式脚手架

a)立面图;b)双排架侧面图;c)单排架侧面图

常用敞开式双排脚手架的设计尺寸(m)　　表4-1

连墙件设置	立杆横距 L_b	步距 h	下列荷载时的立杆纵距 L_a(m)				脚手架允许搭设高度 H
			2+4×0.35 (kN/m²)	2+2+4×0.35 (kN/m²)	3+4×0.35 (kN/m²)	3+2+4×0.35 (kN/m²)	
二步三跨	1.35	1.20~1.35	2.0	1.8	1.5	1.5	50
		1.80	2.0	1.8	1.5	1.5	50
	1.30	1.20~1.35	1.8	1.5	1.5	1.5	50
		1.80	1.8	1.5	1.5	1.2	50
	1.55	1.20~1.35	1.8	1.5	1.5	1.5	50
		1.80	1.8	1.5	1.5	1.2	37
三步三跨	1.05	1.20~1.35	2.0	1.8	1.5	1.5	50
		1.80	2.0	1.5	1.5	1.5	34
	1.30	1.20~1.35	1.8	1.5	1.5	1.5	50
		1.80	1.8	1.5	1.5	1.2	30

注:1. 表中所示2+2+4×0.35(kN/m²)包括下列荷载:2+2(kN/m²)是二层装修作业层施工荷载;4×0.35(kN/m²)包括二层作业层脚手板,另两层脚手板是根据《扣件式钢管脚手架安全技术规范》(JGJ 130—2011)第7.3.2条的规定确定。

2. 作业层横向水平杆间距,应按不大于 $L_a/2$ 设置。

2. 承力结构

脚手架的承力结构主要指作业层、横向构架和纵向构架三部分。

(1)作业层:作业层是直接承受施工荷载的,其荷载由脚手板传给小横杆,再传给大横杆和立杆。

(2)横向构架:横向构架是由立杆和小横杆组成,是脚手架直接承受和传递垂直荷载的部分,是脚手架的受力主体。

(3)纵向构架:纵向构架是由各榀横向构架通过大横杆相互之间连成的一个整体。它沿房屋周围形成一个连续封闭的结构,所以房屋四周脚手架的大横杆在房屋转角处要相互交圈,确保连续。不能交圈的端头要增加横向斜撑和连墙件。

(4)立杆设置要求：

①每根立杆底部应设置底座或垫板。

②脚手架必须设置纵、横向扫地杆。纵、横向扫地杆应采用直角扣件固定在距上皮不大于200mm处的立杆上，当立杆基础不在同一高度时，必须将高处的纵向扫地杆向低处延长两跨，与立杆固定，高低差不应大于1m。靠边坡上方的立杆轴线到边坡的距离不应小于500mm，如图4-6所示(图中h为脚手架的步距)。

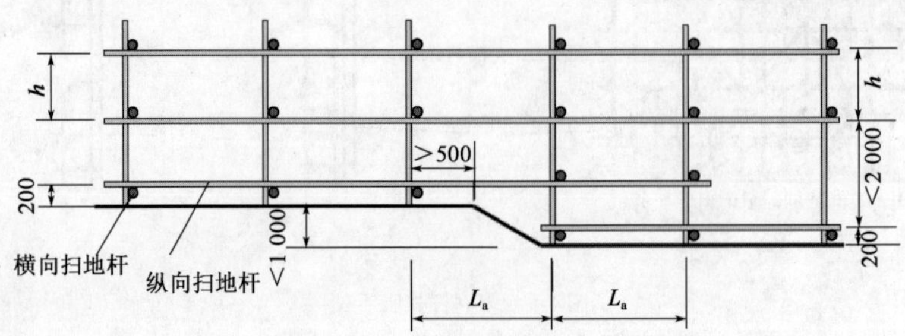

图4-6　纵横向扫地杆构造图(尺寸单位:mm)

③脚手架底层步距不应大于2m。

④立杆必须用连墙杆与建筑物可靠地连接。

⑤立杆接长除顶层顶步外，其余各层各步接头必须采用对接扣件连接，两根相邻立杆的接头不得设置在同一步内，同步内隔一根立杆的两个相隔接头在高度方向错开的距离不宜小于500mm；各接头中心至主节点的距离不大于步距的1/3。

⑥立杆顶端要高出女儿墙上皮1m，高出搭口上皮1.5m。

(5)纵向水平杆构造要求：

①纵向水平杆宜设置在立杆内侧，其长度不宜小于3跨。

②纵向水平杆的对接扣件应交错布置。两根相邻水平杆的接头不应设置在同步或同跨内，不同步或不同跨两个相邻接头在水平方向错开的距离不应小于500mm，各接头中心至最近主节点的距离不宜大于纵距的1/3，如图4-7所示。

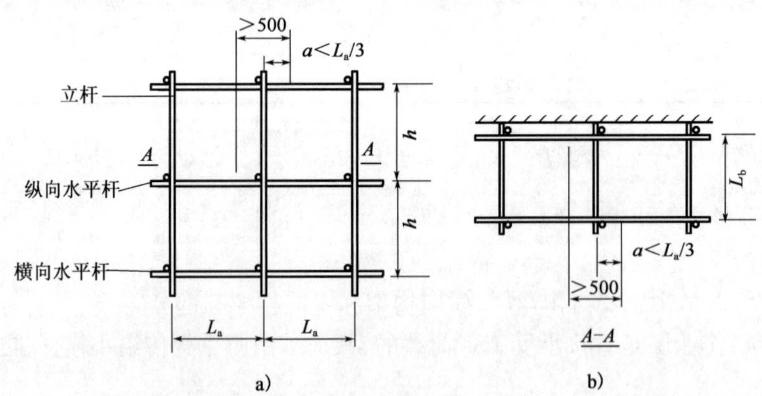

图4-7　纵向水平杆对接接头布置

a)接头不在同步内；b)接头在不同跨内

采用竹笆片脚手板时，纵向水平杆应采用直角扣件固定在横向水平杆上，并应等间距设置，间距应不大于400mm。

(6)横向水平杆的要求：主节点(立杆与大横杆的交点)处必须设置一根小横杆，用直角扣件扣接且严禁拆除，主节点处两个直角扣件的中心距不应大于150mm，在双排脚手架中，靠墙一端外伸长度不应小于小横杆横距(L_a)的0.4倍，且不应大于500mm。小横杆头伸出立杆外边不少于100mm，离建筑物墙面为50mm，如图4-8所示。

(7)脚手板的设置规定：

①冲压钢脚手板、木脚手板、竹串片脚手板，应设置在三根小横杆上，当脚手板长度小于2m时，可采用两根小横杆支承，但应将脚手板两端与其可靠固定，严防倾翻，此为脚手板对接构造，如图4-9所示。此三种脚手板的铺设可采用对接平铺，亦可采用搭接铺设，脚手板对接平铺如图4-10所示，接头处必须设两根小横管，脚手板伸出杆长应为130～150mm，两块脚手板伸长度的和应小于300mm。脚手板搭接铺设时，接头必须支承在小横杆上，搭接长度应大于200mm，其伸出小横杆的长度大于100mm，如图4-10所示。

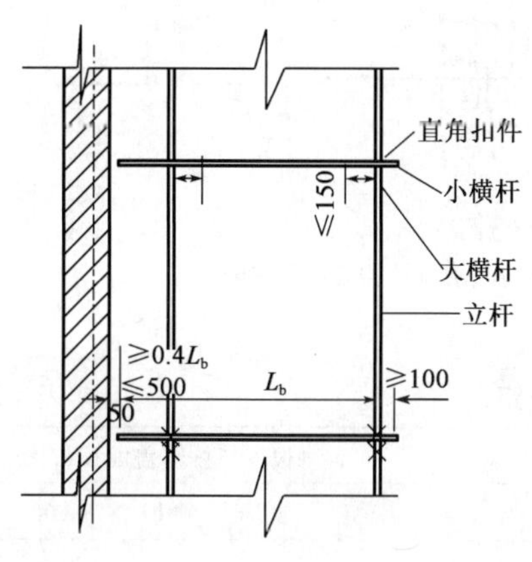

图4-8 横向水平杆(小横杆)的构造要求

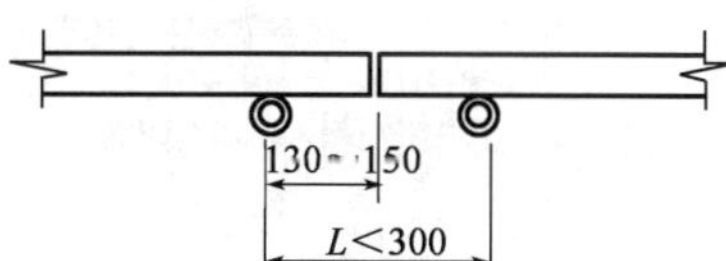

图4-9 脚手板对接构造(尺寸单位：mm)

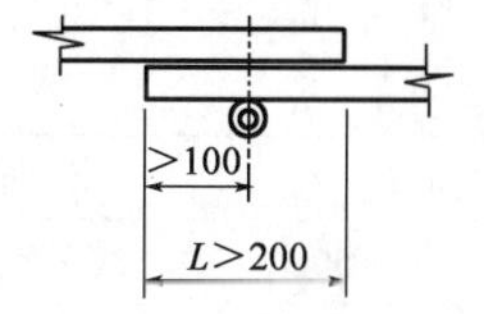

图4-10 脚手板搭接构造

②竹笆脚手板应按其主竹筋垂直于大横杆方向铺设，且采用对接平铺，四个角应用直径12mm的镀锌钢丝固定在大横杆上。

③作业层端部脚手板接头长度应取150mm，其板长两端应与支承杆可靠地固定。

3. 支撑体系

脚手架的支撑体系包括纵向支撑、横向支撑、水平支撑，它们应与脚手架各基本构件很好连接，使脚手架成为一个几何稳定的构架和刚度，增大抵抗侧向力的能力，避免出现节点的可变状态和过大的位移。

(1)纵向支撑(剪刀撑)：高度在24m以下的单、双排脚手架，均必须在外侧立面的两端各设置一道剪刀撑，剪刀撑的宽度不小于4跨且不大于6跨，斜杆与地面的倾角宜在45°～60°，并应由底至顶连续设置；高度在24m以上的双排脚手架应在外侧立面整个长度和高度上连续设置剪刀撑。

(2)横向支撑：是指一字形、开口形双排脚手架的两端均必须设置的横向斜撑。高度在24m以上的封闭形脚手架，除拐角应设置横向斜撑外，中间应每隔6跨设置一道。横向斜撑应在同一节间，由底至顶呈"之"字形连续布置。

4. 抛撑和连墙杆及连墙杆的布置要求

脚手架由于其横向构架本身是一个高跨比相差悬殊的单跨结构，难以保持结构的整体稳定，难以防止倾覆和抵抗风力。对于高度低于三步的脚手架，可以加设抛撑防止其倾覆，在连墙杆设置后拆除。但在三步以上，必须依靠房屋结构的刚度来加强和保证整片脚手架的稳定性。其具体做法是在脚手架上均匀地设置足够多的牢固的连墙点，如图4-11所示，连墙点的位置应设在主节点（立杆与大横杆相交的节点）处，离节间的间距小于300mm。

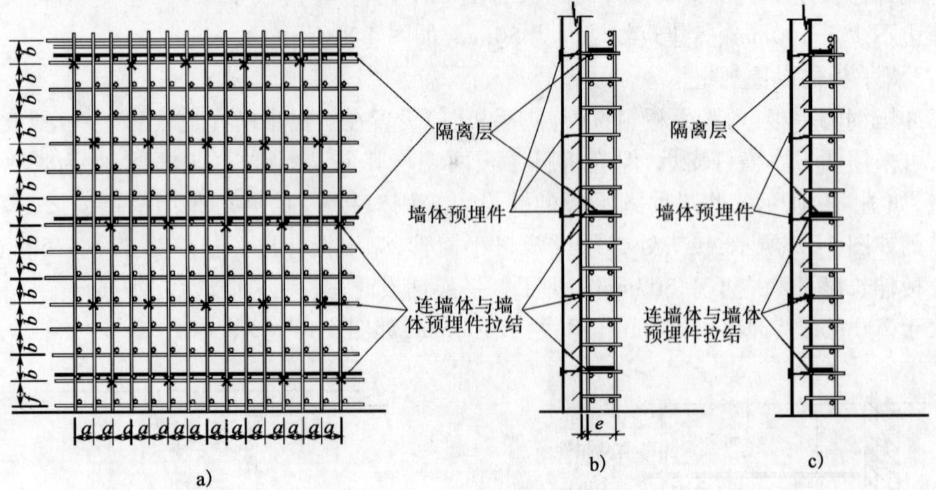

图4-11　脚手架连墙件布置图

a）连墙件布置立面图；b）双排架连墙件布置侧面图；c）单排架连墙件布置侧面图

（1）连墙件布置最大间距必须符合表4-2的规定。

连墙件布置最大间距　　表4-2

脚手架高度		竖向间距	水平间距	每根连墙杆覆盖面积(m^2)
双排	<50m	$3h$	$3L_a$	<40
	>50m	$2h$	$3L_a$	≤27
单排	<24m	$3h$	$3L_a$	<40

注：h 为步距；L_a 为纵距。

（2）连墙件从底层第一步纵向水平杆处开始设置。

（3）一字形、开口形脚手架两端必须设置连墙杆，连墙杆的垂直间距不应大于建筑物的层高，并不应大于4m（两步架）。

（4）一般采用刚性连墙杆，连墙杆应呈水平设置，当不能水平设置时，与脚手架连接的一端应下斜连接，不应采取上斜连接。

四、脚手架搭设、验收及拆除

1. 脚手架搭设的施工准备

（1）单位工程技术负责人提出承建工程脚手架搭设施工方案，向架设和使用人员进行技术安全交底。

（2）按扣件式钢管脚手架构造要求，对钢管、扣件、脚手板、安全网等进行检查验收，不合格产品不得使用。检查搭设人员的上岗证，无证者不得上架参与脚手架搭设工作。

（3）检查搭设脚手架的地基，按施工方案对场地平整压实。

2. 脚手架的搭设

（1）搭设时，先放出底座位置，放好底座垫板，脚手架底座高程应高于自然地坪50mm。

（2）对好底座插装立杆。立杆要插到底，双排架先竖里立杆，每排立杆先立两头，再立中间的一根，互相备齐后，立中间部分立杆。

(3)立杆要求垂直,其垂直度的偏差不得大于立杆高度的1/200,相邻立杆的高度相差500mm左右,以保证立杆接头位置错开,并力求接头不在同一步内。

(4)立杆装好一部分后,装大横杆、小横杆。在开始搭设立杆时,每隔6跨设置一根抛撑,临时稳定架子,直至连墙件安装后,方可拆除抛撑。

(5)小横杆要用直角扣件固定在立杆上,小横杆头伸出立杆外边不少于100mm,离建筑物墙面为50mm。

(6)连墙件按构造要求从第一步架起埋设,施工至第三步脚手架时,即可稳固。

(7)剪刀撑、横向斜撑按构造要求随立杆、大横杆、小横杆同时搭设,各层斜杆下端均必须支承在垫板上。

(8)扣件安装应符合下列规定:

①扣件规格必须与钢管外径相同。

②拧扣件螺栓宜采用棘轮扳子,螺栓拧紧力矩应大于40N·m,且应小于60N·m。

③在主节点处固定小横杆、大横杆、剪刀撑、横向斜撑的直角扣件、旋转扣件的中心点距离不应大于150mm。

④各杆件端头伸出扣件盖边缘长度不应小于100mm。

⑤注意扣件开口的朝向,用于连接大横杆的对接扣件开口应朝向架子里侧,螺栓朝上,避免开口朝上,防雨水进入钢管。直角扣件开口朝上,以保安全。

⑥在使用过程中,要经常检查扣件是否松动,如有松动要及时拧紧。

⑦作业层脚手板应铺满铺稳,离开墙面120~150mm,脚手板接头符合构造要求。

⑧作业层按规定搭设栏杆,上皮高度为1 200mm,中栏杆居中,下部设挡脚板,高度大于180mm。

⑨按规定张挂密目安全网。

3. 脚手架的检查和验收

(1)脚手架及其地基应在下列阶段进行检查和验收:脚手架搭设前;作业层上施工加荷载后;每搭完10~13m后;达到设计高度后;遇到六级大风或暴雨后;停用超过一个月后。

(2)在使用过程中,定期检查的项目:

①杆件的设置和连接,连墙杆、支撑、门洞架等的构造是否符合要求。

②地基是否有积水,底座是否有松动,立杆是否悬空。

③扣件螺栓是否松动。

④高度在24m以上的脚手架,其立杆的沉降与垂直度的偏差是否超过规定值。

⑤安全防护措施是否符合要求。

⑥脚手架是否超载。

4. 脚手架拆除

(1)脚手架拆除由上而下逐层进行,严禁上下同时作业。

(2)拆除时,先将脚手板传递下来,每档内仅剩一块翻到下一步去,人站在脚手板上,去拆除各杆件,拆完后,把脚手板再往下翻一步,如此逐步往下拆。

(3)拆除杆件时,连墙件必须随脚手架逐层拆除,严禁先拆连墙件后拆杆件。

(4)当脚手架分段拆除时,高差不应大于2m,如高差大于2m,应增设连墙件加固。

(5)拆下来的钢管要逐根传递下来,不得从高处掷下,以防摔坏钢管和发生砸伤事故。拆下来的扣件要集中放在工具袋内,吊送下来,不要从上面丢下来。

(6)拆除工作不应少于 3 人,上面至少 2 人,下面 1 人负责指挥,捡料分类,按品种规格随时码堆存放。

五、竹脚手架

1. 竹脚手架竹质规格要求

(1)竹竿,应选用质坚、肉厚、生长期为 3 年以上的老毛竹,凡弯曲不直、青嫩、松脆、白麻、虫蛀的竹竿不得使用。

(2)使用过一次以上的竹竿,应挑选质地坚韧,表皮为青色或老黄色的竹竿。腐烂、枯脆、虫蛀以及裂纹连通二节以上的竹竿,不得使用。

(3)竹脚手架的立杆、大横杆、剪刀撑、顶杆(即原称为顶撑的杆件)、抛撑等杆件小头的有效直径不得小于 75mm,小横杆不得小于 90mm(70 ~ 90mm 的可双杆合并成单根加密使用)。

(4)竹脚手架宜用扎篾或塑料篾绑扎。扎篾由毛竹片破成。用于破制扎篾的毛竹,应选用新鲜的、既不太老也不太嫩的、生长期在 2 ~ 2.5 年的毛竹,用其竹黄部分。篾料质地必须新鲜,厚度为 0.8 ~ 1.0mm,宽度为 20.0mm 左右,断腰、大节疤和受潮发霉的扎篾不得使用。使用前,应置于水中,浸泡不得少于 12h。塑料篾必须采用塑料纤维编织的、呈带状的特制专用材料,一般宽度为 10 ~ 15mm,厚度约为 1mm,使用塑料篾必须有出厂合格证和力学性能数据。严禁使用尼龙绳和塑料绳进行绑扎。

图 4-12　竹脚手架

竹脚手架架设见图 4-12。

2. 竹脚手架的构造要求、搭设和拆除

竹脚手架与钢管脚手架除使用的材质与扣件不同外,其他的构造组成和构件名称基本相同。

(1)竹脚手架的构造要求

竹脚手架无论砌筑和装修作业除三步以下外,都不准用单排架,其构造要求见表 4-3。

竹脚手架构造参数(单位:m)　　表 4-3

用途	脚手架构造形式	里立杆离墙面的距离	立杆间距		操作层小横杆间距	大横杆步距	小横杆挑向墙面的悬臂长度
			横向	纵向			
砌筑	双排	0.5	1.0 ~ 1.3	1.3 ~ 1.5	<0.75	<1.2	0.4 ~ 0.45
装修	双排	0.5	1.0 ~ 1.3	<1.8	<1.0	1.6 ~ 1.8	0.35 ~ 0.4

竹脚手架与其他脚手架不同的是在立杆旁要加设顶撑,顶住小横杆,用以分担一部分小横杆传来的荷载,不使大横杆因承受荷载过大而下滑(图 4-13)。上下各步顶撑应对齐成垂直线,顶撑的竹竿必须采用根段或中段,每根顶撑扎三道与立杆绑扎,底部顶撑须将地面夯实,垫好砖块,以免下沉。其做法见图 4-13,竹脚手架搭设及扫地杆的设置、接头的布置见图 4-14 和图 4-15。

(2)竹脚手架搭设

①竹脚手架各种构件相交处,必须绑紧。绑扎时,每次用 3 根竹篾,拼在一起,将竹篾的

一端用左手按在竹竿上，留下余头约25cm，再从两竿相交的对角处，斜着顺缠三圈，将竹篾的两个余头合在一起，用右手拉紧竹篾，使两竿挤紧，然后顺绕拧成一个扣，掖在两竿交叉的缝隙里（图4-14）。

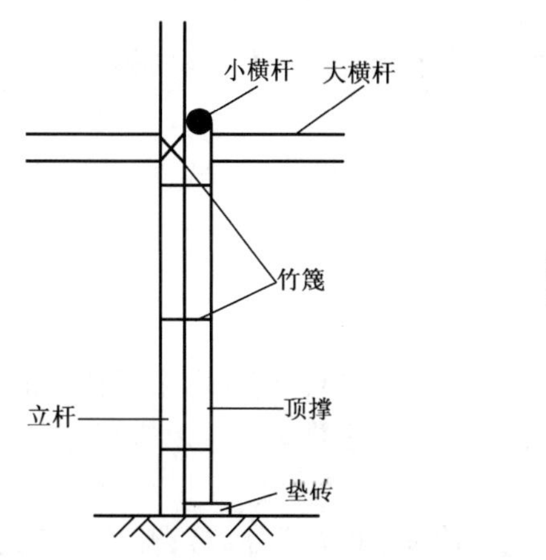

图4-13　竹脚手架顶撑示意图

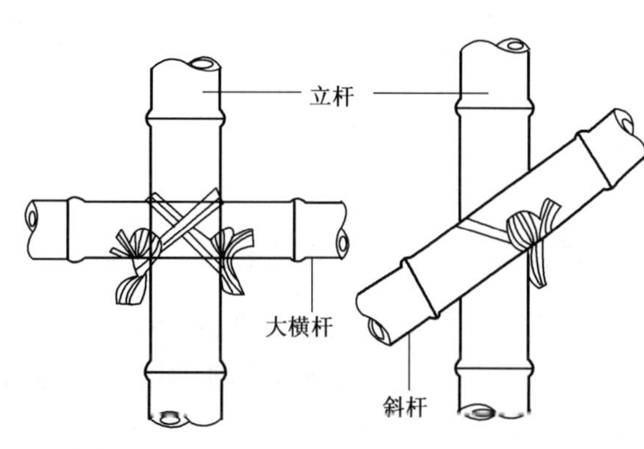

图4-14　竹篾绑法

立杆与大横杆、小横杆相交处必须绑相对角的两个扣，斜撑、剪刀撑与立杆相交处仅绑一个扣，如图4-14所示。在三根杆子相交处，应先绑两根，再绑其余一根，不能同时绑三根。

②竹脚手架搭设及扫地杆的布置、竹脚手架立杆与大横杆接头布置具体要求均与钢管扣件式脚手架相同，分别见图4-15、图4-16。

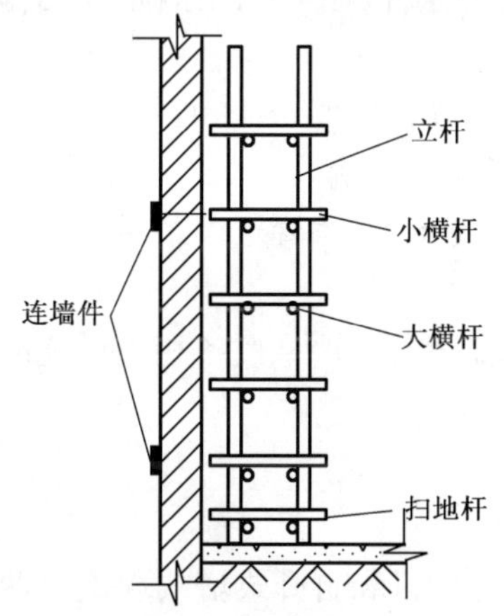

图4-15　竹脚手架搭设及扫地杆的设置

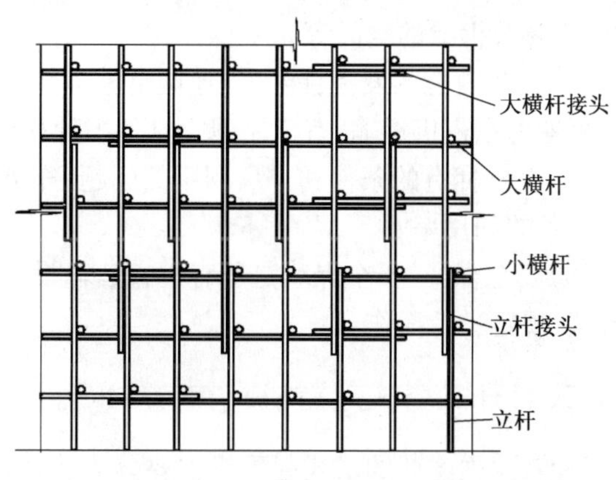

图4-16　竹脚手架立杆与大横杆接头布置

（3）竹脚手架的维修

在搭设和使用过程中，应经常检查结扣是否有松动，大横杆是否有下移，架杆是否有断裂等。在风雨后，要查看架子是否倾斜变形，架子基础是否有积水，立杆有无悬空，如有问题，要及时加固。

（4）竹脚手架的拆除

①拆架子要由上而下，先绑者后拆，后绑者先拆，先拆栏杆、脚手板、剪刀撑，而后拆小横杆、大横杆、连墙件、立杆等。

②拆架子四周要围护，动作要协调，当解开与另一人有关的结扣时，应先告诉对方，以防坠落。

③拆斜杆和大横杆时,需 3 ~ 4 人配合,3 人在架上,1 人在地面,先解中间扣,再解两头扣,拆下后,由中间 1 人负责向下顺杆子。

④如拆上层较高的架杆,应用绳索和滑轮向下送。拆下的架杆分规格整齐堆放。

学习情境二　建筑施工中常用的垂直运输设施

建筑施工中常用的垂直运输设施有塔式起重机、轮胎式起重机(汽车吊)、井架、外挂施工电梯、混凝土泵等,本节主要介绍塔式起重机、井架、外挂施工电梯。

一、垂直运输设施的设置要求

(1)覆盖面和供应面:塔吊的覆盖面是以塔吊的起重幅度为半径的圆形吊运覆盖面积。灰浆泵是以泵管长度覆盖的线性范围,其他无覆盖面,全部依靠手推车或其他机械进行水平运输。

(2)供应能力:塔吊的供应能力等于吊次乘以吊量(体积、重量或件数);其他垂直运输设施的供应能力等于运次乘以运量,运次应取垂直运输设施和与其配合的水平运输的低值。另外,还要乘以 0.5 ~ 0.75 的折减系数,以考虑一些难以避免的因素影响。

(3)提升高度:垂直运输设施提升高度应比实际的提升高度高,高出的高度应大于 3m,以确保安全。

(4)水平运输手段:要考虑与垂直运输设施相配套的道路、运输工具等。

(5)装设条件:垂直运输设施的位置应具有相适应的装设条件,如可靠的基础,与结构的拉结、安装及拆除的空间等。

(6)设备效能的发挥:能适当地调整施工期间高峰期垂直运输设施效能的发挥,量大的物料可考虑在夜班运输,有节制地安排各工种材料的水平及垂直运输。

(7)设备拥有的条件和今后利用的问题:充分利用现有设备,在添置新设备时要考虑今后原设备的利用率。

(8)安全保障:安全保障是所有垂直运输设施中的首要问题,要严格按各相关设施的安全规范、规定进行操作。

二、自升式塔式起重机

目前,国内生产的塔式起重机主要分为快速拆装塔式起重机和自升式塔式起重机两大类。前者为移动式,可以根据需要换装不同的底盘而成为轨道式、轮胎式,后者多制成轨道式、自升式、内爬式,国内建筑业使用较多的是自升式(附着式)塔式起重机。

建筑物高度在 30m 以下时,可用独立式塔式起重机,在 30m 以上须采用自升式附壁塔式起重机,此种塔式起重机可随着建筑物的升高而升高。

1. 塔式起重机的性能

(1)起重臂长,工作半径大,施工方便。一般用于高层建筑的塔式起重机标准臂长为 30 ~ 50m,也可接长至 60m。

(2)工作速度:一般有 3 ~ 4 个工作速度,重物提升可超过每分钟 100m。

(3)采用小车变幅:塔式起重机改变半径,是利用小车在起重臂上行走。它的优点是通过小车行走变幅,再通过起重臂适当旋转就可以很快地将起吊物就位,比较方便,最小吊距小,有利于起重机性能的发挥,扩大材料和构件的堆放范围。

图4-17是几种自升式塔式起重机示例图。

图4-17 几种自升式塔式起重机示例图

2. 自升式塔式起重机的顶升

自升式塔式起重机随着建筑物的升高而升高,其升高过程是靠自身配备的顶升设备而升高,顶升过程和为顶升而配备的顶升设备如图4-18所示。

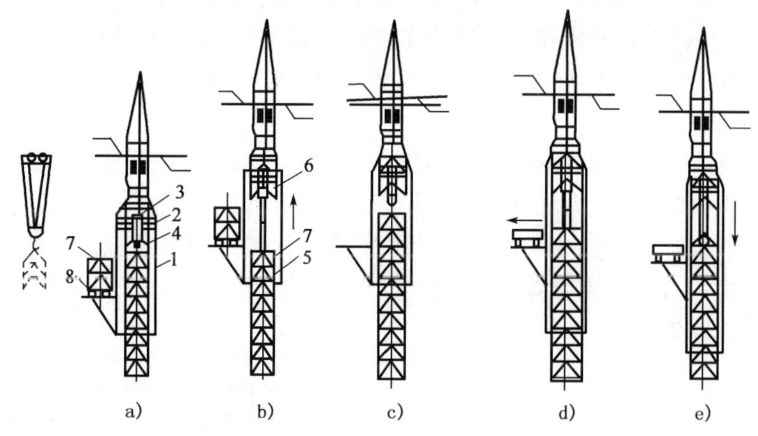

图4-18 附着式塔式起重机的顶升过程

a)准备状态;b)顶升塔顶;c)推入标准节;d)安装标准节;e)塔顶和塔身连成整体

1-顶升套架;2-液压千斤顶;3-支撑架;4-顶升横梁;5-定位销;6-过渡节;7-标准节;8-摆渡小车

(1)将标准节吊至小车上,松开过渡节上与塔身标准节相连的螺栓,如图4-18a)所示。

(2)开动液压千斤顶,将塔顶及塔升套架顶升到超过一个标准节的高度,然后用定位销将顶升套架固定,如图4-18b)所示。

(3)液压千斤顶回缩,形成引进空间,然后将装有标准节的摆渡小车拉进空间内,如图4-18c)所示。

(4)利用液压千斤顶稍微提起标准节,推出摆渡小车,接着将标准节放在下面的塔身上,并用螺栓加以连接,如图4-18d)所示。

(5)拔出定位销,下降过渡节,使之与新的标准节配成整体,如图4-18e)所示。

3. 自升式塔式起重机的安全保护装置

塔机较大事故一般是倒塔、断臂,大多数是由于超载、违章作业或安装不当引起,国家规定必须设有安全保护装置。安全保护装置如下。

(1)起升高度限位器:它是用来防止起重钩起升过度而碰坏起重臂的安全装置。它可使起重钩在接触到起重臂之前,起升机械自动断电并停止工作,如图 4-19 所示。

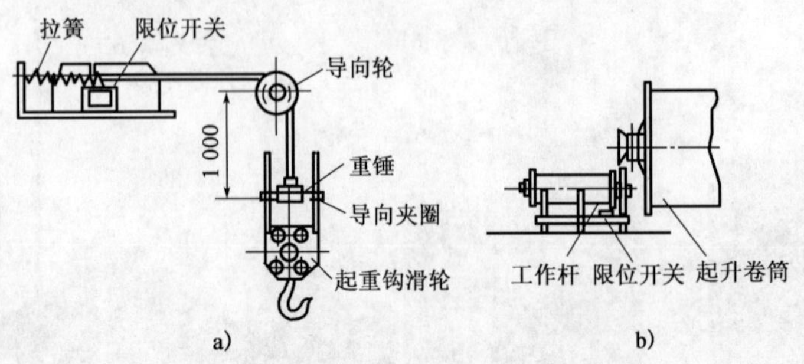

图 4-19 起升高度限位器(尺寸单位:mm)

安装在起重臂端头的限位器,以起重钢丝绳为中心,从起重臂端头悬挂重锤,当起重钩达到限定位置时,托起重锤,在拉簧作用下,限位开关的杠杆转过一个角度,使起重机构的控制回路断开,切断电源,停止起重钩上升。

安装在起升卷筒附近的限位器以起重钢丝绳的长度为控制点,当起重钢丝绳的长度到达限定位置时,控制块移动到一定位置,限位开关断电,停止起重钩上升。

(2)小车行程限位器:此限位器设于小车变幅式起重臂的头部和根部,包括终点开关和缓冲器,如图 4-20 所示。当小车超过限位时,限位开关切断小车牵引机械的电路,防止小车越位而造成安全事故。

(3)起重量限位器:它是用来限制起重钢丝绳单根拉力的一种安全保护装置。根据构造,它可装在起重臂的根部、头部、塔顶以及起重卷扬机机架附近。起重机顶部的起重钢丝绳绕过起重量限位器的滑轮,并通过杠杆的作用拉伸弹簧。当起重钢丝绳的荷载达到允许的极限值时,杠杆的右端便克服弹簧的张力而上移,进而压缩行程开关的触头,使起升机构的电源被切断(图 4-21)。

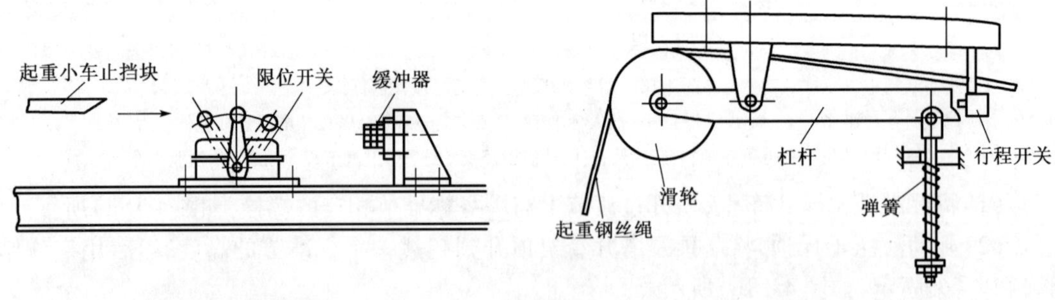

图 4-20 小车行程限位器图

图 4-21 起重量限位器

(4)起重力矩限位器:它是当起重机在某工作幅度下起吊荷载接近或达到该幅度下的额定荷载时,发出警报而切断电源的一种安全保护装置。它可装在塔帽、起重臂根部或端部等位置。

机械式力矩限位器见图 4-22a),其工作原理是通过钢丝绳的拉力、滑轮、控制杆、弹簧的组合，监测荷载，通过与臂架俯仰相连的凸轮的转动检测幅度，由此使限位开关工作。

电动式起重力矩限位器，如图 4-22b）所示，通过操纵室里的仪表直接显示出荷载和工作幅度，可事先把不同臂长时的几根起重性能曲线编入机构内，进行自动控制。

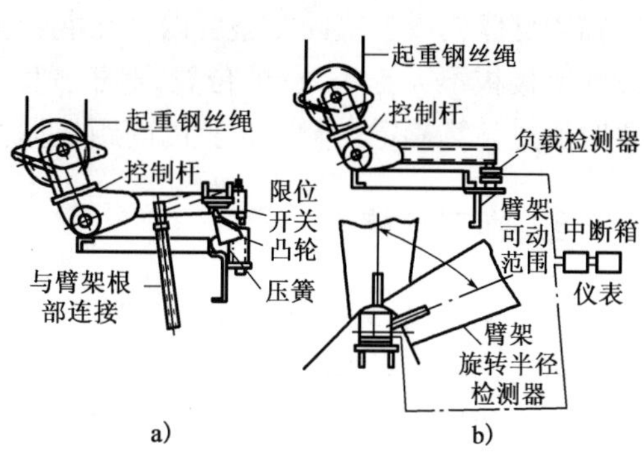

图 4-22　动臂式起重力矩限位器工作原理图

a）机械式；b）电动式

（5）警戒灯和避雷针：塔机的最高位置必须安装红色警戒灯和避雷针。

4. 自升式塔式起重机使用一般要求

（1）工作时风力在 6 级以下，整体架设、爬升或顶升操作时，风力不应大于 4 级。

（2）塔机各部位距离高压线不应小于 6m。

（3）工作电源的电压允许偏差为 ±5%。

（4）操作员须经专业培训，持证上岗。

（5）重新安装后，使用前必须验收，验收合格后，方可运行。

（6）塔式起重机必须有可靠接地，电路设备的外罩均应与机体妥善连接，要有良好的照明。

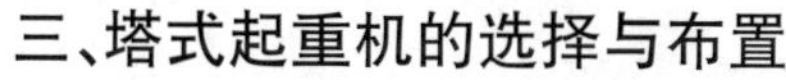

三、塔式起重机的选择与布置

（1）选择塔式起重机综合考虑的因素有：建筑物的高度、结构形式、楼面面积、构件的重量、现场的平面布置等，同时要兼顾塔式起重机的装、拆场地，建筑物结构是否满足塔架锚固要求等。

（2）根据施工经验，9 层以下建筑采用独立式塔式起重机最经济，10 层以上的高层建筑应选用自升式塔式起重机。

（3）所选用的塔式起重机必须满足建筑物起吊高度、起重半径和最大起重量的要求。

（4）根据总工期的要求和施工方法，计算总安装数量及综合吊次，以施工定额为依据，排出进度计划，确定使用塔式起重机的台数和进出施工工地的日期。

（5）一般情况下，1 000m^2 的楼面面积需配一台塔式起重机和两台施工电梯，就可适应正常施工进度。

（6）塔式起重机布置应满足施工部位较大范围地覆盖在塔式起重机工作半径范围以内，施工现场应根据塔式起重机的位置和在起重力矩控制区域内布置施工平面。

四、自升附着式塔式起重机安装的基础和撑杆

1. 混凝土基础

自升式塔式起重机的基础有两种，一种是整体式，一种是分块式。整体式混凝土塔式起重机基础是将塔身的基础节和预埋地脚螺栓固定在混凝土基础上。而分块式混凝土基础是将塔身固定在行走架上，而行走架的 4 个支座则通过垫板支在 4 个混凝土基础上。每个基础的尺寸通常取 2m × 2m，基础底板厚 0. 5m。注意，不得在回填土上浇筑塔式起重机的混凝土基础。

2. 附着装置

自升附着式起重机塔身的锚固装置由套在塔身上的锚固环、附着杆及固定在建筑物上

的锚固支座构成。锚固支座可以套在混凝土柱子上，也可埋设在混凝土墙板内，锚固支座应设在距楼板不大于0.2m的位置，对于锚固支座的布置和安装，必须与设计单位商量决定，必要时通过计算确定。附着装置的间距根据机械性能确定。

五、施工电梯

施工电梯又称人货两用电梯、外用电梯，是高层建筑施工设备中唯一可运送人员上下的垂直运输设备。它具有装载量大、运载速度快、稳定性好、灵敏度高等优点，在高层建筑中已得到普遍使用，同时它也是安全生产检查评价中的重点项目。

1. 施工电梯的分类

施工电梯按传动形式分为齿轮式、钢丝绳式和混合式。

(1)齿轮齿条式如图4-23所示，其结构特点是传动驱动齿轮，使吊笼沿导轨架的齿条运动。导轨架为标准节拼接组成，为增加刚度，导轨架由附墙架与建筑物相连，导轨架加节接高由自身辅助系统完成。吊笼分为双笼和单笼。吊笼顶盖上的配重用来平衡吊笼重量，提高运行平衡性。

(2)钢丝绳牵引式如图4-24所示，它由提升钢丝绳通过布置在导轨架上的导向滑轮，用设置在地面上或设在吊笼内的卷扬机使吊笼沿导轨上下运动，有专职操作员在吊笼内操作，其结构特点是吊笼的上升、下降速度快。

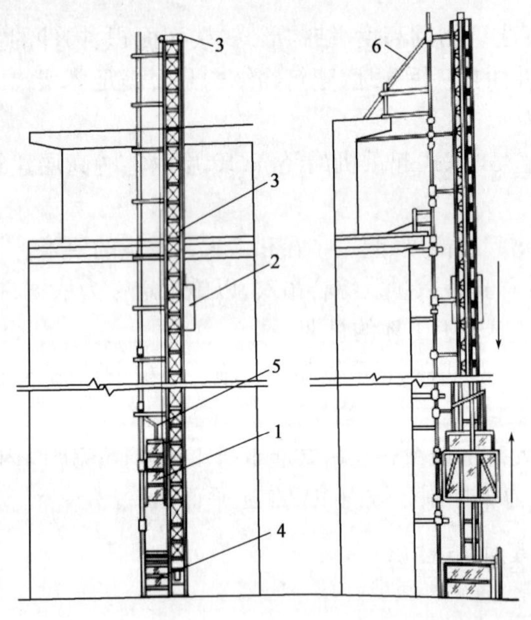

图4-23　齿轮齿条式施工电梯

1-吊笼；2-平衡重箱；3-天轮；4-底笼；5-小起重机；6-附墙架

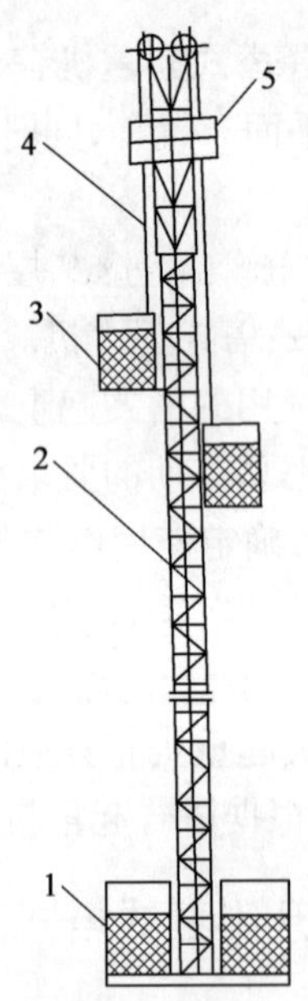

图4-24　钢丝绳式施工电梯

1-底笼；2-导轨架；3-吊笼；4-外套架；5-工作平台

(3)混合式是一种把齿轮齿条式和钢丝绳式升降机组合成一体的施工电梯，一个吊笼用齿轮齿条驱动，另一个吊笼用钢丝绳提升。

2. 施工电梯的安全防护装置

由于施工电梯不但用于运输施工材料，而且用于人员的运输，因此，必须安装安全防护装置。

(1)限速器：当施工电梯出现非正常加速运行，瞬时速度达到限定速度时，限速器迅速制动，将吊笼停止在导轨架上或缓慢下降。

(2)断绳保护装置：当吊笼的提升钢丝绳或配盘悬挂钢丝绳破断时，迅速产生制动动作，将吊笼或配盘制动，停在导轨架上。

(3)联锁开关和终端开关：联锁开关用于吊笼的进出门处，当吊笼门完全关闭后，吊笼才能移动。终端开关是吊笼到达顶点时的限位开关。

3. 施工电梯的性能

(1)施工电梯一般载重为1t，或可乘12人；重型的可达2t，或可乘24人。

(2)国产电梯起升高度为100～120m，电梯附墙后最大自由高度为7～10m。

(3)一台施工电梯在一般施工速度时，可以服务楼层面积约600m^2。

(4)施工电梯安装时，地面设现浇混凝土基础，导架设附墙杆与建筑物连接，附墙杆的间距为7～10m。

(5)施工电梯安装后，经有关管理部门验收合格，才能使用。

六、井字架垂直升降机

在6层以下的建筑施工中，广东地区多采用在井字架内设垂直升降机进行施工材料的垂直运输，由于其费用低，搭拆方便，在中小型工程中被广泛使用。井字架是由定型的杆件组成的形如井字的矩形截面架体，它由天梁、底座、卷扬机和缆风绳组成。

1. 构造要求

(1)井字架：由立杆、水平杆、斜撑等组成，一般都用角钢定制成标准件，在现场用螺栓连接，根据建筑物高度，一层一层向上搭接而成，其高度一般比建筑物高出3～5m(图4-25)。行业标准规定，井架的搭设高度不得超过30m。

(2)天梁：安装在架体顶部的中心，是主要受力部件，以承受吊篮自重及其物件的重量，一般采用两根16号工字钢制成，中间装有滑轮，用螺栓与井字架侧壁水平杆固定。

(3)底盘：安装在架体的底部，一般采用槽钢制成，上部的井架与底盘用螺栓连接固定，而底盘也用螺栓与混凝土基础固定。

(4)基础：依据井架的类型及土质情况确定基础做法。一般对基土夯实后，浇筑30cm厚的C20混凝土基础，基础应高于地面，并做好排水措施。

(5)吊篮：由型钢及钢板焊成吊篮框架，底板采用防滑钢板，两侧有高度大于1m的安全挡板，上料口及卸料口装防护门，吊篮底部装有可挑到架体上的滚杠。

图4-25　井字架垂直升降机

(6)卷扬机：这是井架的动力设备，在卷扬机的作用下，吊篮才能在井架内上下运动。宜选用正反转卷扬机，如无反转卷扬机，吊篮下降时，卷扬机卷筒脱开离合器，靠吊篮和物料的重力自由降落，容易发生吊篮脱轨，加大钢丝绳的损坏，也容易造成事故。

(7)附墙架：为固定升降机的架体，必须每隔一定高度设一道附墙架，使架体与建筑物进行连接，确保架体自身的稳定。在施工方案中要预先考虑附墙架与建筑物的连接方法和设置位置，不能采用临时将架体与外脚手架连接的方法，因为脚手架本身不具备刚性结构的特点，其局部受水平力后容易产生变形。

(8)缆风绳：当升降机没有条件设置附墙架时，应采用缆风绳固定架体(图4-26)。

图4-26 工人在组装井架缆风绳

①缆风绳的位置：经计算，井架的强度及刚度可以满足荷载的使用要求后，当其高度在20m(含20m)以下时，缆风绳设置不少于1组，架体高度每增加10m，增设1组缆风绳。第一组缆风绳可设置在距地面20m高处，第二组缆风绳便可设在30m高处，依次类推。

②缆风绳的布局：每组缆风绳不少于4根，沿架体四角360°均匀布局，缆风绳与地面间的夹角应以45°~60°为宜。角度越大，缆风绳受力也越大，不利于架体稳定。

③缆风绳的材料：应采用直径大于9.3mm的钢丝绳。

④地锚：地锚的埋设位置直接影响着缆风绳的作用，往往因地锚角度不当或受力不合理造成架体歪斜或倒塌。在选择锚固点时，要看土质，在土质较好的地方，可选用脚手架钢管，用大锤直接打入土内，入土深度大于1.7m，平行打入两根，间距在1m左右，钢管顶部有防钢丝绳脱出的措施，缆风绳与平行的两根立管绑牢，使两根立管共同工作。不得将两根立管贴在一起打入，也不要前后打入。

(9)安全防护装置：

①楼层口停靠安全门：各楼层的进料口是重点安全防范点，必须有安全门给予封闭，以防发生高空坠落事故。

②上料口防护棚：上料口处是运料人员经常出入的地方，容易发生坠物伤人，为此必须在距地面一定高度搭设防护棚。

③超高限位装置：为防止吊篮与天梁碰撞事故，必须安装超高限位装置，当吊篮提升超过限位时，自动切断电源，吊篮停止上升。

④吊篮的定型化停靠装置：吊篮底部装有滚杠，当吊篮升到卸料的楼层处时，吊篮的滚杠架在挑架上，才允许打开卸料安全门，操作人员方可进入吊篮推车、卸料。

2. 井架的安装

(1)安装前的准备

①根据工程施工段的划分和进度要求，确定井架的数量。

②合理确定井架位置。井架可安装在门、窗位置处。

③在确定的安装位置上，抄平放线进行基础施工，浇筑混凝土基础，预埋井架地脚螺栓，混凝土达到一定强度后才能安装井架。

(2)井架组装

①安装底盘：对准地脚螺栓，当孔径不对时，不得随意扩孔，要加固后再安装。

②组装标准件：随时校正立杆和导轨的垂直度，导轨相接处不能出现折线和过大间隙，防止吊篮在运行中产生撞击。

③井架顶部结构安装：井架标准构件安装至顶部时，安装天梁和滑轮，校正架体垂直度和滑轮、滑轨的中心位置。

④系缆风绳：井架在构件组装时对架体做临时加固，在架体达 20m 高程时系好第一组缆风绳，架体至顶部时系好第二组缆风绳。

(3)安装卷扬机

①卷扬机的动力控制：卷扬机的牵引力应满足升降机额定起重量的要求，尽量选用正反卷扬机，吊篮上下运行，能得到动力控制。

②位置：卷扬机的位置应在施工方案中确定，视线应良好，远离危险区，一般垂直于升降机，卷扬机距第一个导向轮的水平距离 L 为 15m 左右，这样可满足钢丝绳在卷筒上自动按顺序排列，避免钢丝绳交错叠合，脱离卷筒。

③固定：一般卷扬机除在后面埋设地锚与卷扬机底座用钢丝绳拴牢外，还应在底座前面打桩，防止其位移。

④钢丝绳：钢丝绳在天梁处必须用 3 个绳卡卡牢，在吊篮最低位置时，卷筒上保留 3 ~ 5 圈钢丝绳。

3. 井架式升降机的验收

(1)井架式升降机应由专职机械管理人员对其进行验收和管理。

(2)组装后进行验收时，进行空载、动载和超载试验。

①空载试验：即不加荷载，只将吊篮按施工中各种动作反复进行，并试验限位器灵敏程度。

②加载试验：即按说明中规定的最大荷载进行运行，观察升降机各部位变形情况，是否符合要求。

③超载试验：一般只在第一次使用前或经大修后按额定荷载的 125% 逐渐加荷进行，观察升降机的承载力。

4. 井架升降机安全使用要求

(1)专职操作员操作：每班开机前，应对卷扬机、钢丝绳、地锚、缆风绳进行检验，并空车运行，合格后再使用。

(2)严禁载人：吊篮支承于挑架上后，装卸料人员才能进入吊篮内工作。严禁各类人员乘吊篮升降。

(3)严禁攀登架体和从架体下穿过。

(4)要设置灵敏可靠的联系信号装置，做到各楼面操作层均可同操作员联系。

(5)缆风绳不得随意拆除，凡需临时拆除缆风绳时，应先行加固，待恢复缆风绳后，方可使用升降机。

(6)架体与轨道不得变形，架体及轨道发生变形必须及时纠正，严禁带病运行。

(7)严禁超载运行。

5. 井架拆除

(1)架体拆除前，必须察看现场环境，包括架空线路、外脚手架、地面设施等障碍物，尽可能提前拆除。

(2)制订拆除方案，确定指挥人员，划定危险作业区。

(3)被拆除构件不得乱扔，应用绳索向下慢放，并整理成堆。拆除时，下部的架体稳定性不能被破坏，拆除附墙件时应架设临时支撑，防止失稳。

练习题

1. 请按要求填充题表 4-1 和题表 4-2。

常用敞开式双排脚手架的设计尺寸(m)　　题表 4-1

连墙件设置	立杆横距 L_b	步距 h	下列荷载时的立杆纵距 L_a(m)				脚手架允许搭设高度 H
			2 +4 ×0.35 (kN/m²)	2 +2 +4 ×0.35 (kN/m²)	3 +4 ×0.35 (kN/m²)	3 +2 +4 ×0.35 (kN/m²)	
两步三跨	1.30						
三步三跨	1.30						

注:1. 表中所示 2 +2 +4 ×0.35(kN/m²)包括下列荷载:2 +2(kN/m²)是两层装修作业层施工荷载;4 ×0.35(kN/m²)包括两层作业层脚手板,另两层脚手板是根据《扣件式钢管脚手架规范》第 7.3.2 条的规定确定。

2. 作业层横向水平杆间距,应按不大于 $L_a/2$ 设置。

竹脚手架构造参数(m)　　题表 4-2

用途	脚手架构造形式	里立杆离墙面的距离	立 杆 间 距		操作层小横杆间距	大横杆步距	小横杆挑向墙面的悬臂长度
			横向	纵向			
砌筑	双排						
装修	双排						

2. 竹脚手架与其他脚手架不同的是在立杆旁要加设顶撑,它的作用是什么?

3. 垂直运输机械之塔式起重机、外挂施工电梯、井架各有哪些安全防护设施?

单元五　砌筑工程

学习情境一　砌体施工

一、砌体施工准备工作

（一）砂浆的制备

1. 砌筑工程砂浆类别及相关特性

砂浆的强度等级代号为M。砂浆的作用是将块材结成整体，并使砌块受力均匀，同时因砂浆填满块材间的缝隙，还能减少砌体的透气性，提高其保温性和抗冻性，它们的分类及有关特性见表5-1。

砌筑工程砂浆类别及相关特性表　　表5-1

序号	砂浆种类	组成成分	特性	强度等级	搅拌时间(min)		使用时间(h)	
					无外加剂	有外加剂	正常气温	30℃以上
1	水泥砂浆	水泥、水、中砂	有较高强度和耐久性，和易性差	M20、M15、M10、M7.5、M5	>2	3~5	3~4	2~3
2	水泥混合砂浆	水泥、石灰、水、中砂	有一定强度和耐久性，和易性好	M5、M2.5、M1	>2	3~5	3~4	2~3
3	石灰砂浆	石灰、水、中细砂	强度低、耐久性差，和易性好	M2.5、M1、M0.4	>2	—	3~4	2~3

2. 砌筑砂浆配制的材料要求

(1)砌筑砂浆所用的水泥在使用前，应分批对其强度、安全性进行复检。检验批应以同一生产厂家、同一编号为一批。不同品种的水泥，不得混合使用。

(2)砂浆用砂不得含有有害杂物。砂的含泥量应满足下列要求：

①对水泥砂浆和强度等级不小于M5的水泥混合砂浆，不应超过5%。

②对强度等级小于M5的水泥混合砂浆，不应超过10%。

③人工砂、山砂及特细砂，应经试配，能满足砌筑砂浆技术条件要求。

(3)凡在砂浆中掺入有机塑化剂、早强剂、缓凝剂、防冻剂等，应经检验和试配符合要求后，方可使用。有机塑化剂应有砌体强度的形式检验报告。

(4)砂浆现场拌制时，各组成材料应采用重量计量。

(5)砌筑砂浆试块强度验收时，其强度合格标准必须符合以下规定：

同一验收批砂浆试块抗压强度平均值必须大于或等于设计强度等级所对应的立方体抗压强度，同一验收批砂浆试块抗压强度最小一组的平均值必须大于或等于所对应的立方体抗压强度的0.75倍(注:①砌筑砂浆的验收批,同一类型、强度等级的砂浆试块应不少于3组。当同一验收批只有一组试块时,该组试块抗压强度的平均值必须大于或等于设计强度等级所对应立方体抗压强度。②砂浆强度应以标准养护、龄期为28d的试块抗压试验结果为准)。

抽检数量:每一检验批且不超过250m^3砌体的各种类型及强度等级的砌筑砂浆,每台搅拌机应至少抽检一次。

检验方法:在砂浆搅拌机出料口随机取样制作砂浆试块(同盘砂浆只应制作一组试块),最后检查试块强度报告单。

(二)砌块的准备

砌块材料的规格、强度等级、制作原料及适用范围见表5-2。

砌体材料规格及强度等级表 表5-2

序号	品种名称	规格(mm)	强 度 等 级	原料及制作工艺	适用范围
1	烧结普通砖	240×115×53	MU10、MU15、MU20、MU25、MU30	黏土经焙烧	基础及结构墙体
2	烧结多孔砖	P型:240×115×90 M型:190×190×90	MU10、MU15、MU20、MU25、MU30	以黏土、页岩、煤矸石或粉煤灰经焙烧	同上
3	蒸压灰砂砖	240×115×53	MU10、MU15、MU20、MU25	石灰、砂经蒸压养护	结构墙体
	蒸压粉煤灰砖			粉煤灰、石灰经高压蒸养	
4	混凝土砌块	390×190×190	MU5、MU7.5、MU10、MU15、MU20	普通混凝土或轻集料混凝土制作成型	填充墙体
5	石材	毛石、料石(细、半细、粗、毛料石)	MU20、MU30、MU40、MU50、MU60、MU80、MU100	山石开采加工成型	基础墙体

无论使用哪一种砌块材料,其品种、规格、强度等级必须符合设计要求,在砌筑前应提前1~2d将砌块堆浇水湿润,严禁砌筑前临时浇水,以免砌块表面存有水膜而影响砌体质量。普通砖、多孔砖的含水率宜为10%~15%,灰砂砖、粉煤灰砖含水率宜为8%~12%。检查含水率的方法是在现场断砖,砖截面周围融水深度达15~20mm即符合要求。

(三)施工机具准备

砌筑前,按施工方案的要求组织垂直及水平运输,砂浆搅拌机进场应进行安装调试,垂直运输可采用井架或塔式起重机、人货电梯,水平运输多用手推车及机动翻斗车等。高层建筑垂直运输可采用灰浆泵,配套的有脚手架、砌筑工具等。

二、砌筑工程

砌体分类:按现行施工规范,砌体工程分为4大类,即砖砌体工程、混凝土小型空心砌块砌体工程、石砌体工程、填充墙砌体工程。

(一)毛石基础

1.毛石基础构造

毛石基础是用毛石与水泥砂浆或水泥混合砂浆砌成,毛石强度等级一般为MU20以上,砂浆宜用水泥砂浆,强度等级应不低于M5。毛石基础可作墙下条形基础或柱下独立基础,其断面形状有矩形、阶梯形和梯形等，基础顶面宽度比墙基底面宽度要大200mm。梯形基础坡角应大于60°，阶梯形基础每阶高不小于300mm，每阶挑出宽度应大于200mm（图5-1）。

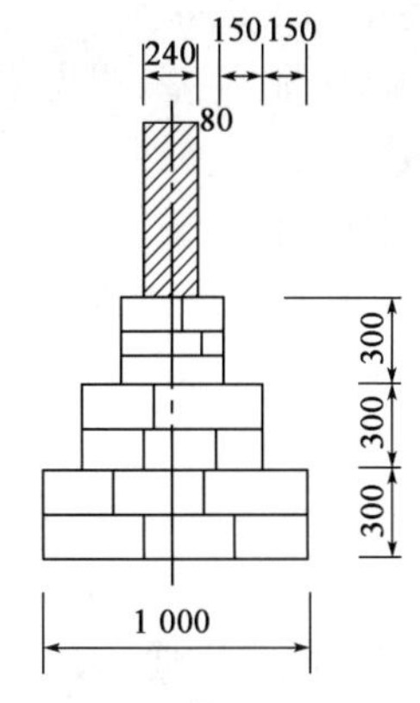

图5-1 毛石基础构造（尺寸单位：mm）

2. 毛石基础施工要点

（1）清基、验槽、放线，挑选石料。

（2）基础底面坐浆，并将毛石的大面朝下；料石基础的第一皮石块应丁砌并坐浆。砌体分皮卧砌，上下错缝，内外搭砌；不得先砌外面石块，后中间填心。

（3）石砌体的灰缝厚度：毛料石和粗料石的砌体不宜大于20mm，细料石砌体不宜大于5mm。石块间较大空隙应先填砂浆，后用小石块嵌实；不得采用先放小石块后灌浆或干填石。

（4）为增加整体性和稳定性，应按规定设置拉结石。

（5）毛石基础最上一皮及转角处、交接处和洞口处，应选用较大的平毛石砌筑。有高低台的毛石基础，应从低处砌起，并由高台向低台搭接，搭接长度不小于基础高度。

（6）阶梯形毛石基础，上阶的石块应至少压砌下阶石块的1/2，相邻阶梯毛石应相互错缝搭接。

（7）毛石基础转角处和交接处应同时砌筑。如留槎，应砌成踏步槎。基础每天砌筑高度不应超过1.2m。

（二）砖基础

1. 砖基础构造

（1）大放脚，有等高式和不等高式两种，但收坡的水平宽度一般为1/4砖，即60mm（图5-2）。

（2）砖基础下部一般有基础处理层，如灰土垫层、混凝土垫层等（图5-3）。

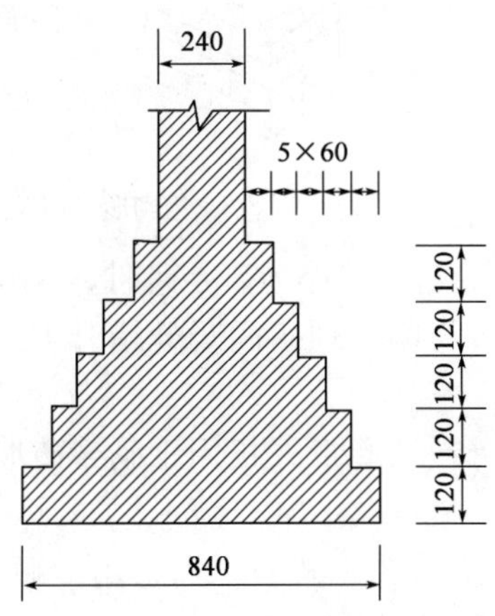

图5-2 砖基础构造（尺寸单位：mm）

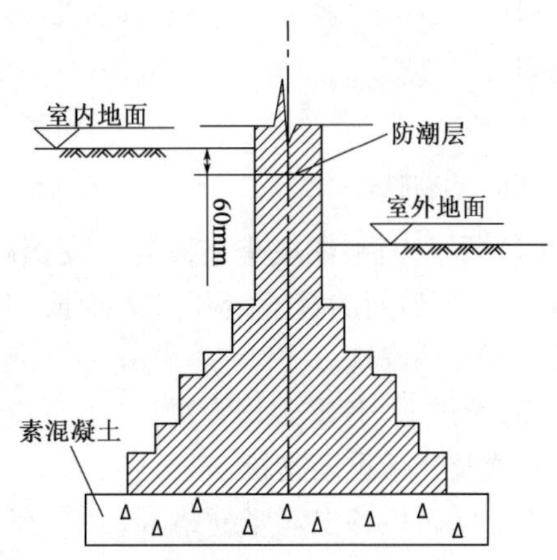

图5-3 砖基础处理层构造图

（3）防潮层，位置在底层室内地面以下一皮砖处，即离地面（±0.000）下60mm，也有标-0.05m，属同一概念。防潮层一般用1:2.5水泥砂浆加适量防水粉铺设，厚度为20mm。

2. 砖基础施工要点

(1)砌筑前,清基,根据主轴线放出墙身大放脚的底边线,在地基转角、交接及高踏步处立好皮数杆。

(2)砌筑时,可按皮数杆先在转角及交接处砌几皮砖,然后,拉通线砌中间部分,内外墙应同时砌,如不能同砌,应留踏步槎,槎长不应小于槎高。

(3)基础高程不同时,应从低处砌起,并由高处向低处搭接,搭接长度不应小于大放脚的高度。

(4)基础墙一般采用一顺一丁的砌筑形式。水平、竖向灰缝控制在 10mm 左右,水平灰缝的砂浆饱满度不得小于 80%。竖缝错开,要注意丁字砖与顺砖要呈十字搭接,在这些交接处,纵横墙要隔皮砌通,大放脚的最下一皮及最上一皮应以丁砌为主。

(5)基础墙砌完要及时验收,合格后及时回填,回填土要在基础两侧同时进行,分层夯实。

(三)墙体砌筑

1. 砌筑形式

(1)一顺一丁(图 5-4):是一层全顺砖和一层全部丁砖间隔砌成,上下皮竖缝错开 1/4 砖长(60mm),适用于砌一砖、一砖半墙。

(2)三顺一丁(图 5-5):三层顺砖一层丁砖间隔砌成,上下皮顺砖竖缝错开 1/2 砖长(120mm),上下皮顺砖与丁砖错开 1/4 砖长。

(3)梅花丁(图 5-6):每皮中丁砖与顺砖相连,上皮丁砖坐于下皮顺砖中部,上下皮竖缝错开 1/4 砖,常用于主体墙砌筑。

图 5-4 组砌形式:一顺一丁

图 5-5 组砌形式:三顺一丁

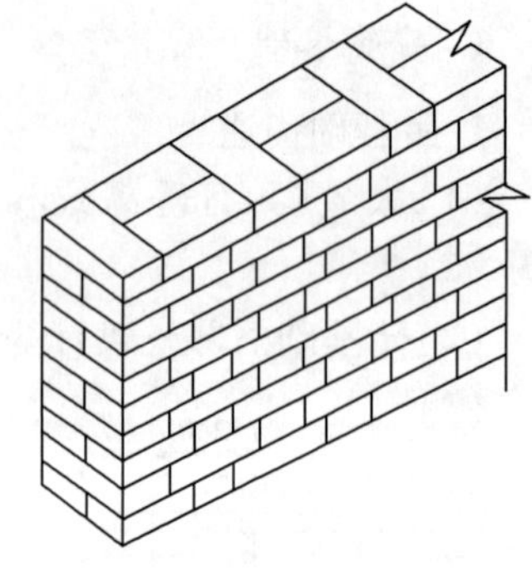

图 5-6 组砌形式:梅花丁

(4)两平一侧:两皮平砌砖与一皮侧砌的顺砖相隔砌成,当墙厚为 3/4 砖时,平砌砖均为顺砖,上下皮砖间的竖缝错开 1/2 砖长,上下皮平砌顺砖与侧砌顺砖间竖缝错开 1/2 砖长,常用于填充墙砌筑。

(5)全顺式:各皮砖均为顺砖,上下皮竖缝错开 1/2 砖长,此形式仅用于砌半砖墙,常用于填充墙及非承重墙砌筑。

为了使砖墙各皮间竖缝错开,必须在外角处砌七分头砖 3/4 砖长。当采用一顺一丁组砌时,七分头的顺面方向依次砌顺砖,丁面方向依次砌丁砖(图 5-7)。

砖墙的丁字接头处,应分皮相互砌通,内角相交处竖缝应错开 1/4 砖长,并在横砖端头处加砌七分砖(图 5-8)。砖墙的十字接头处,应分皮相互砌通,交角处的竖缝应相互错开 1/4砖长。

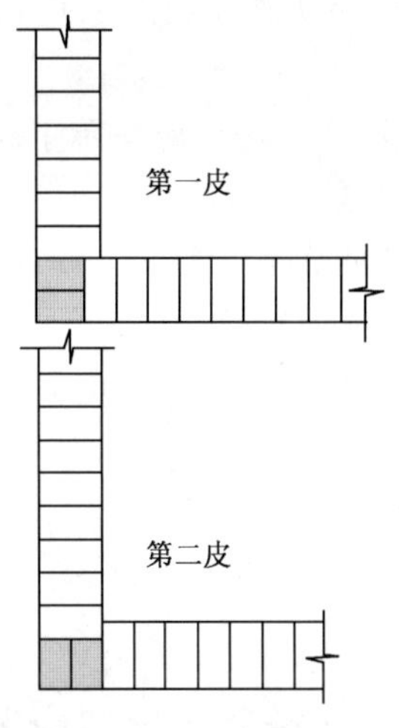

图 5-7 一顺一丁转角处排砖图

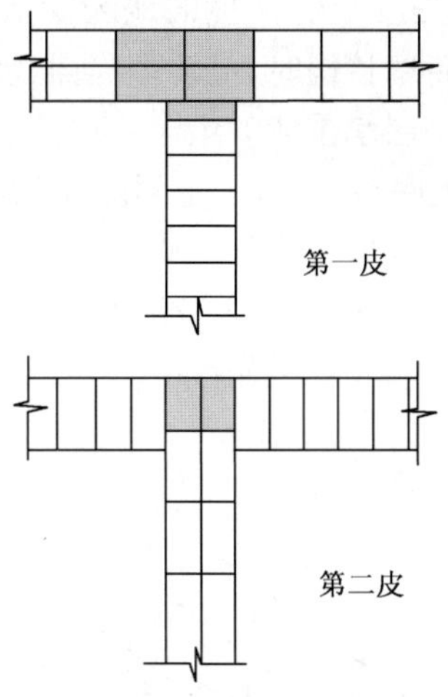

图 5-8 一顺一丁丁字接头处排砖图

2. 砌筑工艺

(1)抄平放线:定出基础面和各楼面高程,用水泥砂浆或细石混凝土找平。在基础墙或楼层面板上弹出墙身轴线和边线,标明门窗洞口位置。

(2)摆砖:在放线的基面上按选定的组砌方式用干砖由一个大角至另一个大角试排砖,砖缝为 10mm,校对各墙段及门窗洞口是否符合砖的模数,尽可能减少砍砖。

(3)立皮数杆:皮数杆是指在其上画有每皮砖和灰缝厚度,以及门窗、洞口、过梁、楼板等高度位置的木制标杆。灰缝厚度一般在 8 ~ 12mm 间调整。皮数杆设置在房屋四大角以及纵横线交接处,如墙段过长时,应每隔 10 ~ 15m 立一根。皮数杆用水准仪统一竖立,使皮数杆上的 ±0.000 与建筑物 ±0.000 相吻合,便可向上接皮数杆。

(4)盘角、挂线:墙角是控制墙面横平竖直的主要依据。须先砌墙角,墙角砖层高度必须与皮数杆相符合,砌筑时要做到"三皮一吊、五皮一靠",墙角必须双向垂直和平整。墙角砌好后,即可挂线,作为砌筑中间墙体的依据,一砖墙可单面挂线,一砖半以上的墙须双面挂线。

(5)砌筑、勾缝:为保证砌筑质量,通常采用"三一砌砖法",即一块砖、一铲灰、一揉压,并随手将挤出的灰浆刮去。这样做,砌筑的墙砂浆饱满度好,墙面整洁。勾缝可原浆勾缝,也可在砌完墙后再用 1:1.5 水泥砂浆勾缝。

3. 施工要点

(1)全部砖墙应平行砌筑,砖层必须水平,砌筑时应用皮数杆控制。砖面必须垂直、平整,应用靠尺和吊线锤随时校正。

(2)砌筑时要揉压,砖墙的砂浆饱满度不得低于 80%,检测砌筑工程砂浆饱满度的专用工具百格网见图 5-9。

(3)砖墙转角和交接处须留槎时,应砌成踏步槎(图 5-10),斜槎长度不应小于高度的 2/3;当不能留踏步槎时,应留成马牙槎,并加设拉结筋,拉结钢筋的数量为每 120mm 墙厚放置放置 1ϕ6mm 拉结钢筋(240mm 厚墙放 2ϕ6mm 拉结钢筋),间距沿墙高不应超过 500mm,埋入长度从留槎处算起每边均不应小于 500mm,对

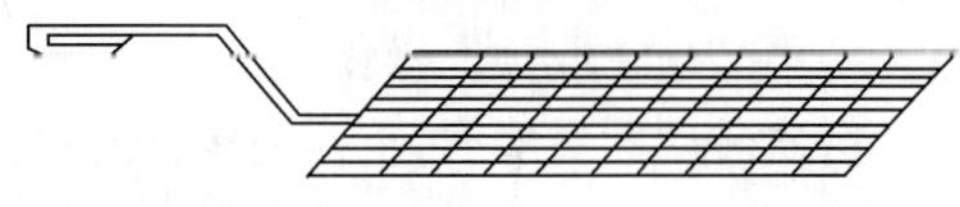

图 5-9 检测砌筑砂浆饱满度的百格网

抗震设防烈度6度、7度的地区,不应小于1 000mm,末端应有90°弯钩(图5-11)。

(4)砖墙接槎时,应清理槎面,浇水湿润,重新铺砂浆。

(5)每层承重墙的最上一皮砖、梁或梁垫的下面及挑檐、腰线等处应整砖丁砌。填充墙砌至梁、板底时,应留一定间隙,间隔7d后,再用立砖补砌挤紧。

(6)砖墙中留置临时施工洞口时,其侧边离交接处的墙面不应小于500mm,洞口净宽不应超过1m,洞口上部应呈拱形或放置钢筋砖过梁,墙体两侧应留置拉结筋。

(7)砖墙相邻工作段的高差,不得超过一个楼层的高度,也不宜大于4m,砖墙每天砌筑高度不宜超过1.8m。

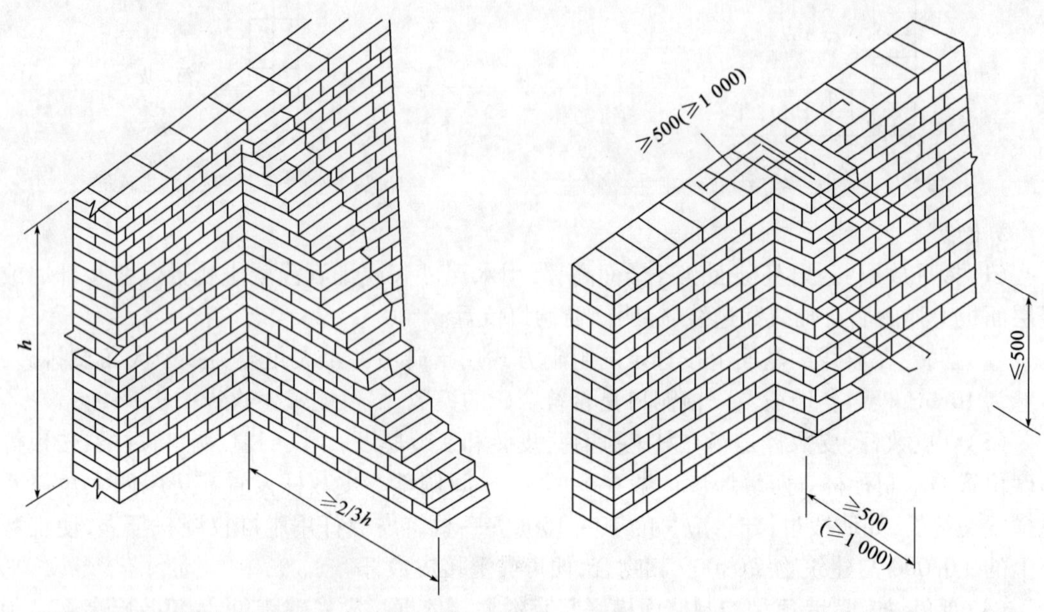

图5-10 砖墙交接处留踏步槎长高比例示意图

图5-11 砖墙留槎配筋图

三、砌筑工程的质量要求

(1)应符合《砌体结构工程施工质量验收规范》(GB 50203—2002)的要求。

(2)砖砌体应横平竖直,砂浆饱满,上下错缝,内外搭砌,接槎合理、牢固。

(3)任意一组砂浆试块的强度不得低于设计强度的75%。

(4)砌体尺寸和位置的允许偏差应符合有关规范的规定。

四、砌筑工程的安全与防护措施

(1)砌筑操作前,必须检查施工各准备工作是否符合安全要求。

(2)基础施工时,应检查基坑的土质变化,堆放砖石材料应离开坑边1m以上。砌墙高度超过地坪1.2m以上时应搭设脚手架。脚手架上堆砖高度不得超过3皮侧砖,同一块脚手板上操作人员不应超过2人。

(3)不准站在墙顶上操作。

(4)砍砖应面对墙面,工作完毕,应将脚手板清扫干净,严禁将脚手板上的垃圾及工具直接向下抛扔。

(5)雨天或每日下班时,应做好防雨准备,以防雨水冲走砂浆。

（6）凡脚手架、井架搭设好后，在砌体施工前，须经专业人员验收合格后方准使用。

学习情境二　砖混结构的圈梁、构造柱施工

房屋建筑的砖砌体和钢筋混凝土圈梁、钢筋混凝土构造柱组合成一个整体墙，被称为砖混结构。砖混结构即在砖砌体中每隔一定距离设置钢筋混凝土构造柱，并在各层楼盖处设置钢筋混凝土圈梁，形成简易的框架，人们称其为“弱框架”。钢筋混凝土圈梁、构造柱将墙体夹持于其中，与钢筋混凝土楼板又组合成一个整体结构，除分担墙体上的荷载外，还使砌体受到约束，除提高了墙体的承载力外，还增加了房屋的整体性、空间刚度和抗震性能（图 5-12）。

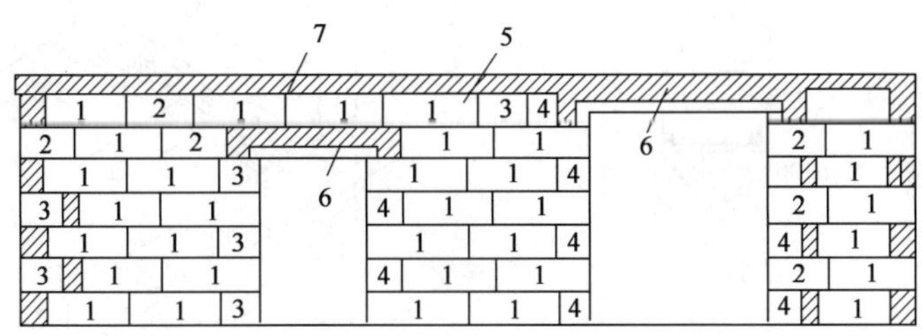

图 5-12　圈梁、门过梁及砌块排列图

1、2、3、4、5-砌块；6-门过梁；7-圈梁

1. 圈梁（代号是 QL）

水平设置在房屋建筑砖砌体中，其顶面与楼、地面平齐，并沿建筑结构呈周圈布置的钢筋混凝土矩形梁称为圈梁。与地面平齐的圈梁为地圈梁，与楼面平齐的为楼圈梁。

圈梁的构造要求如下：

（1）圈梁宜连续地设在同一水平面上并应封闭。当圈梁被门窗洞口截断时，应在洞口上方增设截面相同的附加圈梁，具体做法如图 5-13 所示。

（2）纵横墙交接处的圈梁应有可靠连接，如图 5-14 所示。

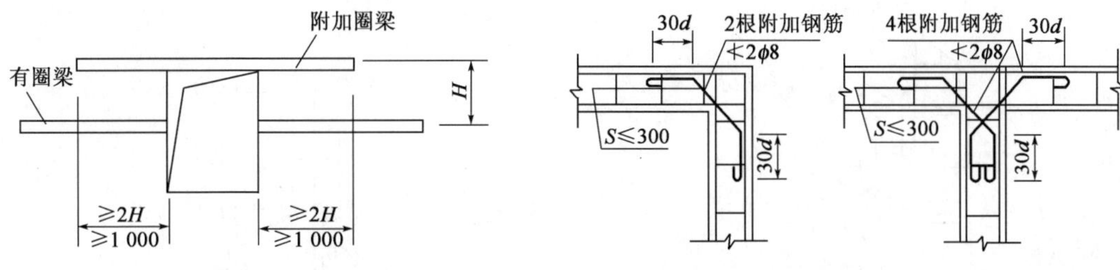

图 5-13　圈梁截断处增加附加圈梁结构图

图 5-14　房屋转角处圈梁构造（尺寸单位：mm）

（3）钢筋混凝土圈梁的宽度宜与墙厚相同，当墙厚大于 240mm 时，圈梁宽度不宜小于 $2/3h$（h 为墙厚），圈梁的高度不应小于 120mm，纵向钢筋不应小于 $4\phi10$mm，如图 5-15 所示。钢筋绑扎接头的搭接长度按受拉钢筋考虑，箍筋间距不宜大于 300mm，见图 5-14。

（4）当圈梁兼作过梁时，过梁部分的钢筋应按计算配置。

（5）采用现浇钢筋混凝土楼（屋）盖的多层砌体结构房屋，当层数超过 5 层时，除在檐口高程处设置一道圈梁外，可隔层设置圈梁，并与楼（屋）面板一起现浇。未设置圈梁的楼面板嵌入墙内的长度不应小于 120mm，并沿墙长配置不小于 $2\phi10$mm 的纵向钢筋。

2. 构造柱(代号是 GZ)

构造柱是指夹在墙体中沿高度设置的钢筋混凝土小柱,可增强房屋的整体工作性能。由于它不作为承重柱对待,故不需计算,仅按构造要求设置。构造柱截面尺寸不小于240mm×180mm,柱中纵向钢筋不应小于 4ϕ12mm,边柱、角柱不应小于 4ϕ14mm,箍筋不小于 ϕ6@250mm,混凝土强度等级不低于 C20,见图 5-16。构造柱与墙体连接处宜砌成马牙楼,从柱脚开始,先退后进,以保证柱脚有较大的混凝土截面且应与圈梁连接。构造柱与砖砌体的拉结筋每边伸入墙内不宜小于 1m@500mm。详见图 5-17。

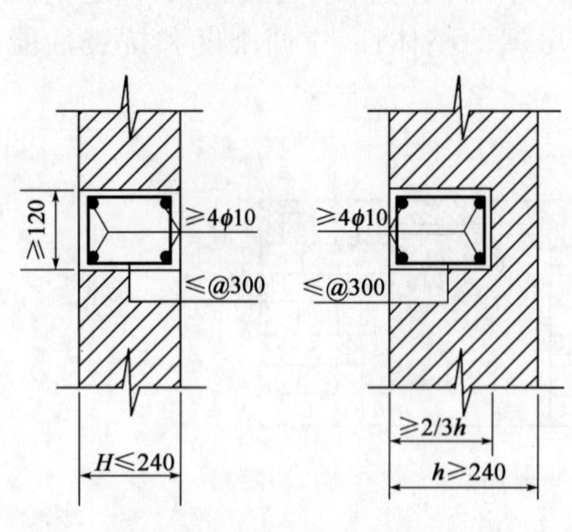

图 5-15　不同墙厚对圈梁截面的结构要求

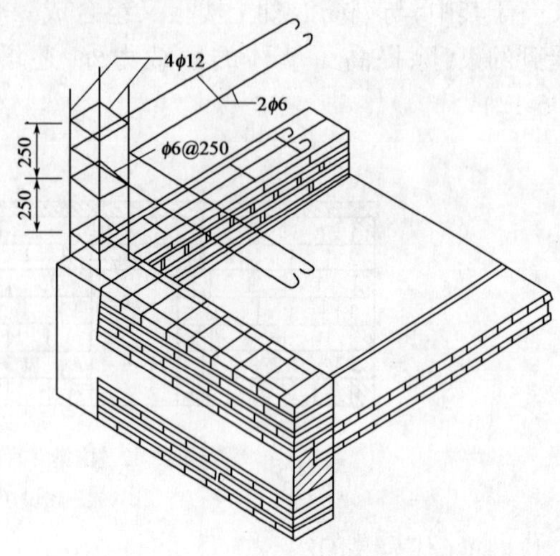

图 5-16　构造柱配筋及与墙体连接要求

3. 圈梁、构造柱施工要求

(1)圈梁、构造柱的混凝土强度等级不得低于 C20,钢筋必须符合国家规定的验收标准。

(2)砖墙与构造柱连接处应砌成大马牙楼,每个大马牙楼沿高度尺寸不宜超过 300mm,按砖的皮数应四退四进为好,且应先退后进,槽口两侧砌成 60mm 深的大马牙楼齿槽,并按规定压布与墙体拉结的钢筋(图 5-18)。随砌随清净落到楼子、柱内的散灰。

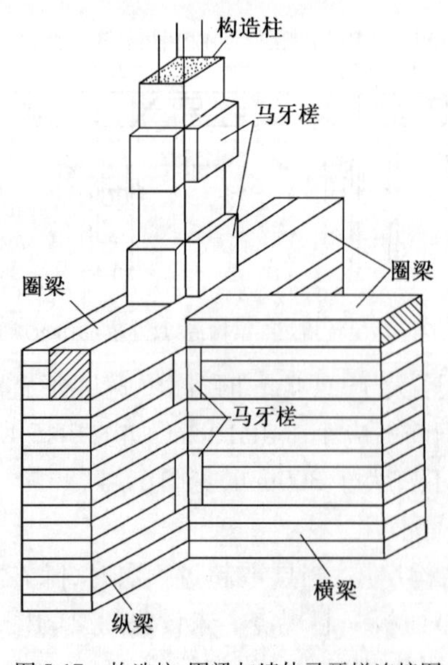

图 5-17　构造柱、圈梁与墙体马牙楼连接图

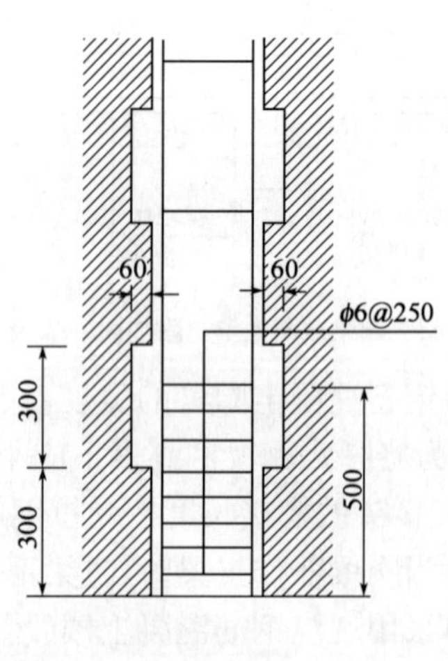

图 5-18　构造柱与墙体连接构造要求

(3)当混凝土圈梁、构造柱与楼层混凝土整体浇筑时,应先浇筑构造柱,其根部必须振捣密实,并须有保证构造柱纵向钢筋准确位置的固定措施。

练习题

1. 某砖混结构房屋使用标准砖砌筑墙体,其首层地面高程为 ± 000m,窗下框高程为 1.200m,窗上框高程为 2.500m,圈梁底高程为 3.260m。请做出此首层墙面砌筑施工时的皮数杆。

2. 一顺一丁、梅花丁、两平一侧、全顺式等砌筑形式常用于什么墙体的砌筑?两平一侧、全顺式是多厚的墙体(用两种方式表达)?

3. 圈梁、构造柱有哪些施工要求?

单元六　钢 筋 工 程

学习情境一　钢筋工程简介及钢筋冷加工

正在施工的钢筋工程如图6-1所示。

一、钢筋的分类、特性

1.钢筋分类

(1)光圆钢筋

光圆钢筋是光面圆钢筋的意思,由于表面光滑,也叫"光面钢筋",或简称"圆钢"(图6-2),一般以盘圆成捆进入工地,需在工地调直以后再行加工。

图6-1　正在施工的钢筋工程

图6-2　建筑工地常用的光圆、直条钢筋

(2)带肋钢筋

表面有突起部分的圆形钢筋称为带肋钢筋,它的肋纹形式有"月牙形"、"螺纹形"、"人字形"等。钢筋表面带有两条纵肋和沿长度方向均匀分布的横肋。横肋的纵截面呈月牙形,且与纵肋不相交的钢筋称为月牙形钢筋(图6-3)。横肋的纵截面高度相等,且与纵肋相交的钢筋,称为等高肋钢筋,有螺旋纹和人字纹两种,见图6-4和图6-5。一般以成捆直条进入工地,可以直接对它进行加工(图6-2)。

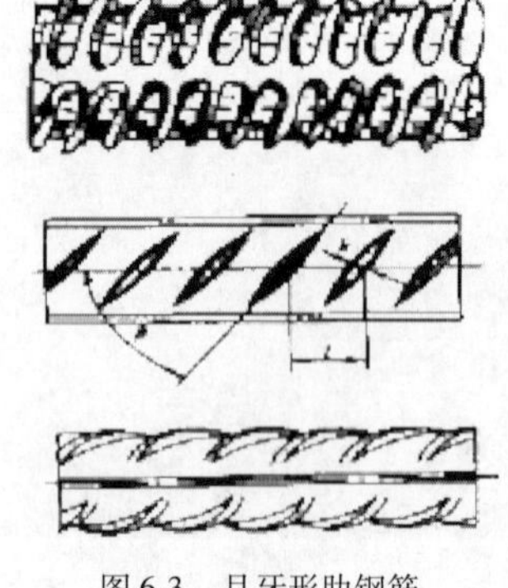

图6-3　月牙形肋钢筋

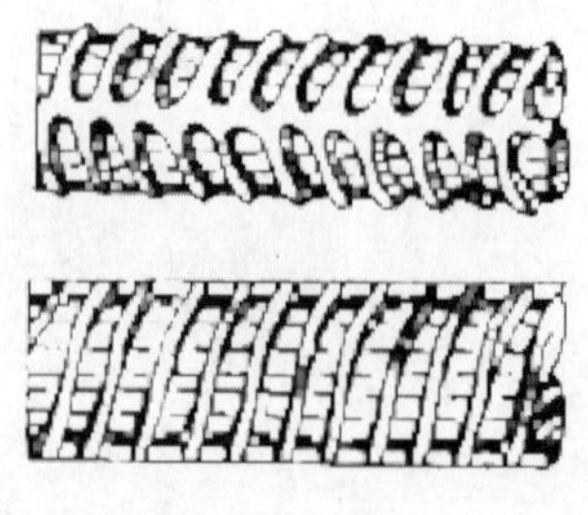

图6-4　人字形肋钢筋

图6-5　螺纹形肋钢筋

2. 钢筋强度等级、符号、表面形状及特征

在钢筋混凝土及预应力混凝土结构中常用的钢材为热轧钢筋。它们的强度等级、符号、表面形状及特征见表6-1。

常用钢筋的强度等级、符号、表面形状及特征　　表6-1

钢筋名称		强度等级	常用符号	地方符号	表面形状及特征
热轧钢筋	Ⅰ级钢	HPB235	ϕ	[、{	光圆(ϕ6～ϕ10mm 圆盘,ϕ12mm 以上直条)
	Ⅱ级钢	HRB335	Φ	]、}	带肋为月牙肋、高肋(直条)
	Ⅲ级钢	HRB400	Φ		带肋为月牙肋、高肋(直条)
		RRB400	$Φ^R$		带肋为月牙肋、高肋(直条)

3. 钢筋进场程序

钢筋进场应有新产品合格证、出厂检验报告,每捆(盘)应有标牌,并按进场的品种、批次抽样检验方案抽取试样作机械力学性能检验,取得进场复检报告,合格后方可使用。

当发现钢筋脆断、焊接性能不良或力学性能显著不正常等现象时,应对该批钢筋进行化学成分检验或其他专项检验。

钢筋外观检查:钢筋应平直、无损伤,表面不得有裂纹、油污、颗粒状或片状老锈。

钢筋在运输和储存时,必须保留标牌,并按批分别堆放整齐,下部用木枋将钢筋垫高100mm 以上,避免锈蚀和污染。

4. 钢筋施工程序

钢筋一般先在钢筋车间加工,后运至现场绑扎或安装。其工序一般为冷拉、冷拔、调直、除锈→剪切→弯曲→绑扎或焊接等。

二、钢筋冷加工

1. 钢筋的冷拉

钢筋的冷拉是在常温下,以超过钢筋的屈服强度的拉应力拉伸钢筋,使钢筋产生塑性变形以提高强度,节约钢筋。冷拉时钢筋被拉直,表面锈渣自动剥落,完成调直、除锈工作。

图6-6 中的 a、b、c、d、e 为钢筋的拉伸特性曲线。冷拉时,拉应力超过屈服点 b 达到 c 点,然后卸荷,由于钢筋已产生塑性变形,卸荷过程中应力—应变曲线将沿 O_1cde 变化,并在 c 点出现新的屈服点,该屈服点明显高于冷拉前的屈服点 b,这种现象称为"变形硬化"。冷拉后的新屈服点并非保持不变,而是随着时间延长提高到 c' 点,这种现象称为"时效硬化",此时便呈现出新的应力—应变曲线 $O_1c'd'e'$,钢筋的强度提高,脆性增加,钢筋内部的晶体沿着结合力最差的结晶面产生相对滑移,使滑移面上的晶格扭曲变形,导致钢筋内部组织发生变化。

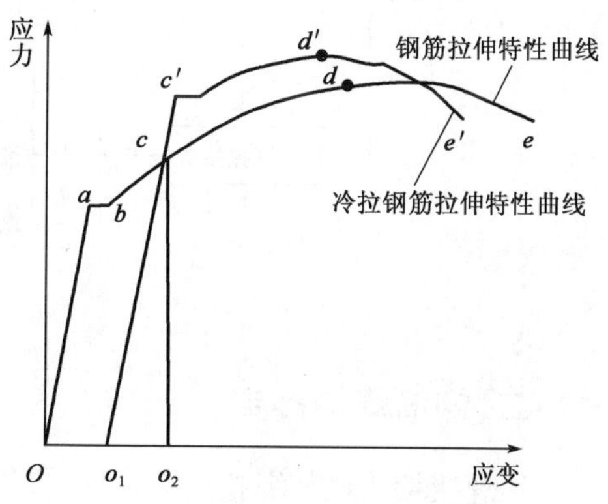

图6-6　钢筋拉伸特性、冷拉钢筋拉伸特性示意图

根据现行《混凝土结构工程施工质量验收规范》(GB 50204—2002)中第5.3.3 条规定,"钢筋调直宜采用机械方法,也可采用冷拉方法。当采用冷拉方法调直钢筋时,HPB235 级钢筋的冷拉率不宜大于4%,HRB335 级、HRB400 级、RRB400 级钢筋的冷拉率不宜大于1%"。

按现行施工规范，在钢筋施工中，已不能将用冷拉应力控制的超强冷拉钢筋用于正常混凝土结构的施工中。

2. 钢筋冷拔

冷拔是使 $\phi6 \sim \phi8$mm 的 HPB235 级钢筋通过钨合金拔丝模孔进行强力拉拔，使钢筋产生塑性变形，其轴向被拉伸，径向被压缩，内部晶格变形，因而抗拉强度提高（提高50% ~90%），塑性降低，并呈硬钢特性。也正是由于这些特性，在推广了一段时期后，这种超强使用虽能节约一部分钢筋，但不能使用在有抗震要求的混凝土结构中，而且钢筋冷拔做法也没有得到现行施工规范的认可，冷拔钢筋已退出了建筑工程领域。钢筋拔丝模孔见图 6-7。

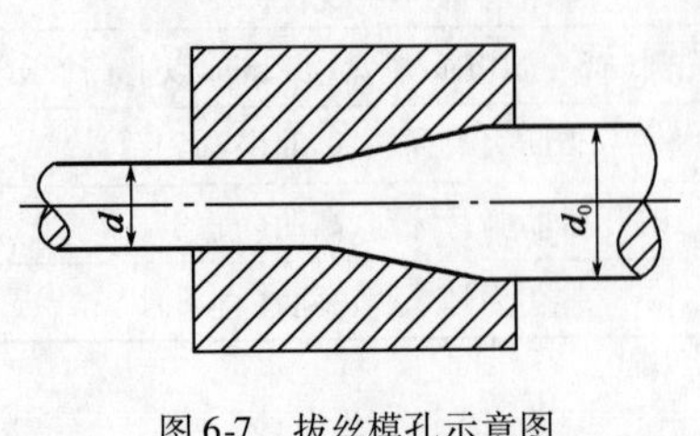

图 6-7　拔丝模孔示意图

学习情境二　钢筋连接及钢筋焊接接头

一、钢筋接头连接分类

钢筋接头分为三大类，详见图 6-8。

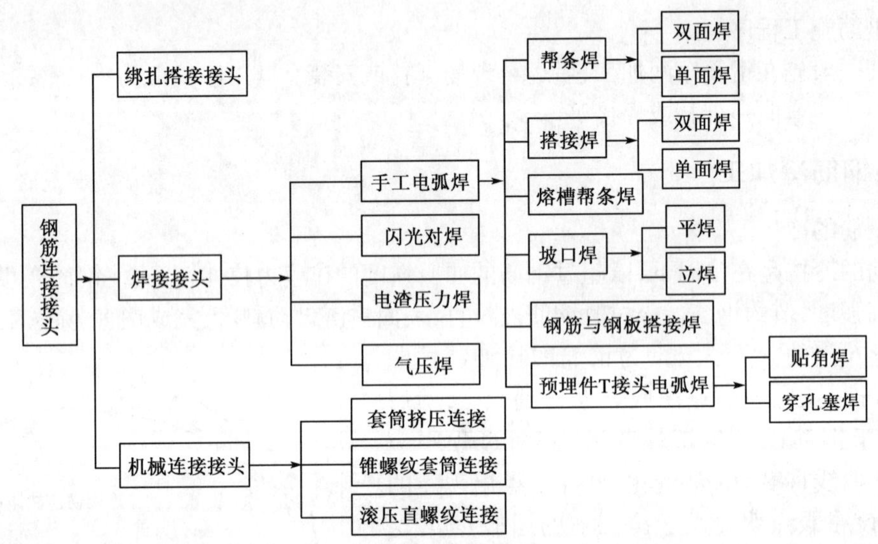

图 6-8　钢筋接头分类

二、钢筋焊接接头

用焊接接头代替绑扎接头，可改善结构受力性能，提高工效，节约钢材，降低成本。在结构设计中，也规定了一些部位的钢筋接头应采取焊接方式，在普通混凝土结构中，直径大于 20mm 的钢筋采用焊接接头，成本还是降低的。

钢筋的焊接质量与钢筋的可焊性、焊接工艺有很大关系，钢筋的抗拉强度越高，它含碳、锰的数量便增加，可焊性就差，也可以加入适量的钛，改善焊接性能，但成本增加。同时，焊机的焊接参数和焊接工人的操作工艺水平也影响焊接质量。

1. 闪光对焊

闪光对焊广泛用于直径为 10 ~40mm 的Ⅰ~Ⅲ级热轧钢筋和直径为 10 ~25mm 的Ⅳ级预应力钢筋的接长。它的原理是:利用对焊机使两端钢筋接触,通过低压强电流,把电能转化为热能,当钢筋加热到一定程度后,进行轴向加压顶锻,形成对焊接头。

(1)对焊机的构造:对焊机由机架、进料压紧机构、夹具装置、控制开关、冷却系统和电气设备等组成。

(2)对焊机的工作原理:如图 6-9 所示,对焊机的固定电极 4 装在固定平板 2 上,活动电极 5 装在移动平板 3 上,移动平板可以沿着机身的导轨移动,并与压力机构 9 相连。电流从外接电源接至变压器,并从变压器的二次线圈 10 引到接触板,从接触板再引向电极,将预焊的钢筋分别夹在两电极夹内。当移动活动平板,使两钢筋端部接触,到一定时候后,由于电阻很大,电流强度很高,于是钢筋端部便产生火花和较高的温度,钢筋端部很快被加热到接近熔化的状态,此时利用压力机械压紧钢筋,使两钢筋牢固地连接在一起。

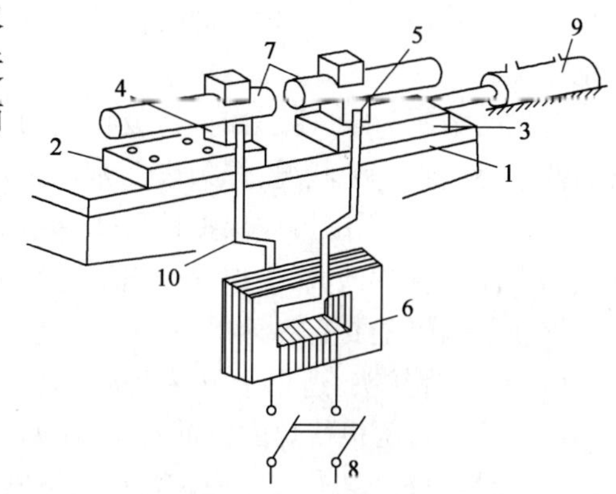

图 6-9 钢筋对焊机工作原理

1-机身;2-固定平板;3-移动平板;4-固定电极;5-活动电极;6-变压器;7-钢筋;8-开关;9-压力机构;10-二次线圈

(3)对焊参数的选择:

①调伸长度的选择;

②闪光留量的选择;

③闪光速度的选择;

④预热留量的选择;

⑤顶锻留量的选择;

⑥顶锻速度的选择;

⑦顶锻压力的选择;

⑧焊接变压器级次调整。

(4)闪光对焊视不同焊接对象的 3 种焊接工艺。

①连续闪光焊:一般适用于直径为 18mm 以下的钢筋对焊。对焊时,选择好各项对焊参数,开启对焊机,使两根钢筋的端面平稳、缓慢地逐渐靠近,火花会不断产生并连续喷射。当把钢筋端面不齐的部分烧掉时,端面已接近熔化的程度,此时快速施加压力,顶锻挤压。

②预热闪光焊:适用于直径大于 18mm 而且端头较平整的钢筋。由于钢筋直径较大,为使焊件的温度均匀提高,必须增加钢筋的预热过程,先使两根钢筋紧密接触产生电阻热,再分离、再接触,预热到一定程度,再用连续闪光焊的方法对焊。

③闪光—预热—闪光焊:适用于直径 18mm 以上,而端面不平的钢筋。即在预热闪光前再增加一次连续闪光的过程,目的是把不平整的端面,先熔成比较整齐的端面,再按预热闪光焊的方法焊接。操作要领是:一次闪光,以熔平为准,预热充分,接触 10 余次;二次闪光,接触时间短,操作动作平稳,闪光激烈,顶锻过程快速有力。

图 6-10 为钢筋对焊接头外形图。

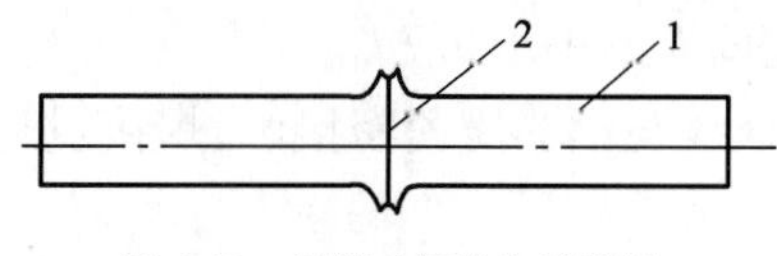

图 6-10 钢筋对焊接头外形图

1-钢筋;2-接头

(5)钢筋对焊接头的质量要求

①外观检查:接头处不得有横向裂纹;与电极接触处的钢筋表面,Ⅰ~Ⅲ级钢筋不得有明显烧伤,Ⅳ级钢筋不得有烧伤。接头处的弯折角不得大于 4°,接头处的轴线偏移不得大于钢筋直径的 0.1 倍,且不得大于 2mm。

②拉伸、弯曲试验:3 个对焊试件的抗拉强度均不得小于该级钢筋规定的抗拉强度标准值,并且有两个试件断于焊缝之外,呈延性断裂;对焊接头弯曲试验时,弯心直径Ⅰ、Ⅱ、Ⅲ、Ⅳ级钢筋分别为 $2d$、$4d$、$5d$、$7d$,钢筋直径大于 25mm 时,弯心直径增加 $1d$,弯曲角均为 90°,3 个试件中至少有两个试件不得发生断裂为合格。

2. 手工电弧焊

电弧焊是利用弧焊机使焊条和焊件之间产生高温电弧,熔化焊条和高温电弧范围内的焊件金属,熔化的金属凝固后形成焊接接头。电弧焊广泛用于钢筋的接长、钢筋骨架的焊接、装配式结构钢筋接头焊接及钢筋与钢板、钢板与钢板的焊接等。

电弧焊的主要设备是弧焊机,分为交流弧焊机和直流弧焊机两类。工地常用交流弧焊机。

焊接时,先将焊件和焊条分别与电焊机的两极相连,然后引弧。引弧时,先将焊条端部轻轻地和焊件接触,造成瞬间短路,随即很快提起 2 ~ 4mm,使空气产生电离,而引燃电弧,以熔化金属。

熔化的金属与空气接触时,将吸收氧、氮,影响这部分金属的机械性能,降低其塑性和冲击韧性。为改善这种状况,焊条表面常涂一层药皮,在电弧高温的作用下,焊条表面药皮一部分氧化,在电弧周围形成保护性气体,另一部分起脱氧作用,它的氧化物形成熔渣,浮于焊缝金属表面,这样可以保护焊缝金属不受有害气体的影响。

钢筋电弧焊主要有 3 种接头。

(1)帮条焊接头:适用于 10 ~ 40mm 各级热轧钢筋,可单面焊,也可双面焊。

帮条焊是将两根待焊的钢筋对正,使两端头离开 2 ~ 5mm,然后用短帮条,帮在外侧,在与钢筋接触部分,焊接一面或两面,称为帮条焊。它分为单面焊缝和双面焊缝,如图 6-11 所示。若采用双面焊,接头中应力传递对称、平衡,受力性能好;若采用单面焊,则受力情况差。因此,应尽可能采用双面焊,而只有在受施工条件限制不能进行双面焊时,才采用单面焊。

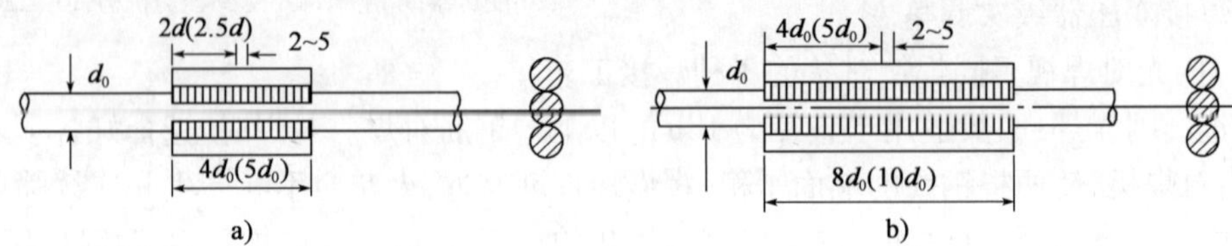

图 6-11　钢筋帮条焊接头焊缝长度尺寸

a)双面焊;b)单面焊

帮条焊宜采用与主筋同级别、同直径的钢筋制作,其帮条长度:HPB235 级钢筋单面焊 $L \geqslant 8d_0$,双面焊 $L \geqslant 4d_0$;HRB335、HRB400 级钢筋单面焊 $L \geqslant 10d_0$,双面焊 $L \geqslant 5d_0$。

若帮条级别与主筋相同时,帮条直径可比主筋直径小一个规格;如帮条直径与主筋相同时,帮条可比主筋低一个级别。

帮条的总截面面积:被焊接的钢筋为 HPB235 级时,应不小于被焊接钢筋截面面积的 1.2倍;被焊接的钢筋为 HRB335、HRB400 级时,应不小于被焊接钢筋截面面积的 1.5 倍。

钢筋帮条焊接头的焊缝厚度 s 应不小于 $0.3d_0$;焊缝宽度 b 不小于 $0.7d_0$。

焊接时,引弧应在垫板或帮条上,不得烧伤主筋;焊接地线与钢筋应紧密接触;焊接过程中应及时清渣,焊缝表面应光滑,焊缝余高平缓过渡,引坑应填满。

(2)搭接焊接头:只适用于直径 10 ~ 40mm 的 HPB235、HRB335 级钢筋。焊接时,可采用双面焊,也可单面焊(图 6-12),搭接长度与帮条长度相同,但必须在搭接部位弯折一个相应的角度，把钢筋端部叠合起来，使被焊接两根钢筋在同一条轴线上。焊缝厚度不小于0.3d，焊缝宽度不小于0.7d。

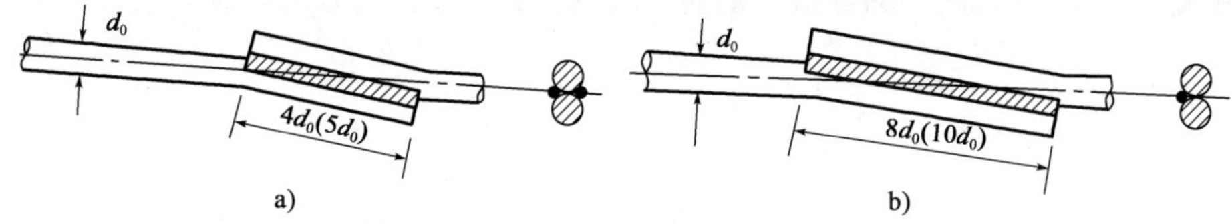

图6-12　钢筋搭接焊接接头焊缝长度尺寸要求

a)双面焊；b)单面焊

(3)坡口焊接头：坡口焊又叫剖口焊，有平焊接头、立焊接头两种(图6-13)，适用于现场焊接装配式构件接头中直径18～40mm的各级热轧钢筋。平焊时，V形坡口角度为55°～65°，立焊时，V形坡口为40°～55°，两钢筋接头根部间隙为3～5mm。坡口焊均需绑扎钢垫板，钢垫板长度为40　60mm，钢垫板宽度为钢筋直径加10mm。

3. 电渣压力焊

电渣压力焊有手动和自动两种焊机，适用于直径14～40mm的HPB235、HRB335级钢筋，它工效高、成本低，节约钢材，现已广泛使用。

(1)焊接设备：焊接电源、控制箱、焊接夹具，焊药盒。自动电渣焊还有控制系统和操作箱。焊接电源一般采用BX-500型和BX-1000型交流弧焊机。手动电渣压力焊夹具见图6-14。焊接夹具要求有一定刚度，坚固、灵活，上下钳口同心，上下钢筋轴线尽量一致，最大轴线偏移量的允许偏差不得超过0.1d，同时小于2mm。

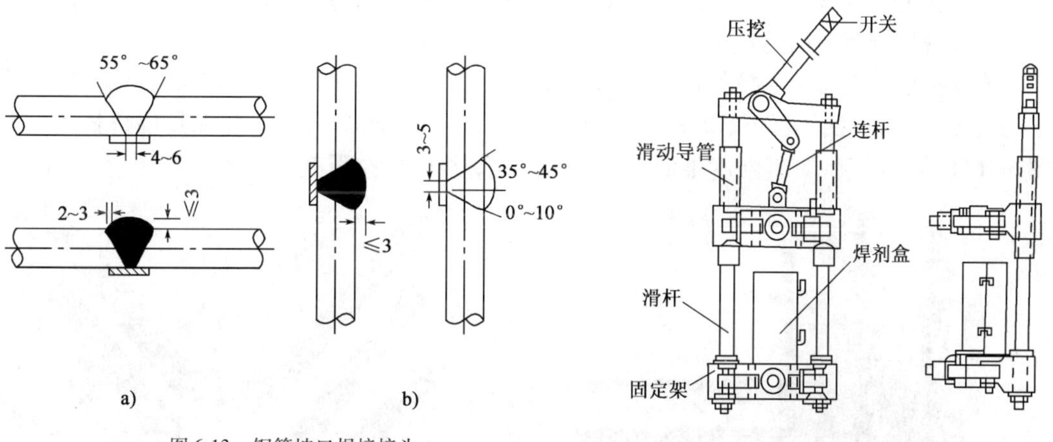

图6-13　钢筋坡口焊接接头

a)平焊；b)立焊

图6-14　手动电渣压力焊夹具示意图

(2)焊接程序：焊接时，先将钢筋端部120mm范围内铁锈除尽，将夹具的固定架夹牢在下部钢筋上，并将上部钢筋扶直、夹牢于活动电极中，上下钢筋间放一小块导电剂或钢丝小球，装上药盒，装满焊剂，焊剂采用高锰、高硅、低氟型431焊剂。焊剂的作用是使熔渣形成渣池，保护熔化的高温金属，避免发生氧化、氮化作用，形成良好的钢筋接头。焊剂使用前必须经2 500℃烘考2h。施焊时，接通电源，用手柄使电弧引弧。也有不放钢丝小球，将钢筋对好压紧，然后用上夹具将上钢筋稍向上提高2～5mm引弧，稳弧一段时间，使之形成渣池并使钢筋熔化(稳弧)，随着钢筋熔化，用手柄将上部钢筋缓缓下送。稳弧时间长短视钢筋直径、电流、电压大小而定。当稳弧达到规定时间、熔化量达到规定数值后，切断电源，在断电的同时用手柄迅速加压顶锻以挤出金属熔渣和熔化金属，形成坚实的焊接接头。对大直径钢筋，也有进行二次引弧、电渣、顶锻，使其熔化量达到规定要求。冷却后，拆除药盒，回收焊药，拆除夹具，清除焊包周围的焊渣。钢筋电渣压力焊焊接过程见图 6-15。

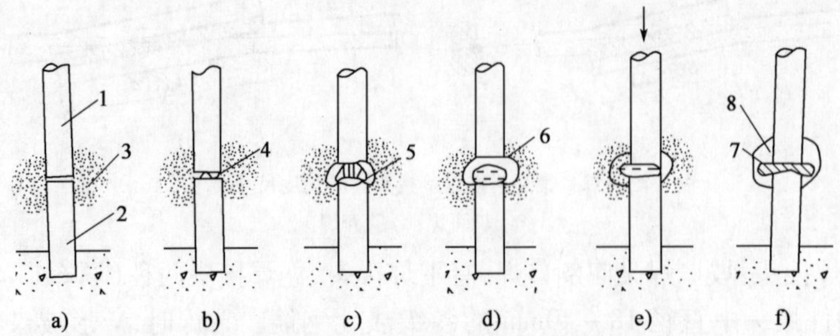

图 6-15　钢筋电渣压力焊焊接过程示意图

a）引弧前；b）引弧中；c）产生电弧；d）形成电渣；e）顶压中；f）凝固后

1-上钢筋；2-下钢筋；3-焊剂；4-电弧；5-熔池；6-熔渣（渣池）；7-焊包；8-渣壳

焊接时，引弧、稳弧、顶锻 3 个过程要连续操作。电渣压力焊的参数及焊接电流、渣池电压和焊接通电时间，都必须根据钢筋直径选择。

（3）电渣压力焊接头的质量要求

①焊包均匀，突出部分最少高出钢筋表面 4mm。

②电极与钢筋接触处，无明显烧伤缺陷。

③接头处的弯折角小于 4°。

④接头处的轴线偏移应不超过 $0.1d$，同时小于 2mm。

⑤外观检查不合格的接头，应切除重焊或采取补强措施。

⑥每批取 3 个接头作拉伸试验，在一般构筑物中，每 300 个同类型接头（同钢筋级别、同钢筋直径）作为一批，试件长度 $L=8d$（焊接钢筋直径）+200～400mm（夹具挟持长度），如图 6-16和图 6-17 所示，其强度不低于该钢筋强度等级的抗拉强度值。

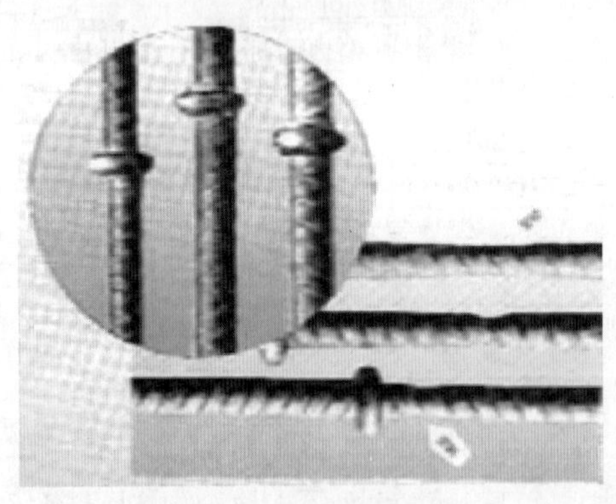

图 6-16　电渣压力焊弯曲试件

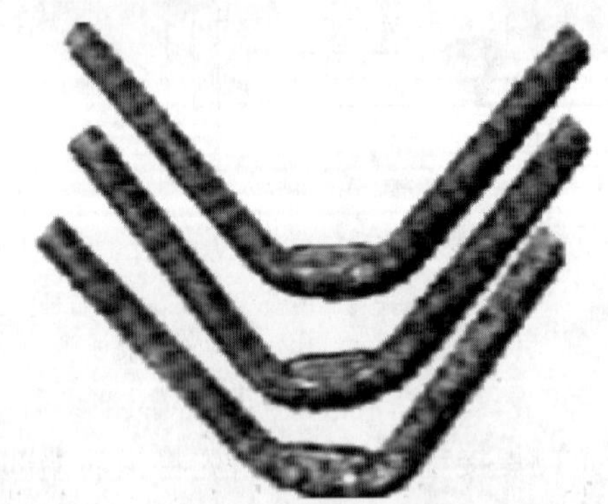

图 6-17　电渣压力焊拉伸试件

4. 气压焊

钢筋气压焊是采用氧—乙炔火焰或液化气火焰对钢筋接缝处进行加热，使钢筋端部加热达到高温状态，并施加足够的轴向压力而形成牢固的对焊接头。钢筋气压焊接方法具有设备简单、焊接质量好、效果高，且不需要大功率电源等优点。

钢筋气压焊可用于直径 40mm 以下的 HPB235 级、HRB335 级钢筋的纵向连接。当两钢筋直径不同时，其直径之差不得大于7mm。

（1）焊接材料及设备：钢筋气压焊设备主要有氧—乙炔供气设备或液化气罐、加热器、手动或电动油泵等加压器及钢筋卡具、焊枪等。

（2）工作原理：气压焊接钢筋是利用氧—乙炔混合气体或液化气燃烧的高温火焰对已有初始压力的两根钢筋端面接合处加热，使钢筋端部产生塑性变形，并促使其端面的金属原子互相扩散，当钢筋加热到1 250～1 350℃（相当于钢材熔点0.8～0.9倍，此时钢筋部位呈白黄色，有白亮闪光出现）时进行顶锻，使钢筋内的原子得以再结晶而焊接在一起。

（3）操作程序：焊接的钢筋要用砂轮切割机断料，端面与钢筋轴线要垂直，并打磨钢筋端面，清除氧化层和污物，使之出现金属光泽，喷涂焊接活化剂。加热前先对钢筋施加30～40MPa的初始压力，使端面贴合，当加热到缝隙密合后，上下摆动加热器适当增大钢筋加热范围，促使钢筋端面金属原子互相渗透也便于加压顶锻，加压顶锻的压力为34～40MPa，使焊接部位产生塑性变形，让接缝处膨鼓的直径达到母材钢筋直径的1.4倍，变形长度为钢筋直径的1.3～1.5倍，此时可停止加热、加压，待焊接点的红色消失后取下夹具。直径小丁22mm的钢筋可以一次顶锻成型，大直径的钢筋可以进行二次顶锻。

（4）钢筋气压焊接头的质量要求

①外观检查要求：焊接部位钢筋轴线偏心应小于钢筋直径的1/10（焊接不同直径钢筋时，偏心应小于小直径钢筋直径的1/10，且小直径钢筋不得错出大直径的钢筋范围），焊接处隆起的直径不小于钢筋直径的1/4倍，隆起的变形长度不小于钢筋直径的1.3～1.5倍；焊接接头隆起形状，不应有显著的凸出和塌陷，不应有裂缝及过烧现象；焊接钢筋轴线夹角不得大于4°。

②强度检查要求：钢筋气压焊接头，3个试件的抗拉强度均不得低于该级别钢筋的抗拉强度标准值，全部试件断于焊缝之外并呈塑性断裂。气压焊拉伸试验的试件长度$L=8d$（d为焊接钢筋直径）$+200\sim400$mm（夹具夹持长度）。

学习情境三　钢筋机械连接

一、钢筋挤压套筒连接

钢筋冷压连接是一项新型钢筋连接工艺，它改变了电弧焊、电渣焊、闪光焊、气压焊等传统焊接工艺的热操作方法，而是在常温下采用特别钢筋连接机（图6-18），将钢套筒和两根待接钢筋压接成一体，使套筒塑性变形后与钢筋上的横肋纹紧密地咬合在一起，从而达到连接效果的一种机械接头方式。冷压接头具有性能可靠、操作简便、施工速度快、施工不受气候影响、省电等优点。两根钢筋插入钢套筒后，用带有梅花齿形内模的钢筋连接机对套筒外壁加压，使套筒产生塑性变形，嵌入螺纹钢筋的横肋间隙中，这时继续加压使钢套筒的金属冷塑性变形程度加剧，进一步加强硬化程度，其强度提高110～140MPa。

图6-18　GLY-40型钢筋挤压连接机

1. 工作原理

钢筋挤压连接亦称钢筋套筒冷压连接，它分径向挤压套筒接头和轴向挤压套筒接头两种(图6-19)。它是将需连接的变形钢筋插入特制的钢套筒内，利用液压驱动的挤压机进行径向或轴向挤压，使钢套筒产生塑性变形，使它紧咬住钢筋实现连接。它适用于竖向、横向及其他方向较大直径变形钢筋的连接，它节省电能，不受钢筋可焊性影响，接头可靠。

套筒挤压连接适用于挤压直径为16~40mm的Ⅱ、Ⅲ级带肋钢筋的径向挤压连接。

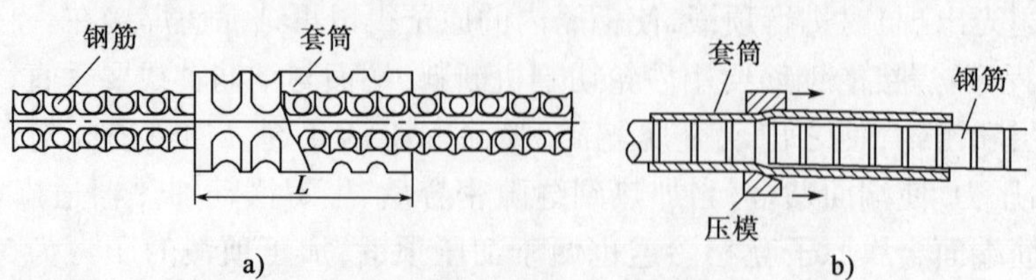

图6-19　钢筋挤压套筒接头

a)径向挤压套筒接头；b)轴向挤压套筒接头

L-套筒长度

2. 主要工序

(1)将钢筋与套筒试套，钢筋端部不合适处修磨矫正。

(2)在钢筋端部画出插入长度的标记，插入套筒放进挤压机钳口，合上压模，从每侧套筒中间向端部压接。

(3)压钳在平衡器的平衡力作用下，对准钢筋套筒需要压接的标记处，按手控上开关进行挤压，当压力达到规定值，按下开关，即完成一道挤压。

(4)高空作业，可先在地面上压接半个接头，在施工作业区把钢套筒另一段插入预留钢筋，挤压另一段(图6-20)。

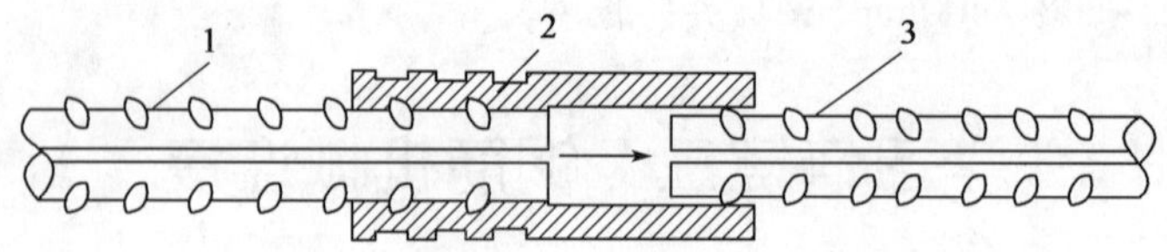

图6-20　套筒挤压连接

1-已挤压的钢筋；2-钢套筒；3-未挤压的钢筋

钢筋挤压连接的工艺参数，主要是压接顺序、压接力和压接道数。压接顺序为从中间逐道向两端压接。压接力要能保证套筒与钢筋紧密咬合，压接力和压接道数取决于钢筋直径、套筒型号(图6-21)、挤压机的型号(6-22)。

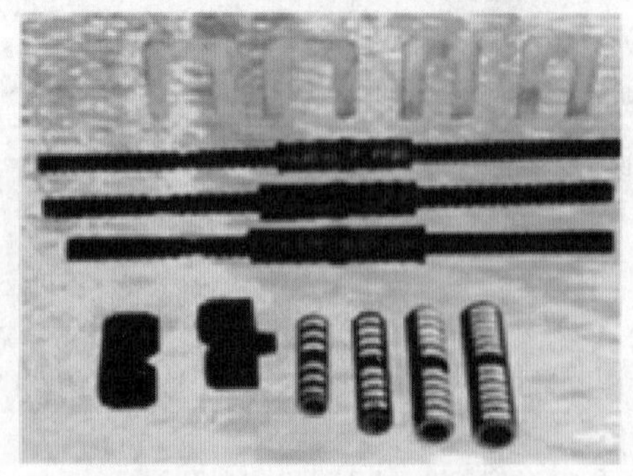

图6-21　钢筋挤压系列钢套筒、试件、压模及卡板

图6-22　钢筋挤压连接机配套用系列接钳

3. 套筒挤压连接质量要求

(1)外观检查:挤压后的套筒长度应为1.1～1.15倍原套筒的长度,压痕的最小直径和最小总宽度应符合相关要求;接头处弯折角不得大于4°;套筒无裂缝。

(2)单向拉伸试验:分A、B、C三个等级。

①A级为接头抗拉强度达到或超过母材抗拉强度标准值,具有高延性及反复拉压的性能。

②B级接头抗拉强度为母材的1.35倍,具有一定的延性及反复拉压的性能。

③C级为接头仅能承受压力。

④3个接头试样的抗拉强度均应满足A级或B级抗拉强度要求。

二、钢筋锥螺纹套筒连接

钢筋螺纹连接采用的是锥螺纹连接钢筋的新技术。锥螺纹连接套是在专用机床上加工制成的,钢筋套丝的加工在钢筋套丝机上进行。钢筋螺纹连接速度快,对中性好,工期短,连接质量好,不受气候影响,适应性强。

锥螺纹套筒连接是利用钢筋端部的外锥螺纹和套筒上的内锥螺纹来连接钢筋,如图6-23所示。它适用于连接16～40mm的同径或异径钢筋,异径差小于9mm。

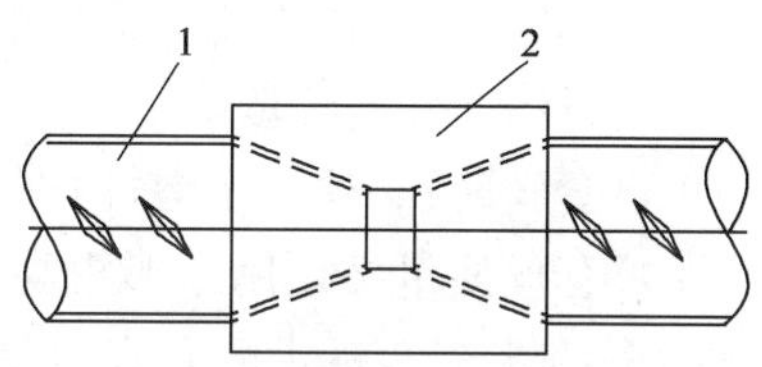

图6-23　钢筋锥螺纹套筒连接示意图

1-钢筋;2-套管

1. 主要机具设备

(1)钢筋套丝机:加工钢筋连接端的锥螺纹的专用设备。一台先进的钢筋锥螺纹机床(图6-24),可使钢筋的锥螺纹一次成型,螺纹光滑标准,操作简便。当锥螺纹一次完成时,能自动涨刀,回车时,零位能自动回位,并自动停车。

(2)扭力扳手:把钢筋与连接套拧紧,可根据钢筋直径大小规定力矩值(图6-25)。

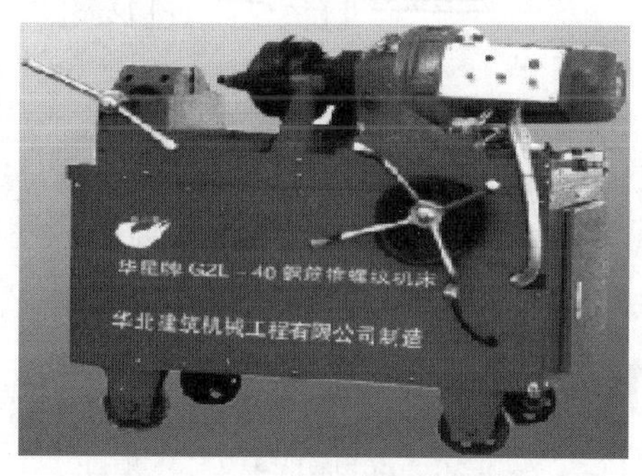

图6-24　GYZL-40型钢筋锥螺纹机床

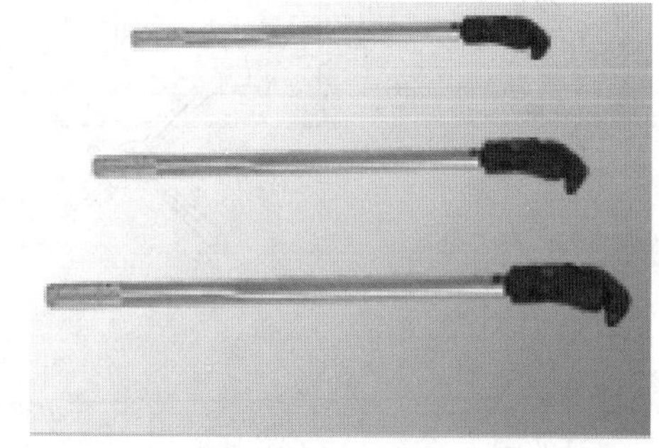

图6-25　扭力扳手

(3)量规:分牙形规、卡规和锥螺纹塞规(图6-26)。牙形规用于检查钢筋连接端锥螺纹牙形的加工质量;卡规用于检查钢筋锥螺纹小端直径;塞规用于检查套筒连接套加工质量。

2. 钢筋连接套筒

钢筋锥螺纹连接套筒(图6-27)应有如下要求:

(1)套筒上有明显的规格标记,如ϕ32等。

(2)套筒的锥孔用塑料密封盖封住。

(3)同径或异径连接尺寸符合相关规定。

(4)锥螺纹塞规塞入连接套后,连接套的大端边缘应在锥螺纹塞规大端的缺口范围内,如图 6-27 所示。

(5)套筒要有产品合格证。

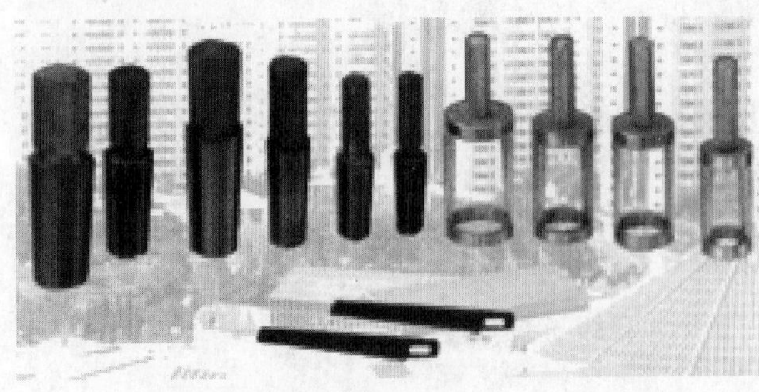

图 6-26　钢筋锥螺纹塞规、牙型规、光规及卡规

图 6-27　钢筋锥螺纹连接套

3. 钢筋套丝操作程序

(1)钢筋下料用钢筋切断机或砂轮锯切机，不得用气焊，其端头要平直，不得出现马蹄形或端头弯曲。

(2)钢筋上平台，用套丝机(图 6-28)的夹紧机构固定，转动手轮使转动的切削头将钢筋端头切削成锥形，然后套丝。

(3)套丝时，必须用水溶性切削冷却润滑液，不得用机油润滑或不加润滑液套丝。

(4)套丝质量必须用牙形规与卡规检查(图 6-29)，钢筋的牙形与牙形规相吻合，其小端直径必须在卡规上标定的允许误差之内。

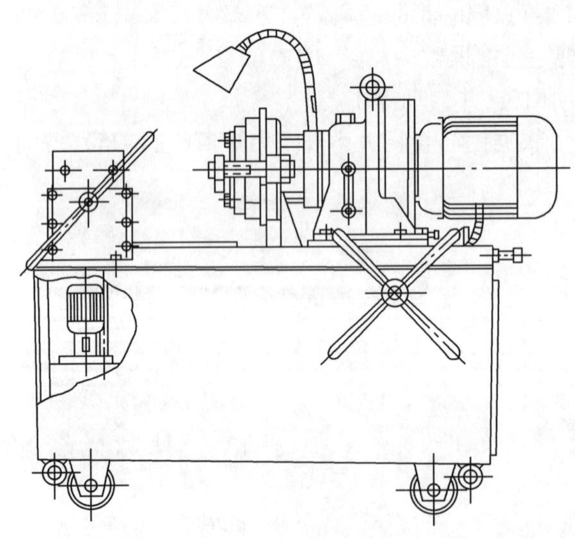

图 6-28　钢筋锥螺纹套丝机

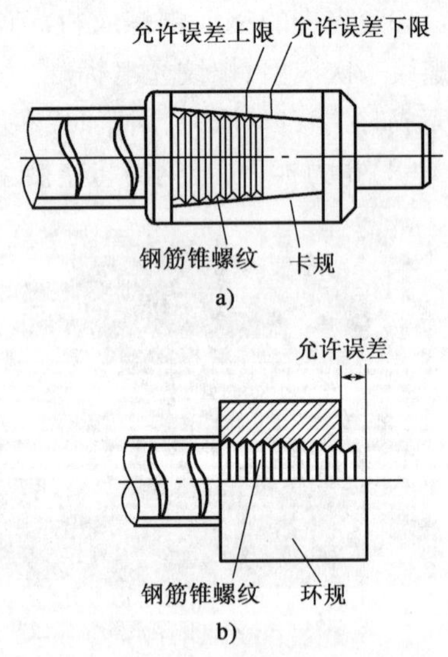

图 6-29　牙形检验

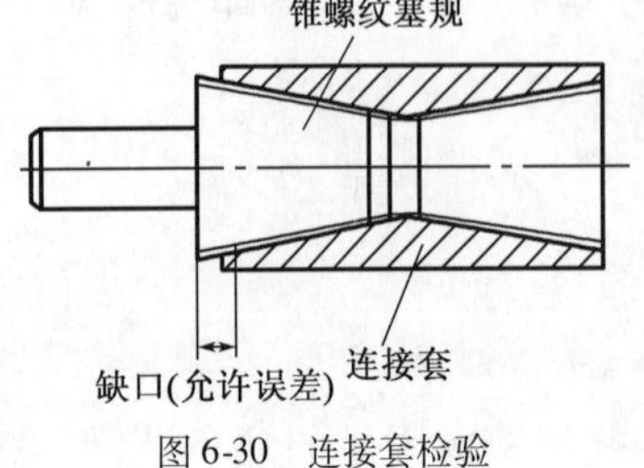

图 6-30　连接套检验

(5)锥螺纹丝头牙形检验：牙形应饱满，无断牙、秃牙缺陷，牙齿表面光洁的为合格品，如图 6-29 所示。

(6)连接套质量检验：锥螺纹塞规拧入连接套后，连接套的大端边缘在锥螺纹塞规大端的缺口范围内为合格，如图 6-30所示。

(7)锥螺纹的丝扣要连续、光滑。锥螺纹丝扣的完整牙数不得小于表 6-2 的规定。

锥螺纹丝扣的完整牙数　　表 6-2

钢筋直径(mm)	完整牙数不小于(个)	钢筋直径(mm)	完整牙数不小于(个)
16 ~ 18	5	32	10
20 ~ 22	7	36	11
25 ~ 28	8	40	12

(8)工地质检员必须对每种规格加工批量的接头随机抽检 10%,且不少于 10 个,如有一个丝头不合格,应对该批全数检查。

(9)加工合格的钢筋锥螺纹,应立即拧上塑料保护帽,另一端按规定的力矩值,用扭力扳手拧紧连接套。

4. 钢筋锥螺纹套筒连接接头在施工中的应用操作

(1)检查原有钢筋锥螺纹丝扣及套筒是否符合要求,清除丝扣上的锈蚀和油污。

(2)将带有连接套的钢筋拧到待接钢筋上,用扭力扳手拧紧接头。当扭力扳手发出咔咔声,即达到拧紧值。

(3)用扭力扳手拧紧连接套和钢筋时,其操作方法如图 6-31 所示。拧连接套时,一定要将下端的钢筋用管钳夹住。连接水平钢筋时,必须先将钢筋托平,再拧。

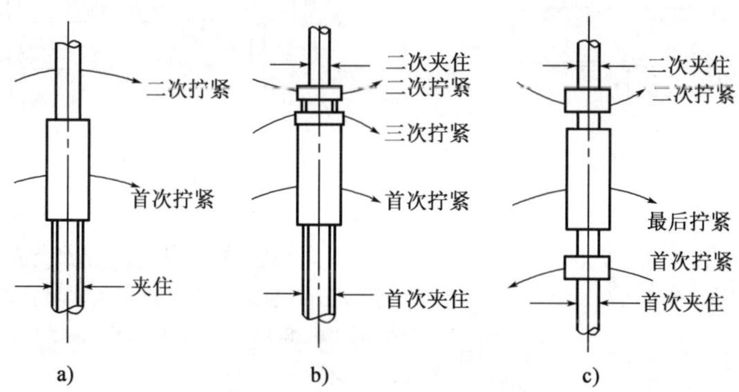

图 6-31　用扭力扳手拧紧连接套和钢筋的操作方法
a)同径与异径接头连接;b)单向可调接头连接;c)双向可调接头连接

(4)连接完的接头必须立即用油漆作上标记,防止漏拧。

5. 施工完后的质量检查

(1)外观检查:逐个检查,外露部分不得超过一个完整丝扣。

(2)拧紧力矩的接头检查:用专用扭力扳手,按规定的接头拧紧值,针对不同构件按规定数量抽验。抽查接头的拧紧力矩值必须全部合格,如 1 个构件中有 1 个接头达不到规定力矩值,则该验收批接头必须逐个检查,并填写接头质量检查记录。

(3)在工程中按以下要求抽取接头试件做拉伸试验:

①接头试件在工程中随机抽取,每 500 个为一批,每批 3 个。

②拉伸合格的标准与单位接头拉伸试验标准相同。

③如有 1 个试件的强度不合格,应再取 6 个试件进行复检,复检中仍有一个不合格,则该验收批为不合格。

④对不合格接头可采用电弧焊贴角焊缝补强,由设计、监理人员共同确定。施焊人员必须有焊工合格证。

三、钢筋滚压直螺纹套筒连接

钢筋滚压直螺纹连接又称剥肋直螺纹连接。它在机械加工过程中,仅仅是剥去钢筋外表面的肋条,仍保留钢筋的圆柱体,用机床对钢筋圆柱体套丝。所谓滚压直螺纹连接,即是利用钢筋端部的外直螺纹和套筒的内直螺纹来连接钢筋,可用于直径 20 ~ 40mm 的同径、异径钢筋,也可仅转动套筒,不用转动钢筋,用于不能转动或位置不能移动的钢筋连接。它加工容易,也不需要扭力扳手的测定力矩。图 6-32 为钢筋直螺纹连接示意图。

1. 主要机具设备

(1)钢筋剥肋滚压直螺纹机如图 6-33 所示,主要由台钳、剥肋机构、滚丝头、减速机和机座组成。

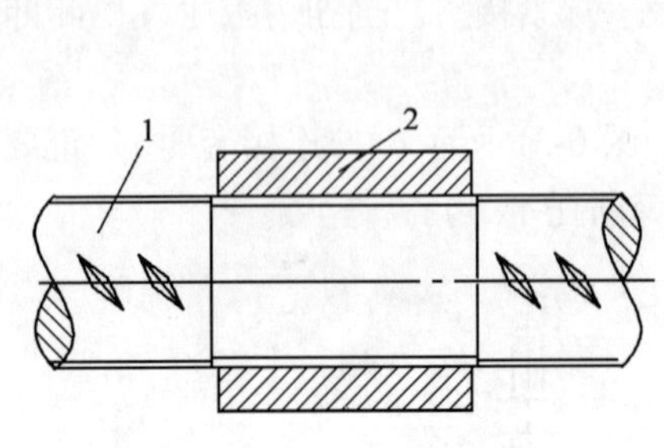

图 6-32　钢筋直螺纹连接示意图

1-钢筋;2-套筒

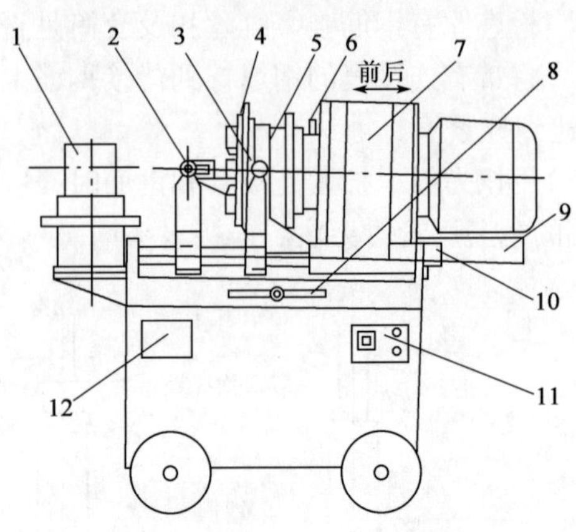

图 6-33　剥筋滚压直螺纹成型机

1-台钳;2-涨刀触头;3-收刀触头;4-剥筋机构;5-滚丝头;6-上水管;7-减速机;8-进给手柄;9-行程挡块;10-行程开关;11-控制面板;12-机座

工作原理:钢筋夹持在台钳上,扳动进给手柄,减速机向前移动,剥筋机对钢筋剥筋,到预定长度后,通过涨刀触头使剥筋机停止剥筋、缩回,滚丝头滚压螺纹,滚到预定长度后,行程挡块与限位开关接触断电,设备延时反转,将钢筋退出滚丝头,松开台钳,取出钢筋,完成螺纹加工。

(2)环规:用于检查钢筋端头套丝丝头质量的检验工具。每种丝头直螺纹的检验工具为止端环规和通端环规两种(图 6-34)。

(3)塞规:用于检验套筒质量的工具。每种套筒分为止端螺纹塞规和通端螺纹塞规两种(图 6-35)。

(4)工作扳手:用于拧钢筋和连接套筒的工具,与锥螺纹工作扳手相同,但不需测定力矩。

2. 钢筋连接套筒

(1)有明显规格标记,两端孔应用密封盖扣紧,有合格证。

(2)标准型连接套筒的外形尺寸应符合表 6-3 的要求。

图 6-34　环规

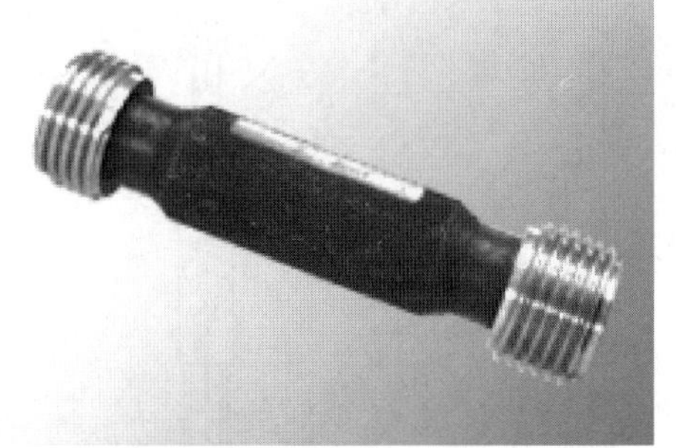

图 6-35　螺纹塞规

连接套筒外形尺寸(mm)　　表 6-3

螺纹直径	螺距 p	长度 L	外径 ϕ	螺纹小径 D	螺纹直径	螺距 p	长度 L	外径 ϕ	螺纹小径 D
ϕ16	2.5	45	ϕ25	ϕ14.8	ϕ28	3	70	ϕ44	ϕ26.1
ϕ18	2.5	50	ϕ29	ϕ16.7	ϕ32	3	82	ϕ49	ϕ29.8
ϕ20	2.5	54	ϕ31	ϕ18.1	ϕ36	3	90	ϕ54	ϕ33.7
ϕ22	2.5	60	ϕ33	ϕ20.4	ϕ40	3	95	ϕ59	ϕ37.6
ϕ25	3	64	ϕ39	ϕ23.0					

注:长度 L 允许偏差为 0 ~ −2mm;外径 ϕ 允许偏差为 0 ~ −0.4mm;螺纹小径 D 允许偏差为 +0.4 ~ 0。

(3)连接套筒螺纹中径尺寸检验,采用止端塞规和通径塞规。止端塞规拧入深度小于等于 3 倍螺距,通径塞规能全部拧入。

(4)连接套筒应分类包装存放,不得锈蚀。

3. 钢筋套丝

(1)根据直螺纹连接套的长度,预定出钢筋端头丝的长度,设定在套丝机上。

(2)固定钢筋,启动套丝机,必须用水溶液性切削润滑液冷却,不得用机油润滑。

(3)检查:丝扣的牙形、螺距必须与连接套的牙形、螺距吻合,有效丝扣内的盘牙部分累计长度小于一扣周长 1/2。

(4)检查:丝扣用止端螺纹环规拧入深度小于等于 3 倍螺距,见图 6-36a),用通端螺纹环规能全部拧入。

(5)丝扣长度用丝头卡板测量,允许比预定长度多一扣[图 6-36b)]。

(6)检查合格的丝头,一端拧上塑料保护帽,另一端拧上连接套,分类堆放。

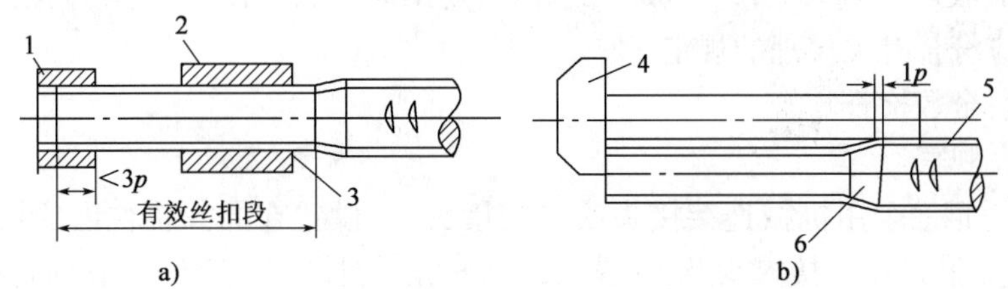

图 6-36　钢筋滚压直螺纹丝头质量检验示意图

1-止环规;2-通环规;3-钢筋丝头;4-丝头卡板;5-纵肋;6-第一小牙扣底

注:p 为螺距。

4. 接头单体试件检验

其检查方法与锥螺纹接头单体试验相同。

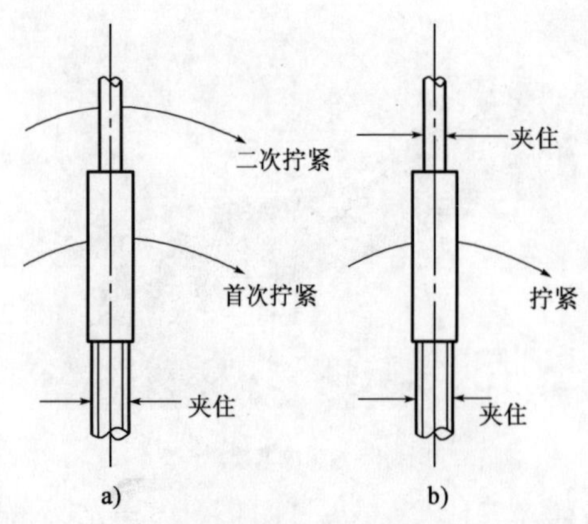

图 6-37 钢筋滚压直螺纹标准型和异径接头连接
a)标准型与异径接头连接;b)活连接型接头连接

5. 钢筋滚压直螺纹连接接头施工操作

(1)检查连接套规格与钢筋规格是否一致,检查钢筋螺纹是否完好,清洁。

(2)对于标准型和异径接头连接,首先用工作扳手将连接套与一端的钢筋拧到位,再将另一端的钢筋拧到位,如图 6-37a)所示。

(3)活连接型接头连接:先对两端钢筋向连接套方向加力,使连接套与两端钢筋挂上扣,然后用工作扳手旋转连接套,并拧到位,如图 6-37b)所示。

(4)水平钢筋连接时,要将钢筋托平对正,再用扳手拧紧。

(5)被连接的钢筋端面应在连接套中间位置,偏差不大于 1 个螺距,两端面顶紧。拧好接头用油漆作上标记。

学习情境四 钢筋机械连接接头和焊接接头的质量要求

(1)纵向受力钢筋的连接方式应符合设计要求。

检查数量:全数检查。

检验方法:观察。

(2)在施工现场,应按国家现行标准《钢筋机械连接通用技术规程》(JGJ 107—2003)、《钢筋焊接及验收规程》(JGJ 18—2003)的规定,抽取钢筋机械连接接头、焊接接头试件,作力学性能检验,其质量应符合有关规程的规定。

检查数量:按有关规程确定。

检验方法:检查产品合格证、接头力学性能试验报告。

(3)钢筋的接头宜设置在受力较小处。同一纵向受力钢筋不宜设置两个或两个以上接头。接头末端至钢筋弯起点距离不应小于钢筋直径的 10 倍。

检查数量:全数检查。

检验方法:观察、钢尺检查。

(4)在施工现场,应按国家现行标准《钢筋机械连接通用技术规程》(JGJ 107—2003)、《钢筋焊接及验收规程》(JGJ 18—2003)的规定,对钢筋机械连接接头、焊接接头的外观进行检查,其质量应符合有关规程的规定。

检查数量:全数检查。

检验方法:观察。

(5)当受力钢筋采用机械连接接头或焊接接头时,设置在同一构件内的接头宜相互错开。纵向受力钢筋机械连接接头及焊接接头连接区段的长度为 $35d$(d 为纵向受力钢筋的较大直径)且不小于 500mm,凡接头中点位于该连接区段长度内的接头均属于同一连接区段。

同一连接区段内,纵向受力钢筋机械连接及焊接的接头面积百分率(图 6-38),为该区段内有接头的纵向受力钢筋截面面积与全部纵向受力钢筋截面面积的比值。

同一连接区段内,纵向受力钢筋采用机械连接接头或焊接接头时,接头面积百分率应符合设计要求;当设计无要求时,应符合下列规定。

①在受拉区不宜大于50%。

②接头不宜设置在有抗震设防要求的框架梁端、柱端的箍筋加密区;当无法避开时,对等强度高质量的机械连接接头,不应大于50%。

③直接承受动力荷载的结构构件中,不宜采用焊接接头;当采用机械连接接头时,不应大于50%。

检查数量:在同一检验批内,抽查10%,且不少于3件或3面。

检验方法:观察、钢尺检查。

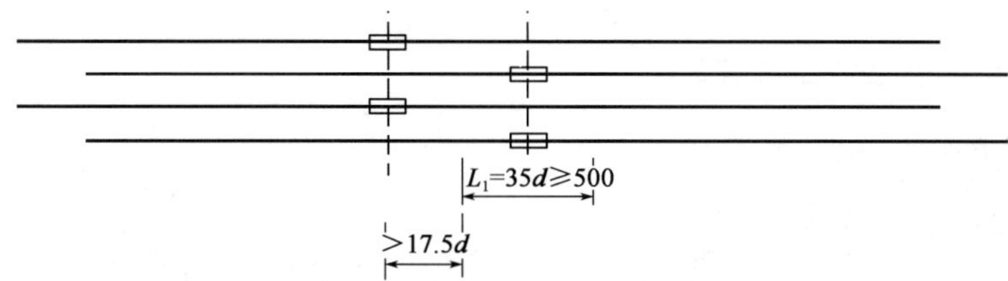

图6-38 钢筋机械连接及焊接接头连接区段及接头面积百分率

注:1. 图中所示接头同一连接区段内的连接钢筋为两根,当各钢筋直径相同时,接头面积百分率为50%。

2. 钢筋机械接头及焊接接头连接区段的长度为35d(d为纵向受力钢筋较大直径),且不小于500mm。

学习情境五 钢筋绑扎连接

钢筋绑扎目前仍是钢筋连接的主要手段之一,其要求如下。

1. 钢筋绑扎前的准备工作

(1)熟悉施工图纸,核对钢筋配料单。

(2)查对弯制成型钢筋是否与施工图、配料单相符。

(3)常用绑扎工具准备。

①钢筋钩:用直径4~14mm、长度为160~200mm的圆钢筋制作,根据需要,还可做成加长钢筋钩,如图6-39所示。

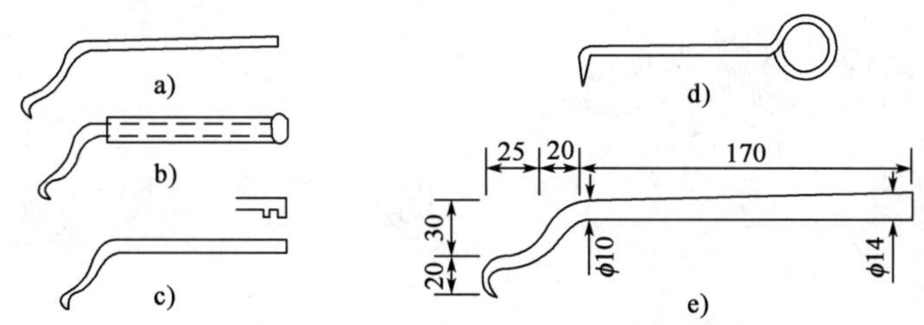

图6-39 建筑工地绑扎钢筋时常用的钢筋钩形式

②小撬棒:用直径16~25mm、长度为600~1 200mm的钢筋制作,用来调整钢筋间距、矫正钢筋、垫钢筋保护层。

③起拱扳子:用料同小撬棒,是在绑扎现浇结构多根钢筋时,当弯起钢筋的角度有误差时,用来调整钢筋起拱角度。

④绑扎架:用于钢筋骨架预制绑扎的支撑架,可根据绑扎钢筋骨架的轻重、形状,制成不同规格的绑扎架,用直径12mm以上钢筋制作。

小撬棒、绑扎架、起拱扳子如图6-40~图6-42所示。

(4)混凝土保护层垫块和定位钢筋架准备。在浇捣混凝土过程中,钢筋必须牢固地保持在预定的位置上,下部钢筋的保护层位置用混凝土或砂浆垫块、塑料环来固定。上部钢筋,如悬挑板的钢筋,用混凝土吊锤或钢筋定位架来保证。无论如何不允许把钢筋放在模板上或浇灌混凝土时再提起来。

(5)绑扎钢丝准备。绑扎钢筋主要用20~22号镀锌钢丝。22号钢丝绑扎12mm以下钢筋,20号钢丝绑扎12mm以上钢筋。绑扎钢丝长度要适宜,一般用钢筋钩拧2~3周后,钢丝出头长度留20mm为好。

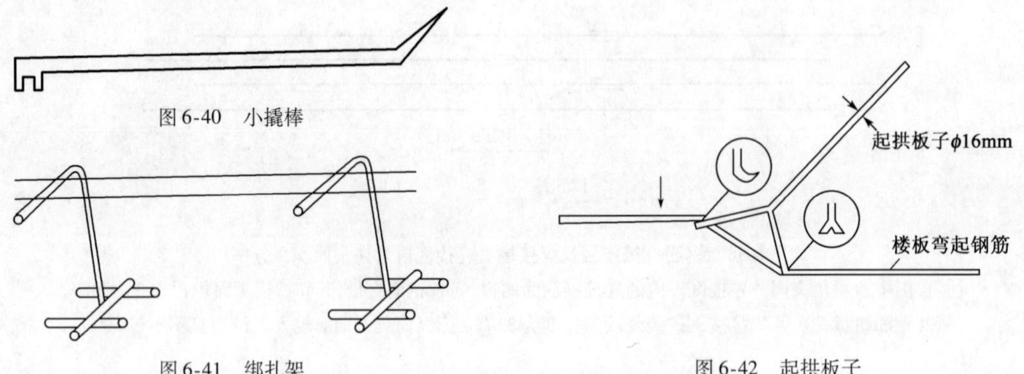

图6-40 小撬棒

图6-41 绑扎架

图6-42 起拱板子

2. 钢筋绑扎的绑扣

钢筋相交点绑扎固定,有多种绑扣,如图6-43所示。

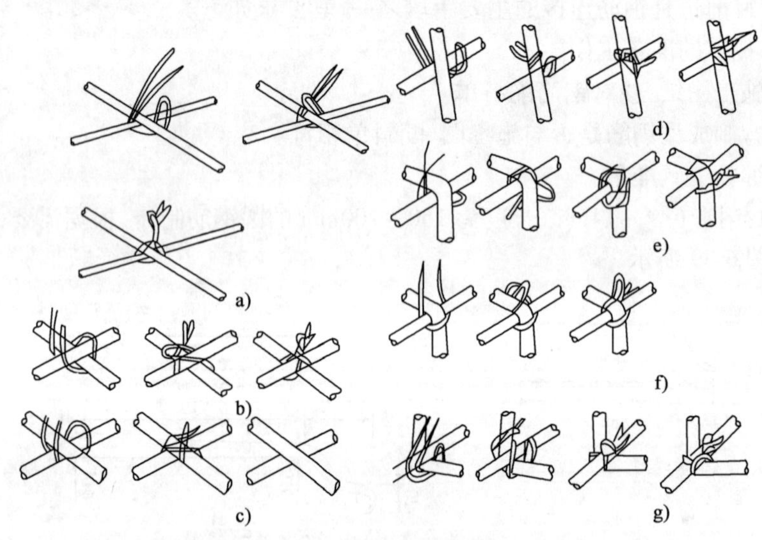

图6-43 钢筋绑扎方法

a)十字花扣;b)反十字花扣;c)兜扣;d)套扣;e)、f)、g)兜底缠扣

(1)基本操作方法:将绑扎用的钢丝在中间折合成180°弯,并理顺,挂在左手的小拇指上,右手拿钢丝钩,用时,用右手将钢丝从左手小拇指上取下,再交于左手,左手将钢丝斜插于钢筋相交点,右手用钢丝钩勾住钢丝端部的半圆套,左手拉紧钢丝的尾部,右手用钢丝钩顶紧钢筋后拧转1.5~2圈,抽出钢丝钩。

(2)一面顺扣绑扎:一面顺扣绑扎是最常用的钢筋绑扎方法。在使用一面顺扣时,每个相邻点斜插钢丝的方向变换90°,互呈人字形,这样绑出的钢筋网架整体性好。图6-44为梁、板、柱面部钢筋凡构成网状面的一面顺扣的梅花形绑扎法。

(3)套扣绑扎:梁的上面架立筋与箍筋宜采用套扣绑扎,见图6-45。

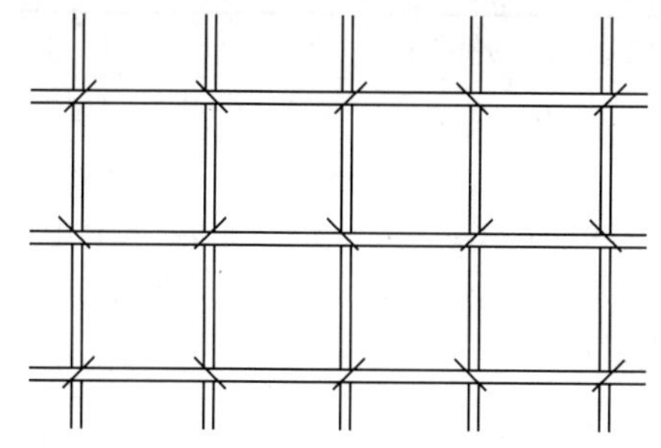

图6-44　梁、板、柱钢筋网状面的一面顺扣梅花形绑扎法

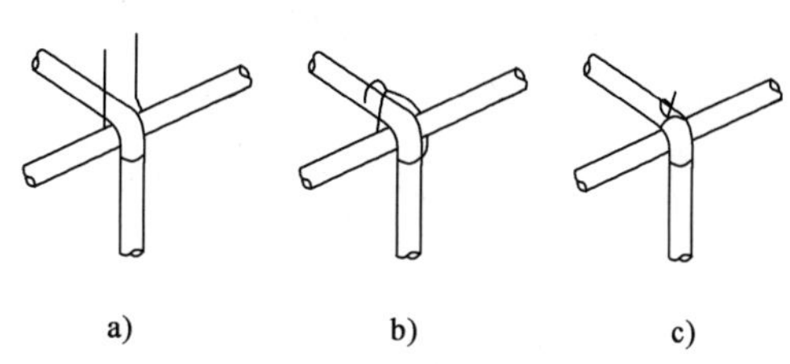

图6-45　梁边角架立筋与箍筋的套扣绑扎

(4)其他绑扣:如图6-43所示,在钢筋骨架的绑扎中,为了相互连接或搭接的钢筋绑扎牢固,并在下道工序施工时,保护钢筋构架不变形,工人们还采用以下绑扣,如十字花扣[图6-43a)]、反十字花扣[图6-43b)]、兜扣[图6-43c)]、套扣[图6-43d)]、兜底缠扣[图6-43e)、f)、g)]等,它们操作比较复杂,但都有特殊作用,保证了钢筋骨架的施工质量。

3. 钢筋绑扎接头的质量要求

(1)纵向受力钢筋的连接方式应符合设计要求。

检查数量:全数检查。

检验方法:观察。

(2)钢筋的接头宜设置在受力较小处。同一纵向受力钢筋不宜设置两个或两个以上接头。接头末端至钢筋弯起点距离不应小于钢筋直径的10倍。

检查数量:全数检查。

检验方法:观察。

(3)同一构件中相邻纵向受力钢筋的绑扎搭接接头宜相互错开,绑扎搭接接头中钢筋的横向间距不应小于钢筋直径,且不应小于25mm。钢筋绑扎搭接接头连接区的长度为1.3L_1(L_1为搭接长度),凡搭接接头中点位于该连接区段长度内的搭接接头均属于同一连接区段。同一连接区段内,纵向钢筋搭接接头面积百分率为该区段内有搭接接头的纵向受力钢筋截面面积与全部纵向受力钢筋截面面积的比值。

同一连接区内,纵向受拉钢筋搭接接头面积百分率应符合设计要求;当设计无要求时,应符合下列规定:

①对梁类、板类及墙内构件,不宜大于25%。

②对柱类构件,不宜大于50%。

③当工程中确有必要增大接头面积百分率时,对梁类构件,不应大于50%;对其他构件,可根据实际情况放宽。

纵向受力钢筋绑扎搭接接头的最小搭接长度应符合表6-4的规定。

当纵向受拉钢筋的绑扎搭接接头面积百分率不大于25%时,其最小搭接长度应符合表6-4的规定。

当纵向受拉钢筋搭接接头面积百分率大于25%,但不大于50%时,其最小搭接长度应按表6-4中的数值乘以系数1.2取用;当接头面积百分率大于50%,应按表6-4中数值乘以系数1.35取用。

在任何情况下,受拉钢筋的搭接长度不应小于300mm。

在任何情况下，受压钢筋的搭接长度不应小于200mm。

纵向受拉钢筋的最小搭接长度 表6-4

钢筋种类与直径 \ 混凝土强度等级与抗震			纵向受拉钢筋最小搭接长度（钢筋直径 d 的倍数）									
			C20		C25		C30		C35		C40	
			一、二级抗震等级	三级抗震等级	一、二级抗震等级	三级抗震等级	一、二级抗震等级	三级抗震等级	一、二级抗震等级	三级抗震等级	一、二级抗震等级	三级抗震等级
HPB235	普通钢筋		43	40	37	34	32	30	30	28	28	25
HRB335	普通钢筋	$D\leqslant25$	53	49	46	42	41	37	37	35	35	31
		$D>25$	59	54	50	47	46	41	41	37	38	35
HRB400 RRB400	普通钢筋	$D\leqslant25$	64	59	55	50	49	44	44	41	41	37
		$D>25$	88	64	61	55	54	49	49	46	46	41

学习情境六　按结构施工图编制钢筋配料单

钢筋加工前应认真看图，并根据设计图纸和会审记录按不同的构件编制钢筋配料单，明确规定每种不同规格和不同型号钢筋的外形尺寸及下料长度，然后再进行备料加工。

一、钢筋下料长度计算

1. 常用钢筋下料长度计算

直钢筋下料长度＝构件长度（搭接长度）－保护层厚度＋弯钩增加长度（注：仅对HPB235钢筋）

弯起钢筋下料长度＝直段长度（搭接长度）＋斜段长度＋弯钩增加长度（注：仅对HPB235钢筋）－弯曲调整值

箍筋下料长度＝箍筋内皮周长＋弯钩增加长度＋弯曲调整值

2. 弯钩增加长度计算

钢筋弯钩形式有：半圆弯钩、直弯钩和斜弯钩。

（1）受力钢筋为HPB235级钢筋的半圆弯钩和弯折应符合下列规定。

①HPB235级钢筋末端应作180°弯钩，其弯弧内直径不应小于钢筋直径的2.5倍，弯钩的弯后平直长度不应小于钢筋直径的3倍。

②半圆弯钩增加长度＝$3d+3.5d\pi/2-2.25d=6.25d$。

③钢筋半圆弯钩的增加长度见表6-5。

钢筋半圆弯钩的增加长度 表6-5

钢筋直径 d（mm）	半圆弯钩		半圆弯钩（不带平直部分）	
	一个钩长	两个钩长	一个钩长	两个钩长
3、4	25	50	—	—
5、6	40	80	20	40
8	50	100	25	50
9	55	1 110	30	60

续上表

钢筋直径 d (mm)	半圆弯钩		半圆弯钩(不带平直部分)	
	一个钩长	两个钩长	一个钩长	两个钩长
10	60	120	35	70
12	75	150	40	80
14	85	170	45	90
16	100	200	50	100
18	110	220	60	120
20	125	250	65	130

(2)当设计要求钢筋末端需作90°～135°弯钩时,HRB335、HRB400级钢筋的弯弧内直径不应小于钢筋直径的4倍,弯钩弯后的平直部分应符合设计要求。

(3)钢筋作不大于90°的弯折时,弯折处的弯弧内直径不应小于钢筋直径的5倍。

(4)箍筋弯钩长度:除焊接封闭环式箍筋外,箍筋的末端应作弯钩,弯钩形式应符合设计要求;当设计无具体要求时,应符合下列规定:

①箍筋弯钩的弯弧直径除应满足上条规定外,尚应不小于受力钢筋直径。

②箍筋弯钩的弯折角度:对一般结构,不应小于90°;对有抗震要求的结构,应为135°(图6-46)。

③箍筋弯后平直部分长度:对一般结构,不宜小于箍筋直径的5倍;对有抗震要求的结构,不应小于箍筋直径的10倍。

(5)混凝土保护层厚度:指受力钢筋外缘至混凝土构件表面的距离。无设计要求时,应符合表6-6的规定。

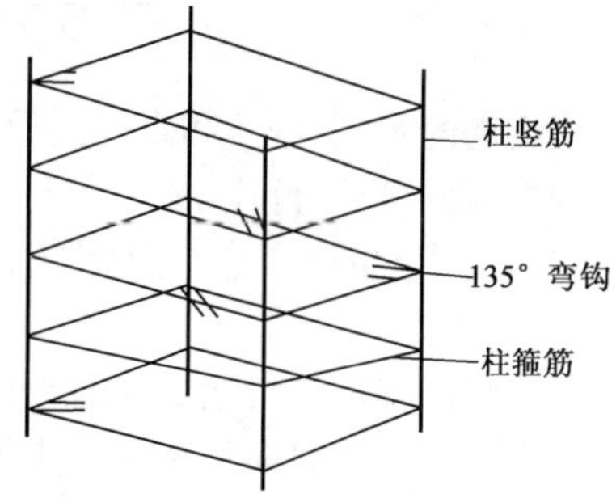

图6-46　有抗震要求的135°角箍筋弯钩

混凝土保护层厚度　　表6-6

环境类别		板、墙、壳			梁			柱		
		≤C20	C25～C45	≥C50	≤C20	C25～C45	≥C50	≤C20	C25～C45	≥C50
一		20	15	15	30	25	25	30	30	30
二	A	—	20	20	—	30	30	—	30	30
	B	—	25	20	—	35	30	—	35	30
三		—	30	25	—	40	35	—	40	35

注:1. 基础中纵向受力钢筋的混凝土保护层厚度不应小于40mm,当无垫层时,不应小于70mm。

2. 混凝土结构的环境类别:一类为室内正常环境;二A类为室内潮湿环境,非严寒地区的露天环境,与无侵蚀性的水或土壤直接接触的环境;二B类为严寒地区的露天环境,与无侵蚀性的水或土壤直接接触的环境;三类为滨海室外环境。

(6)弯曲调整值:钢筋弯曲时,外侧伸长,内侧缩短,轴线长度不变,因弯曲处形成圆弧,而量度尺寸又是沿直线量外包尺寸,因此,弯曲钢筋的量度尺寸大于下料尺寸,两者之间的差值,叫弯曲调整值。各种弯曲调整值见表6-7。

钢筋弯曲调整值(mm)　　表 6-7

角度 / 调整值 / 直径(mm)	30°	45°	60°	90°	135°
	0.35d	0.50d	0.85d	2.00d	2.50d
6	—	—	—	12	15
8	—	—	—	16	20
10	3.5	5	8.5	20	25
12	4	6	10	24	30
14	5	7	12	28	35
16	5.5	8	13.5	32	40
18	6.5	9	15.5	36	45
20	7	10	17	40	50
22	8	11	19	44	55
25	9	12.5	21.5	50	62.5

学习情境七　钢 筋 代 换

钢筋的级别、钢号和直径按设计要求采用，当缺少设计图中所要求的钢筋时，在征得设计同意后，可以进行代换。

钢筋代换的原则：一般钢筋代换后的总面积或总强度数值大于设计值，允许偏差值小于 -3%。

1. 相同强度等级钢筋等面积代换

设计图钢筋总面积为 A，代换后的钢筋总面积为 A_S，那么 $A_S \geqslant A$。

2. 不相同强度等级的钢筋代换

如设计中所用钢筋抗拉强度设计值为 F_{y1}，钢筋总面积为 A_{S1}，代换后钢筋抗拉强度设计值为 F_{y2}，钢筋总面积为 A_{S2}，那么：

$$A_{S2} \cdot F_{y2} \geqslant A_{S1} \cdot F_{y1}$$
$$A_{S2} \geqslant A_{S1} \cdot F_{y1} / F_{y2}$$

常用Ⅰ、Ⅱ、Ⅲ级钢筋的抗拉(压)强度设计值见表 6-8。

常用Ⅰ、Ⅱ、Ⅲ级钢筋的抗拉强度设计值　　表 6-8

钢筋强度等级	抗拉(压)强度设计值(MPa)	钢筋强度等级	抗拉(压)强度设计值(MPa)
HPB235	210	HRB400	360
HRB335	300		

学习情境八　钢筋加工制作

钢筋加工制作包括：除锈、调直、下料切断、弯制成型。

一、钢筋除锈

钢筋在施工现场存放一定时间就会生锈，钢筋的锈蚀分浮锈、中度锈蚀、重度锈蚀。

(1)浮锈:一般不予处理,不影响混凝土与钢筋的握裹力,而且在混凝土碱性作用下,钢筋锈蚀不再发展。

(2)中度、重度锈蚀:前者在钢筋表面形成一层氧化皮,后者在钢筋表面形成麻点凹坑。用锤击就能剥落的铁锈,一定要清除干净,因它影响混凝土的握裹力,在荷载作用下,使钢筋在混凝土中产生滑移,也会使混凝土开裂。直径 4 ~ 14mm 的钢筋在调直过程中就可对钢筋除锈,较大规格的钢筋可用电动除锈机,也可用手工、喷砂、酸洗方法除锈。锈层严重的钢筋要降低规格使用。

(3)施工中,要坚持钢筋随用随进,不允许长时间露天存放,防止大量钢筋除锈工作发生。

二、钢筋调直

钢筋大量调直操作一般用于直径 6 ~ 10mm 的钢筋,这种钢筋通常是盘条供货,只有调直后方能使用。

1. 拉伸调直

(1)拉伸方法:施工现场利用卷扬机对盘条拉伸调直。调直时,截取一段钢筋,一端固定在地锚上,另一端用夹具与卷扬机卷筒上的钢丝绳连接,开动卷扬机进行拉伸。用此方法调直的长度一般在 20 ~ 40m,然后根据钢筋配料单上箍筋的下料长度,在现场人工用大剪刀将调直后的钢筋切断。

(2)伸长率的控制:在钢筋进行拉伸调直时,必须控制伸长率。伸长率过大,对钢筋形成冷拉效果,使钢筋变硬。施工规范规定:采用冷拉方法调直钢筋时,HPB235 级钢筋的冷拉率不宜大于 4%,HRB335 级、HRB400 级、RRB400 级钢筋的冷拉率不宜大于 1%。

伸长率从钢筋处于拉直状态后算起,例如,钢筋拉直后为 20m,再拉长数值 = 钢筋长度 × 调直控制伸长率 = 20m × 4% = 0.8m。

2. 钢筋机械调直

钢筋机械调直使用钢筋调直切断机。

钢筋调直切断机具有钢筋除锈、调直、切断三项功能,这三项工序能在操作中一次完成。

三、钢筋切断

直径大于 10mm 的钢筋都是直条进入施工现场,一般采用机械切断,只有少量用手工切断。

1. 钢筋切断前的准备

(1)根据钢筋配料单,复核钢筋下料长度的尺寸、品种、直径、根数是否正确。

(2)根据钢筋原材料长度,将同规格钢筋根据不同长度,进行长短搭配,统筹排料,先断长料,后断短料,尽量减少短头,减少损耗。

(3)采用对焊后的钢筋断料,要注意一根钢筋不能有两个以上的对焊接头。

(4)在钢筋画线断料时,应通长画线,避免采用短尺量长料,产生累计误差。

2. 钢筋切断机

(1)机械传动钢筋切断机,如图 6-47 所示,它是由电动机通过皮带轮和变速器,带动偏心轴推动连杆往复运动,连杆端装有冲切刀片,它在固定刀片的相错的往复运动中切断钢筋。

(2)液压传动钢筋切断机是利用液压系统活塞的推力作为移动切刀的切进推力,它工作平稳,无噪声,结构简单,移动方便。

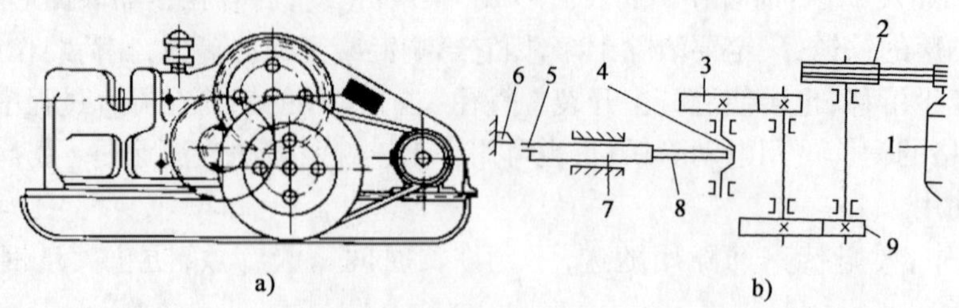

图6-47　曲柄连杆式钢筋切断机

a)外形立面图;b)传动系统平面图

1-电动机;2-皮带轮;3、9-减速齿轮;4-曲柄轴;5-动刀片;6-定刀片;7-滑块;8-连杆

3. 钢筋机械切断下料操作

(1)接头料的工作平台面应与切刀下部保持水平,工作台的长度可根据加工材料长度确定。

(2)使用前,应检查刀片安装是否正确、牢固,两刀片的间距应控制在0.5~1mm的范围内,否则切出的钢筋端面不平。作为移动切刀的切进推力,它工作平稳,无噪声,结构简单,移动方便。

(3)检查电气设备,拧紧拉动连接零件,加足润滑油,并试车,正常后投入使用。

(4)确定钢筋切断长度,把挡板移至刻度尺上相应位置,先试断一根,检查长度合适后,再成批生产。

(5)切料时,应使用切刀的中、下部位,紧握钢筋对准刃口迅速投入。操作者应站在固定刀口一侧用力压住钢筋,应防止钢筋末端弹出伤人。严禁用两手分别在刀片两边握住钢筋俯身送料。

(6)一次切断多根钢筋时,其总截面应在规定范围内。

(7)切断短料时,手和切刀之间的距离保持在150mm以上,如手握端小于400mm时,应用套管或夹具将钢筋短头压住或夹牢。

(8)作业完成后,应切断电源,用钢丝刷清除切刀间杂物。

(9)液压传动切断机作业前,应检查并确认液压油位及电动机旋转方向符合要求。启动后,应空载运行,松开放油阀,排净液压缸体内的空气,方可切筋。

四、钢筋弯制成型

1. 熟悉钢筋弯制机械

如图6-48所示,钢筋弯曲机是由电动机通过三角皮带轮、齿轮组、蜗杆、蜗轮等减速装置带动弯曲盘进行转动。成型轴随工作盘转动,压制钢筋绕心轴转动,弯制成预定的各种角度,挡铁轴在工作盘以外,挡住弯曲钢筋的后部不发生转动。

(1)弯曲机工作角度选择:弯曲机一般设置定位开关,根据需要的弯曲角度,控制工作盘转动角度(图6-49)。

(2)弯曲机转动速度选择:齿轮有快、中、慢三组调速,按弯曲钢筋直径不同,选择工作盘的转动速度,其速度越慢,弯曲钢筋直径越大。

(3)弯曲机心轴和成型轴选择:工作盘上的心轴和成型轴可以更换。心轴根据钢筋弯曲直径进行选择,成型轴根据心轴与成型轴之间夹持的钢筋直径选择。心轴与成型轴之间夹持钢筋后的最大间隙不得超过2mm。

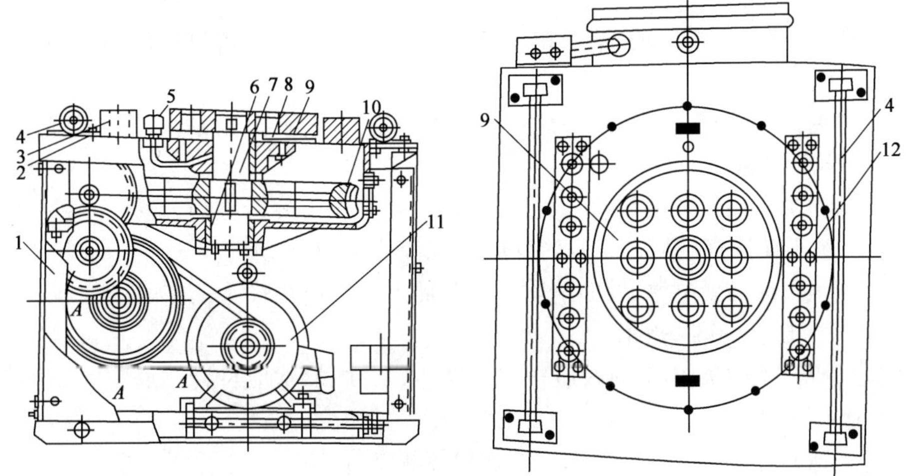

图6-48 钢筋弯曲机

1-机架;2-工作台;3-插座;4-滚轴;5-油杯;6-蜗轮箱;7-工作主轴;8-立轴承;9-工作圆盘;10-蜗轮;11-电动机;12-孔眼条板

2. 钢筋弯曲机的操作

(1)工作台和弯曲机台面应水平,准备各种心轴和成型轴。

(2)应按加工钢筋的弯曲半径和弯曲角度,装好相应的心轴、成型轴、挡铁轴,定好转动速度和角度。

(3)挡铁轴应有轴套,挡铁轴的直径和强度不得小于被弯钢筋的直径和强度。不直的钢筋不得在弯曲机上弯曲。

(4)应检查心轴、挡铁轴、转盘有无裂纹和损伤,防护罩坚固可靠,并空载运转正常后方可工作。

(5)作业时,应将钢筋需弯一端插入在转盘固定销的间隙内,同时注意钢筋弯曲处画的点线与心轴的距离,如图6-50所示。

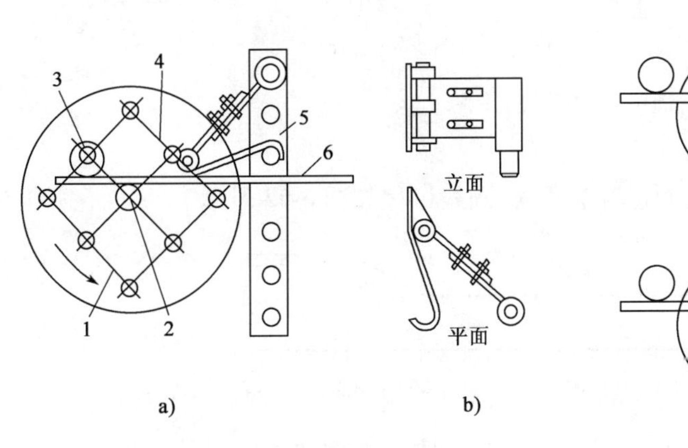

图6-49 钢筋弯曲成形

a)工作简图;b)可变挡架构造

1-工作盘;2-心轴;3-成型轴;4-可变挡架;5-插座;6-钢筋

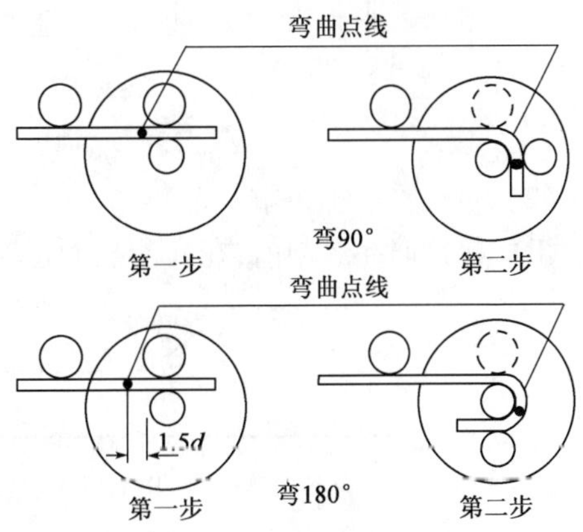

图6-50 弯曲点线和心轴的关系

注意:只有弯制成型后所画的弯曲点线在正确位置上,才能保证弯曲成型钢筋的尺寸符合要求。

(6)钢筋另一端紧靠机身固定销,并用手压紧,应检查机身固定销并确认安放在挡住钢筋的另一侧,方可开机。

(7)作业中,严禁更换心轴、销子和变换角度以及调速,也不得进行清扫和加油,这些工作应在停机后进行。

(8)在弯曲钢筋的作业半径内和机身不设固定销的一侧,严禁站人,弯曲好的半成品应堆放整齐,弯钩不得向上。

(9)当弯曲机工作盘采用手动开关控制时,变换工作盘旋转方向,应按正转→停→倒转的步骤操作,绝不允许直接从正→倒的变换,否则容易烧坏电动机。

(10)作业后,应切断电源,及时清除转盘及插入座孔内的铁锈、杂物等。

3. 钢筋弯制成型的准备工作

钢筋弯制成型是钢筋加工的最后一道工序,其尺寸、形状应符合钢筋配料单中的要求,如不符合就成为废品。

(1)熟悉钢筋配料单中钢筋弯制的形状和各部位的尺寸。

(2)查对切断的钢筋长度和根数与钢筋配料单上是否相符。

4. 确定钢筋弯制的顺序

(1)箍筋的弯制顺序

①先定出从心轴边到箍筋长边、短边的内径边长标志及箍筋下料长度的 $l/2$ 长度的标志。

②先在箍筋长度的 $l/2$ 处弯 90°,如图 6-51a)所示。

③在 $l/2$ 边长以短边内径为标准弯 90°,如图 6-51b)所示。

④以长边内径为标准弯箍筋弯钩,如图 6-51c)所示。

⑤以长边内径为标准弯 90°,如图 6-51d)所示。

⑥以短边内径为标准弯箍筋弯钩,如图 6-51e)所示。

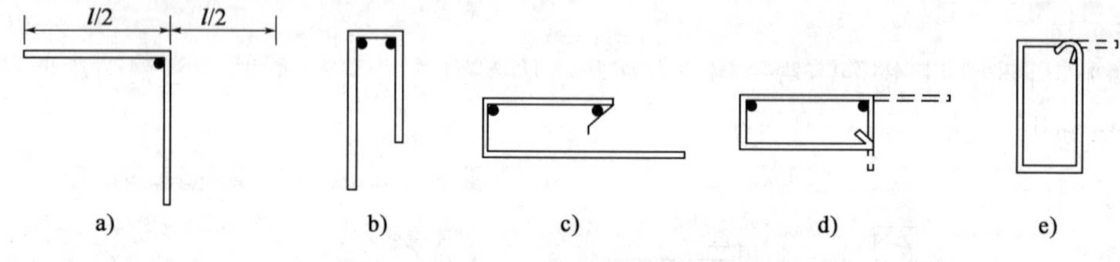

图 6-51　箍筋制作步骤

(2)弯起钢筋的弯制顺序

①弯起钢筋在弯制前,在弯曲点的位置上画线,画线过程如图 6-52 所示。

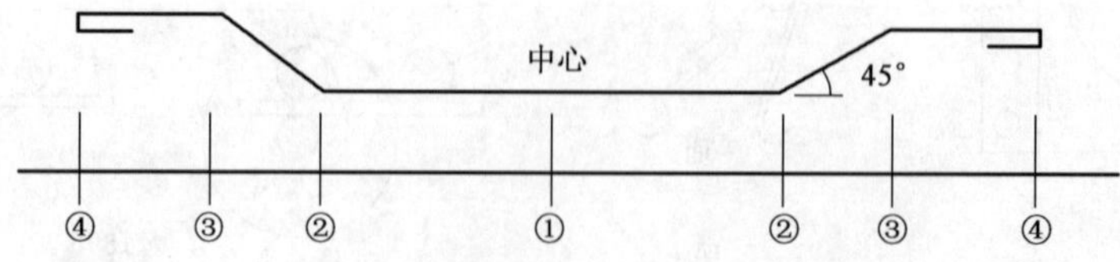

图 6-52　弯曲钢筋画线方法

①-在钢筋中心线处画第一根线;②-取中段的 $l/2$ 减弯腰系数 $0.25d$ 画第二道线;③-取斜段长,减 $0.25d$ 画第三道线;④-取直段长,减 $1d$,画第四道线

②先弯制弯起钢筋的弯钩,如图 6-53a)所示。

③弯制弯起钢筋的平直部分,如图 6-53b)所示。

④再弯制弯起钢筋的斜段部分,如图 6-53c)所示。

⑤将弯起筋掉头,重复以上的弯制顺序。

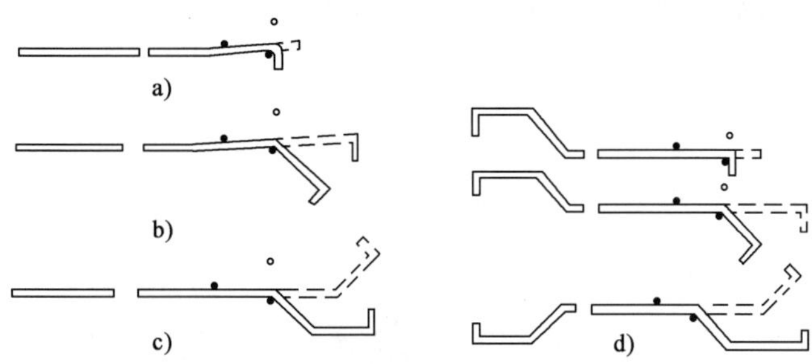

图 6-53　弯起钢筋成型步骤

5. 确定钢筋弯制时的弯曲直径

钢筋在弯制时,钢筋的弯曲直径不同,钢筋弯制出的弯钩形状就不同。弯曲直径过大或过小都会使钢筋弯制的形状、尺寸不符合施工验收规范的要求。钢筋弯曲直径选择受钢筋种类、直径、角度的影响。其弯曲的角度和弯曲直径如图 6-54 所示。

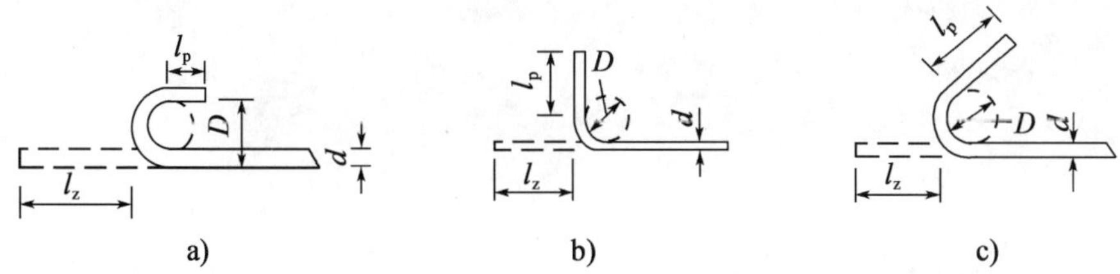

图 6-54　钢筋弯钩形式

a)半圆(180°)弯钩;b)直(90°)弯钩;c)斜(135°)弯钩

图中的 D 为钢筋弯曲直径,弯制图中三种角度的弯曲直径取值如下:

HPB235,$D=2.5d$;

HRB335,$D=4d$;

HRB400,$D=4d$;

作不大于 90°的弯折时,弯曲直径 $D\geqslant 5d$。

6. 钢筋加工成型的质量要求

钢筋加工的形状、尺寸应符合设计要求,受力钢筋顺长度方向全长的净尺寸偏差不应超过 ±10mm,弯起筋的弯折位置偏差不应超过 ±20mm,箍筋内净尺寸偏差不应超过 5mm。

练习题

1. 请叙述对焊接头的质量要求。

2. 请叙述电渣压力焊的质量要求。

3. 请分别计算 ϕ20mm、ϕ22mm、ϕ25mm 钢筋的单面焊和双面焊的绑条焊的焊缝长度。

4. 请计算 ϕ20mm、ϕ22mm、ϕ25mm 纵向受力钢筋机械连接接头及焊接接头连接区段的长度。某梁中共有 8 根纵向受力钢筋,请问此梁中纵向受力钢筋采用机械连接接头或焊接接头在同一连接区段内最多可设置几根？

5. 请计算 ϕ20mm、ϕ22mm、ϕ25mm 钢筋在 C20 ~ C25 和 C30 ~ C35 级别的混凝土中绑扎搭接接头连接区的长度。某梁中共有 8 根纵向受力钢筋，请问此梁中纵向受力钢筋在同一连接区段内采用绑扎接头最多可设置几根？某柱中共有 8 根纵向受力钢筋，请问此柱中纵向受力钢筋采用绑扎接头在同一连接区段内最多可设置几根？

单元七 模 板 工 程

学习情境一 模板的功能与要求

一、钢筋混凝土结构模板的基本功能

钢筋混凝土结构的模板是使钢筋混凝土结构按结构施工图设计的位置、几何尺寸、形状而成型的模具，同时，模板又要承受混凝土结构自重和施工中的各项荷载，要求模板有足够的强度、刚度和稳定性。混凝土结构模板包括模板和支承两个系统，也需要一些适量的紧固件。

模板的工程费用，约占现浇钢筋混凝土结构工程费用的1/3，支模、拆模用工占总用工量的1/2左右。因此，对模板类型及其施工方法的选择，对于提高混凝土主体施工质量，加快施工速度，提高工作效率和实现文明施工，都有重要意义。

二、对模板的基本要求

(1)能够保证工程结构和构件各部分的形状、尺寸和相互位置的正确。

(2)具有足够的承载力、刚度和稳定性，能可靠地承受新浇混凝土的重量和侧压力，以及施工荷载。

(3)构造简单，装拆方便，并便于钢筋绑扎与安装，符合混凝土的浇筑及养护等工艺要求。

(4)模板接缝应严密，不漏浆。

(5)必须确保新浇混凝土的表面质量。

(6)坚持因地制宜、就地取材的原则，做到支拆简便，能多次周转使用。

三、模板的构造要求

(1)基础模板：由侧模、斜撑、木桩、拉杆等组成。

(2)梁模板：由底模、侧模、拉杆、短撑木、支撑组成。

(3)板模板：由底模、少量的侧模、格栅、支撑组成。

(4)柱模板：由配板、角模、柱箍、排架组成。

(5)墙模板：由配板、内外木枋、对拉螺栓组成。

四、模板类型

(1)木模板：配板用木胶合板，格栅、支撑用杉木、松木或其他木材加工成小木枋，部分也可使用圆木做支柱，与格栅、配板组合而成。木模板的主要优点是制作拼装随意，尤其适用于浇筑外形复杂的混凝土结构或构件。此外，因木材导热系数低，吸湿性强，混凝土施工时，

木模板有一定的保温养护作用。就目前情况，木模板在全国各地的建筑工程中仍居主要地位。

木材含水率不宜过高，以免干裂，一般含水率应低于19%，木模板的基本元件为胶合板，由胶合板与小木枋组成的木档钉成。胶合板厚度不宜小于15mm，木档的间距取决于板条面受荷大小，一般为300～400mm。

（2）组合钢模板：又称定型组合钢模板。它由平面模板、阴角模板、阳角模板、连接角模、连接配件、对拉螺栓等组成。定型组合钢模板重复使用率高，周转使用次数可达100次以上，可完全“以钢代木”，是节约木材的一个较好途径。在20世纪70～90年代末，它在全国范围内的模板工程中占据了主要地位，但组合钢模一次投资费用大，随着钢材价格上涨，也由于组合钢模板工效不高，成本较高，多次周转返修量大，现在也逐渐退出了建筑工地。

（3）竹胶合板模板：配板用竹胶合板，其余与木模板相同。竹胶合板原料广泛，制成品结实耐用，但由于其制作成本高，且不易受钉，工地使用不多。

（4）大模板：我国目前的大模板工程大体分为三类，即外墙预制内墙现浇类（简称“内浇外板”），内外墙全现浇类（简称“全现浇”），外墙砌砖内墙现浇类（简称“内浇外砌”）。较多采用的是内外墙全现浇类，即用于20层以上的剪力墙结构的高层建筑，如图7-1所示。采用这种类型，建筑物施工缝少，整体性好；造价比外墙预制类型低，对起重运输设备及预制构件生产能力的要求也比较低。但模板型号较多，支模工序复杂，湿作业多，影响施工速度；同时，外墙外模板要在高空作业条件下安装，存在安全问题。如在下层留设支承托板，即采用外承式外模，安全问题可以解决，但模板用钢量大，对下层墙体的强度要求高，模板周转较慢。无论采用何种类型，由于模板自重较大，施工时，都必须有塔式起重机配合。

图7-1　用于剪力墙体施工的大模板

（5）滑升模板：主要是利用提升设备，在混凝土施工中将模板装置不断地向上提升，使混凝土连续成型，主要用于大型冷却水塔、烟囱、筒仓等高耸结构。滑升模板必须有模板系统和提升系统，模板系统一般都有提升钢架和钢制模板，模板又分固定模板和活动模板；提升系统又分机械系统、油压系统、电气系统，目前国内使用较多的为液压滑升模板。

液压滑升模板施工是在建筑物或构筑物的底部，按照建筑物平面或构筑物平面，沿其墙、柱、梁等构件周边安装高1.2m左右的模板和操作平台，随着向模板内不断分层浇筑混凝土，其液压提升设备便不断向上滑升模板，使壁板或柱体混凝土连续成型，逐步完成建筑物或构筑物的混凝土浇筑工作。

液压滑升模板工程具有以下特点：

①大量节约模板和脚手架，节省劳动力，减轻劳动强度，降低施工费用。在筒仓和烟囱等工程中，采用液压滑模施工方法与普通现浇支模施工方法相比较，可以节省木材70%以上，节省劳动力30%～50%，降低施工费用达20%左右。

②加快了施工速度，缩短了工期。

③提高了机械化程度，能保证结构的整体性，提高工程质量。

④施工安全可靠。

⑤液压滑模工程耗钢量大,液压滑模装置一次性投资费用较多。

液压滑模装置要求具有较好的整体刚度,能保证结构的几何形状与截面尺寸,运转可靠,施工安全。但一次性投资较大,而且在模板向上提升时,由于面积大,极容易发生中心漂移,较难纠正,其次是施工线长,混凝土初凝时间难掌握,提升模板时,上提模板极易将混凝土墙体拉裂,造成质量问题。

(6)台模(飞模):工具式模板,用于浇筑楼板,由面板和台架组成,台架下装有轮子,用于移动。墙体砌好后,吊入台模,脱模时,只将台模下降,推出便可。由于台模的模数往往不能满足结构外形变化的需要,故使用成本高,适用范围不大。

(7)隧道模:由墙面模板、楼面模板、内支撑等组合成的、可以同时浇筑墙体和楼板的大型工具式模板,一般都呈圆拱形,但用钢量大,笨重,一次性投资大,模板的安装和拆除都需有相应的机械配合(图7-2)。

图7-2　隧道模板

(8)永久性模板:在浇筑混凝土时,下部稍加支撑起模板作用,后拆除支撑,不取出模板。一般有压型钢板(波型模、密肋模等)、预应力钢筋混凝土薄板等。这都使用于结构复杂、低矮或带有装饰要求的混凝土板底面,使用范围不大。

除上述模板外,还有各种爬模、提模、装饰模板、塑料模板、塑料薄壳模板等。

学习情境二　基础模板

常用基础模板有木模板、定型组合钢模板、胶合板模板以及砖模、土模等。使用较多的为胶合板作模板,小木枋作模板木枋和支撑。

一、材料要求

(1)木材材质不宜低于3级,不得采用有脆性、弯曲的木材。

(2)模板如使用板材,其厚度不宜小于25mm;模板使用胶合板其厚度不宜小于15mm。

(3)木枋断面尺寸一般宜为50mm×100mm,最小不得低于50mm×50mm。

二、施工前准备

(1)熟悉施工图,根据图纸尺寸和进场材料对模板进行设计。画出模板大样图,配置模板。

(2)混凝土垫层表面平整,清扫干净,高程检查合格,四周有足够的支模空间。

(3)基础钢筋、预埋管件已安装,隐蔽工程已验收。

(4)向操作人员进行技术交底。

三、基础模板

(1)阶梯形独立基础模板

①每一阶梯模板由4块侧板拼钉而成,其中两块侧板的尺寸与相应台阶侧面尺寸相等,另两块侧板长度则大150~200mm,4块侧板如用胶合板则需用木枋拼成方框。板面为厚25mm木板,可只钉横向木枋,如图7-3所示。

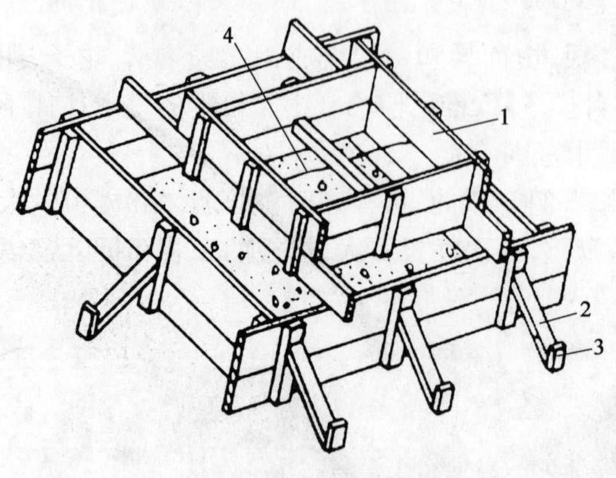

图7-3　阶梯形基础模板
1-拼板;2-斜撑;3-木桩;4-铁丝

②上台阶模板有两块侧板的下部纵向木枋加长,搁置在下台阶模板上,上台阶的竖向木栅也需用斜撑支撑在下台阶的竖向木枋上。

③上、下台阶模板四周设置水平撑和斜撑,间距不大于500mm,并支撑牢固。如果各独立基础距离不大,彼此间可用长木枋作对顶撑,但要注意在浇筑混凝土时,尽可能对称施工。

(2)杯形基础模板

①其模板构造与阶形基础模板相似,只是在基础中心位置设置有杯口,也就是结构柱的插口,杯口位置须设置有杯口芯模,如图7-4所示。

②杯口芯模有整体式和装配式两种,如图7-5所示。整体式芯模是用木板和木档根据杯口尺寸钉成一个整体,在底部的十字木档上绑8号铁丝,以便于芯模脱模时向上提拔,一般在混凝土初凝后,终凝前,便将杯口芯模脱出,如果错过时间,模板便不易拆除,影响周转使用;装配式芯模由4块木板拼钉成的角模组成,每侧中部设1~2块活动抽芯板,在脱模前先将四侧模板中的活动芯板抽拔出,再松动杯口模板,便可拆除。

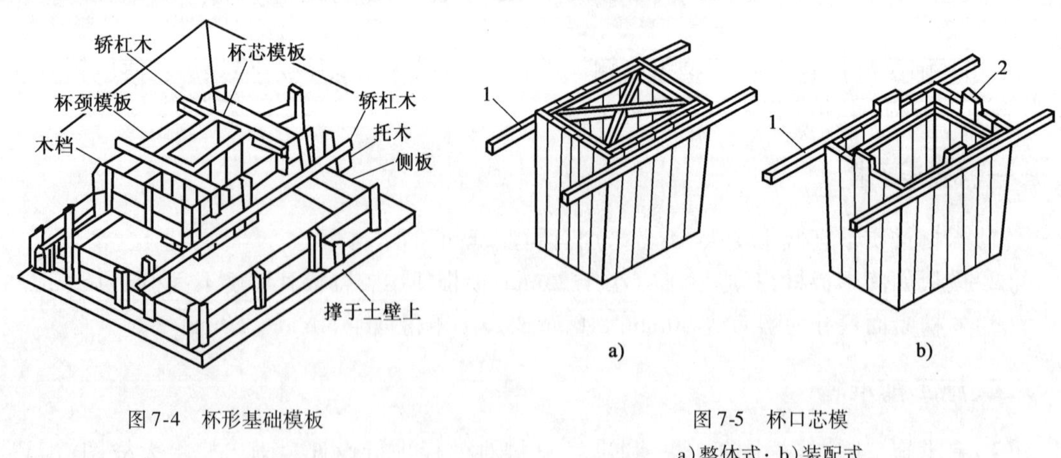

图7-4　杯形基础模板

图7-5　杯口芯模
a)整体式; b)装配式
1-轿杠;2-抽芯板

③杯芯模的高度(轿杠底至下口)应比柱子插入杯口内的设计深度大30~50mm,以便于安装柱子时调整杯底高程。杯芯模两侧钉上木轿杠,木轿杠搁置在上阶模板上。

(3)条形基础模板

条形基础模板由垫木、平撑、侧板、搭头木、木档、斜撑、木桩等组成,侧板可用长条木板加钉竖向木枋拼制,也可用胶合板钉成木框,中部加竖向木枋配制而成,平撑和斜撑钉在木桩(或垫木)与配板木枋之间,如图7-6所示。条形基础模板安装时,先在基槽底弹出基础边线,再把侧板对准边线垂直竖立,校正调平无误后,用斜撑和平撑钉牢。如基础较长,可先立基础两端的两块侧板,校正后,再在侧板上口拉通线,依照通线再立中间的侧板。当侧板高度大于基础台阶高度时,可在侧板内侧按台阶高度弹准线,并每隔2m左右在准线上钉圆钉,作为浇捣混凝土的标志。每隔一定距离在侧板上口钉上搭头木,防止模板变形。

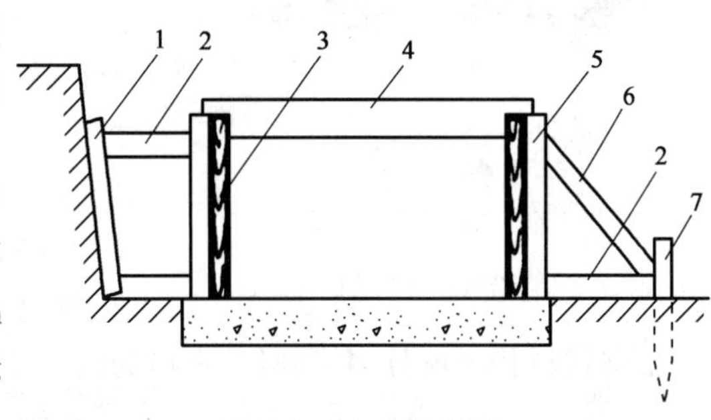

图7-6　条形基础模板

1-垫木;2-平撑;3-侧板;4-搭头木;5-木档;6-斜撑;7-木桩

四、基础模板操作要求

(1)在基坑底垫层上弹出基础中线、边线,独立基础要弹出十字中心线。

(2)将独立基础侧模中心对准基础中心线组装成方框,条基组装成槽形,用水平尺校正其高程,在模板外侧钉上木桩,再用平撑或斜撑将侧板木枋与木桩钉牢。

(3)对于杯口基础,在上阶模板安装好,并校正高程后,将杯芯模板的轿杠搁置在上阶模板上,对准中心线,加设木枋固定。

(4)条基要拉通线安装侧模,每间隔一定距离钉上搭头木,以控制条基宽度尺寸。

(5)杯口芯模拆除,必须在基础混凝土初凝后先稍加活动,并在终凝前将其拔出,否则要在上方借助倒链方可拔出。其他模板可先拆除撑木,再拆除侧模。

五、基础模板质量标准

(1)轴线位移不大于5mm。

(2)高程不大于±5mm。

(3)截面尺寸不大于±10mm。

学习情境三　柱　模　板

柱子的特点是:截面、尺寸不大而比较高。因此,柱模主要解决柱全高的垂直度,以及柱模在施工时的侧向稳定、抵抗混凝土的侧压力问题,同时也应考虑方便灌筑混凝土、清理垃圾与钢筋工配合等问题。

本节主要介绍用木模支柱子的模板。

一、材料要求

拼板厚度不小于25mm,胶合板厚度不小于15mm,木枋为50mm×100mm,对拉螺栓为RHB235ϕ14mm圆钢制作。柱间排架用ϕ48mm钢管及相应扣件连接,也可用圆木作排架。

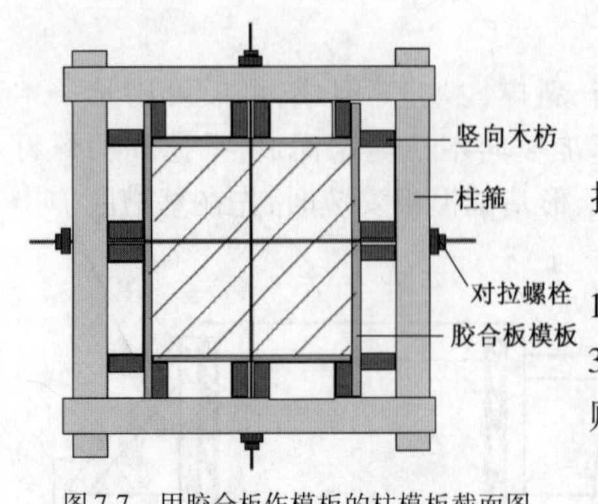

图 7-7　用胶合板作模板的柱模板截面图

二、施工准备

(1)形体简单的矩形柱,可根据结构施工图,直接按尺寸列出模板大样规格和数量。

(2)按大样配板,面板用胶合板,配板用 50mm × 100mm 木枋钉成方框,中部横向木枋间距不大于 300mm。所有的木枋都是小面(50mm 宽)与面板相贴,见图 7-7。

(3)圆形或异形柱,可先在平整地坪上用薄胶合板放出柱截面实样,用 50mm 厚木板按实样加工成木枋,根据材料状况可分多块制作,木枋的内尺寸要考虑面板的厚度。

三、柱模板支设

(1)在支柱前,首先弹出柱的中心线和柱模板的内边线,并向外引出不小于 300mm 长的线段。

(2)用水准仪把建筑物水平高程引测到模板安装位置。

(3)模板承垫底部预先找平,即沿模板内边线抹 1∶3 水泥砂浆找平。

(4)配板安装

①如图 7-13 所示,配板宜做成包角,即两块侧板与柱面同宽,另两块侧板每边比柱面宽出 100mm。

②柱面宽度不大于 300mm,中部可不加竖木枋及对拉螺栓,柱面宽每增加 200mm 即须设一道对拉螺栓,螺栓用 HPB235ϕ14mm 圆钢筋加工。

③纵横向木枋皆为 50mm × 100mm。

④柱箍为双道木枋,纵向间距宜在 400 ~ 600mm,柱箍也可用 ϕ48mm 钢管代替,也可用对拉螺栓代替。

⑤各柱间应设排架将柱模稳定,排架跨度不宜大于 1 000mm,步距不宜大于 1 200mm。并与柱模做有效连接,如图 7-8 所示。

⑥图 7-9 是柱模使用木拼板配模的一例。它由两块内拼板 1 夹在两块外拼板 2 之间。为保证模板在混凝土侧压力作用下不变形,拼板外面设木制、钢木制或钢制的柱箍 3。柱箍的间距与混凝土侧压力大小及拼板厚度有关,侧压力越向下越大,因此,越靠近模板底端,柱箍间距越小,越向顶端,柱箍就越大。如柱子断面较大,一般在柱子四周的拼条后面还加有背枋。拼板上端应根据实际情况开有与梁模板连接的缺口 4,底部开有清理模板内垃圾的清扫口 5,沿高度每隔约 2m 开有灌注口(亦是振捣口),图中没有标示。在模板的四角,为防止柱面棱角碰损,可钉三角木条 10,柱底一般设有木框 6,用以固定柱子的水平位置。

四、柱模板安装质量要求

(1)模板轴线偏差不大于 5mm。

(2)模板截面内部尺寸偏差不大于 +4mm、不小于 -5mm。

(3)模板层高垂直度偏差不大于 6mm。

(4)模板相邻两板表面高低偏差不大于 2mm。

(5)模板表面平整度偏差不大于5mm。

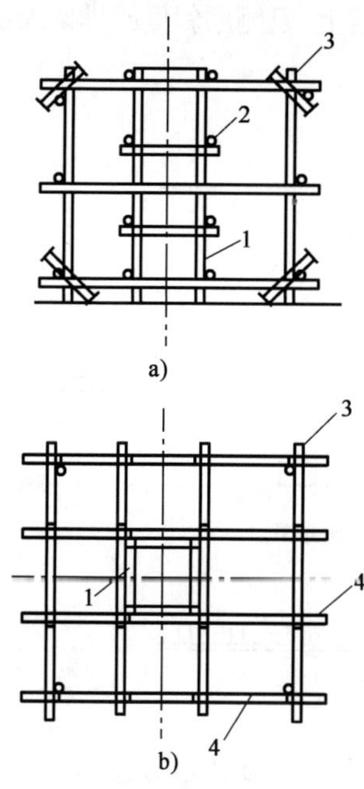

图7-8　柱子模板固定示意图

a)平面图;b)立面图

1-柱模板;2-柱箍;3-满堂井字支架;4-固定连杆

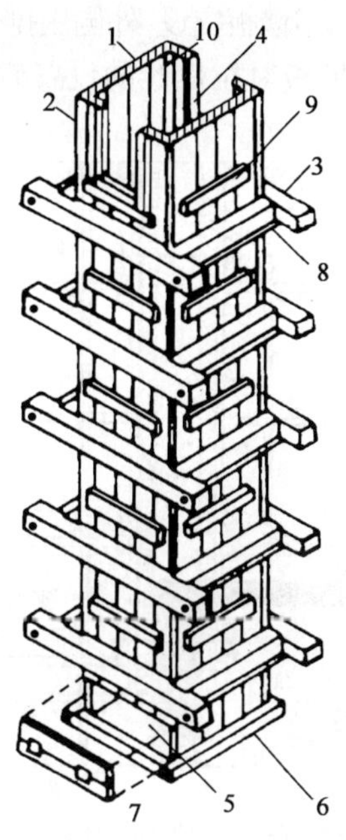

图7-9　矩形截面柱模板

1-内拼板;2-外拼板;3-柱箍;4-梁缺口;5-清扫口;6-木框;7-盖板;8-拉紧螺栓;9-拼条;10-三角木条

学习情境四　墙　模　板

一、材料要求

胶合板厚度不小于15mm,木枋为50mm×100mm木方,对拉螺栓为HPB235ϕ14mm圆钢制作。柱间排架用ϕ48mm钢管及相应扣件连接,也可用圆木作排架。

二、施工准备

(1)根据施工图及胶合板规格,排列出墙模板大样图,调整木枋间距,满足门窗洞口的留设,并使门窗洞口的边档木枋能够通长设置。

(2)内外模板竖向木枋在里侧,间距不大于300mm,水平木枋(或ϕ48mm钢管)在外圈,间距不大于500mm,对拉螺栓纵横向间距宜不大于500mm。纵向第一道对拉螺栓宜设在板面向上200mm处高度,再向上第二道对拉螺栓纵向间距不宜大于400mm。

三、模板支设

(1)墙模板在支设时放线,找平,做法与柱模板相同。

(2)楼板上下层间外墙模板支设如图7-10所示,设置过渡模带,让根部第一道对拉螺栓设置在模板接头处。

(3)模板的阳角节点与模板拼缝节点大样如图7-11所示,即在转角处及接头处设置一条断面为100mm×100mm的木枋,将接头模板固定在此木枋上,使模板拼缝置于此100mm

宽的大木枋中部，并用圆钉将两侧模板牢固地钉在此木枋面上，如图7-11所示。

(4)地下室墙板支设，外侧用排架稳定模板，并支撑在护坡上，里侧用斜撑或排架固定模板。

(5)墙模板对拉螺栓的设置宜按图7-12设置。

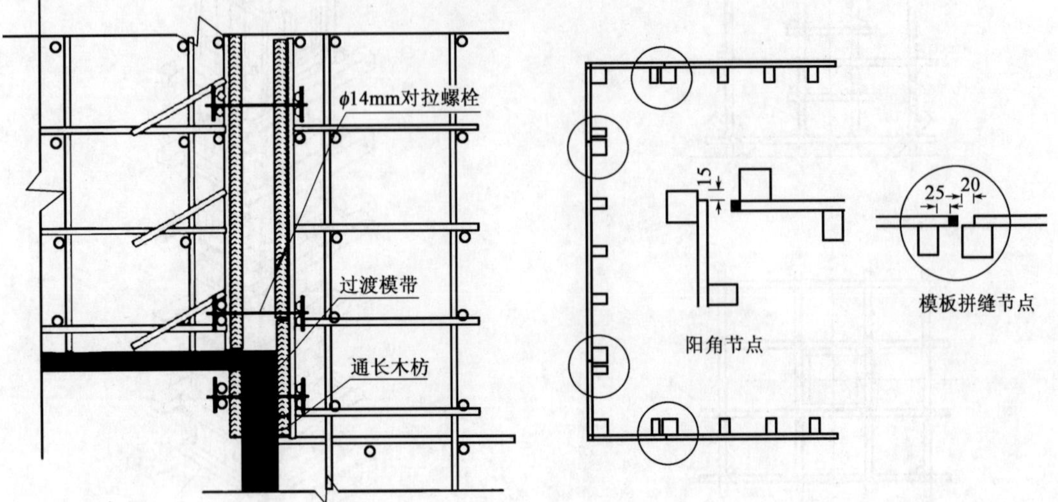

图7-10　楼板上下层间外侧钢筋混凝土剪力墙模板支设示意图

图7-11　钢筋混凝土墙体模板阳角、模板拼接缝节点大样图

［**例7-1**］　如图7-12所示，如剪力墙净高为3 000mm，墙长为6 000mm，墙厚为300mm，使用胶合板厚度为18mm，背档木枋为50mm×100mm，请计算：

(1)施工此范围墙体需用上述规格的木枋多少米，折合成体积是多少立方米？

(2)使用φ12mm对拉螺栓多少根，如果对拉螺栓在背管外的伸出长度均为100mm，每根长度是多少？合计为多少千克？

(3)此范围墙体需用φ48mm×3.5mm钢管多少米？如果每米钢管重3.8kg，需用钢管多少吨？

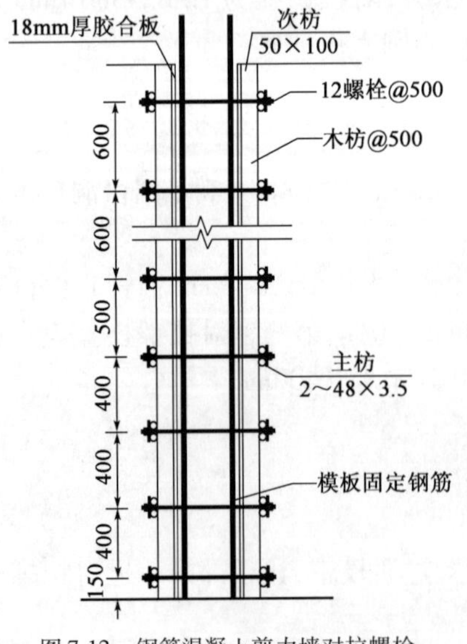

图7-12　钢筋混凝土剪力墙对拉螺栓设置示意图(尺寸单位：mm)

(4)此范围墙体使用胶合板多少平方米？为多少立方米？

解：

(1)计算木枋

①计算50mm×100mm背档木枋为多少根？图7-12中，此木枋每根长度为3 000mm，间距@300，6 000÷300+1=21根。

②双面为2×21=42根。

③计算木枋体积：42×3×0.1m×0.05m=0.63m^3。

(2)计算对拉螺栓

①排数：

第一排，0~150mm，计1排。

第二~第四排，间距为400mm：150~1 350mm，计3排。

第五排，间距为500mm：1350～1 850mm，计1排。

第六排，间距为600mm，1 850～2 450mm 计1排（注：顶部模板高度不足一排螺栓间距不设对拉螺栓）。

小计共用6排对拉螺栓。

②每排根数：按图示要求，对拉螺栓水平间距为@500，第1根从端部250mm排起，那么，每一排的根数为：6 000mm ÷ 500mm = 12根。

③此面墙所需螺栓根数总计：12×6 = 72根。

④计算对拉螺栓每根长度：300mm + 2 × 18mm + 2 × 100mm + 2 × 48mm + 2 × 100mm = 832mm。

⑤计算对拉螺栓总质量：72根×0.832mm×0.888kg/m = 53.2kg。

（3）计算背管

①钢管总长度：6排×2根×2面×6m = 144m。

②所需钢管总质量为：144×3.8kg/m = 547.2kg = 0.55t。

（4）计算胶合板

①总面积：3m×6m×2面 = $36m^2$。

②胶合板体积：$36m^2 \times 0.018m = 0.648m^3$。

四、质量要求

墙模板支设质量要求同柱模板质量要求相同。

学习情境五　梁、板模板

梁的特点是跨度较大而宽度一般不大，梁高可达到1m左右，公用建筑、工业建筑用梁可达2m以上。梁的下面一般是架空的，因此混凝土对梁模板既有横向侧压力，又有垂直压力。梁模板及其支架系统要能承受这些荷载而不致发生超过规范允许的过大变形。而板模板虽有较大跨度，但板面荷载较小，但要承受较大的施工荷载，如施工时堆载过大，板面也会发生变形。广东地区一般用木模板支设梁、板结构。

一、材料要求

胶合板厚度不小于15mm，材质不低于Ⅱ类，木枋为50mm×100mm，对拉螺栓为RHB235ϕ14mm圆钢制作。梁、板支架可与柱间排架相结合，用ϕ48mm钢管及相应扣件连接，也可用圆木作支架。

二、施工准备

（1）梁、板分模板和支撑两个系统，梁由底模、侧模、销口木枋、背枋、对拉螺栓组成，楼板底模一般用胶合板或平板铺钉；梁、板的支撑由格栅、水平杆、支撑立杆组成，如图7-13所示。施工前应按梁板荷载进行模板和支架设计。

（2）施工前须按施工图列出梁的高宽尺寸图，梁底模一般用厚度不小于25mm的板材与背档50mm×100mm木枋制作，木枋净距用板材不宜大于400mm，如用15mm厚胶合板，木枋净距不宜大于200mm。侧模用胶合板与50mm×100mm木枋配成木框；竖向木枋间距不大于 300mm，通常是侧模包底模做法。

(3)梁模(梁腹板)高度大于等于500mm 时，梁的侧模中部宜增设水平背楞，并设对拉螺栓，梁高每增加 300mm，增设一道水平背楞和对拉螺栓，对拉螺栓间距应不大于 500mm。

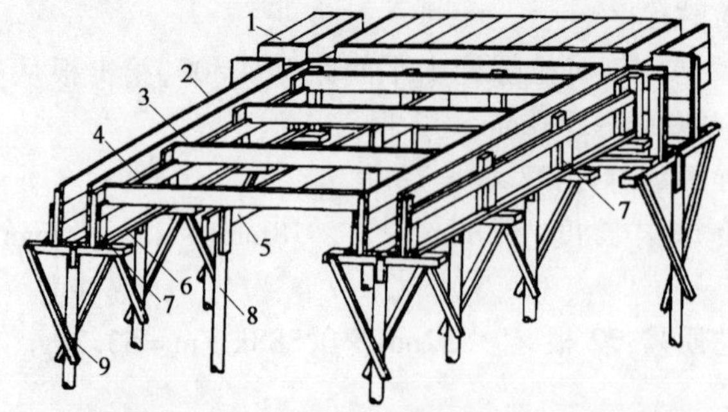

图 7-13　钢筋混凝土结构使用三角支撑支设梁及楼板模板示意图

1-楼板底模板；2-梁侧模板；3-楼板模板格栅；4-横档；5-牵档；6-梁侧模板夹条；7-梁侧模板短撑；8-楼板底模板支撑立杆；9-梁底模板支撑立杆

三、梁、板支设

(1)支设梁模前，须按楼、地面上梁轴线的弹线搭设支模架，即按梁的布置在梁底部搭设排架，排架跨距和步距须按模板设计要求搭设，一般排架两侧立杆横向间距应为梁宽 +2 × 300mm，如图 7-13 所示，在 750 ~ 1 500mm，顺梁长度即纵向立杆跨距不大于 1 000mm，楼板模板纵横向跨距应不大于 1 200mm。如梁截面较大，应在梁底板下增设顶撑，顶撑须从楼(地)面向上设置，并与排架组合成整体，见图 7-14。

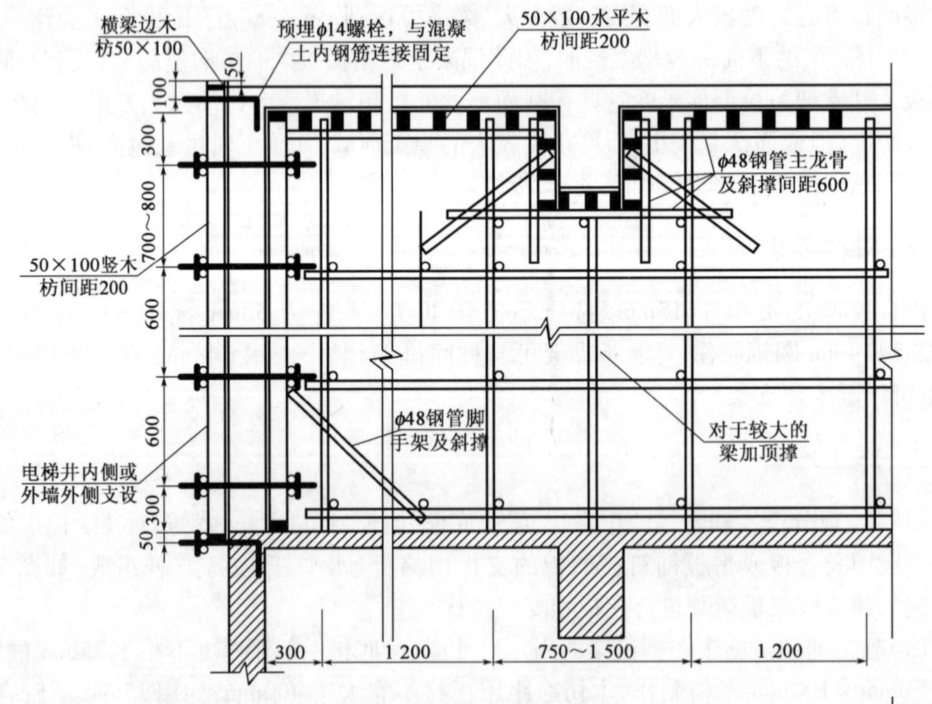

图 7-14　梁、楼板模板、支撑及梁底加设顶撑示意图(尺寸单位:mm)

（2）在排架水平杆上支设木枋，如排架为钢管架，须用铁丝绑扎牢固，并用水平尺校正水平，如梁、板跨度大于4m，应按规范要求起拱，起拱高度为梁跨的1‰～3‰，然后再铺设底模。钢管架须在水平杆与立杆连接处加设扣件。

（3）梁模板的安装，首先安装底模，即在相对的两个柱模的缺口下部外侧，钉一根支座木（支座木上口的高度为梁底高程减去底模厚度），将梁的底模放在支座木或排架上，然后竖立三角支撑或找平与纵向梁相垂直的排架水平钢管。有的地区有用工具式支撑，每个支撑实为一个小桁架片，上、下端都有一段可调节螺栓，有300mm高，根据楼层高度调节支撑高度，再将每片桁架用剪刀撑连接成整体。此小桁架片完全代替了钢管排架或木三角架支撑，并可多次周转使用，很适用多层建筑及高层建筑标准层施工。

（4）梁底模铺设后，即可绑扎梁钢筋，再立侧模，安装梁的侧模，须在柱模缺口两侧钉上搭头，在三角支撑或排架水平木枋上钉夹板、斜撑以固定侧板。侧模高度大于等于400mm，即需设对拉螺栓，侧模底部可用通长木条钉在木枋上，侧模上口可用楼板面木枋直接顶撑，但要拉线控制其尺寸。

（5）楼板面木格栅间距应小于等于600mm，并抄平，跨度在4m以上的板面应按规范要求起拱。

（6）梁柱接头处均应设置铛口木枋，将梁侧模与柱侧模都铛口木枋上。此铛口木枋须用木枋与排架可靠地支撑。

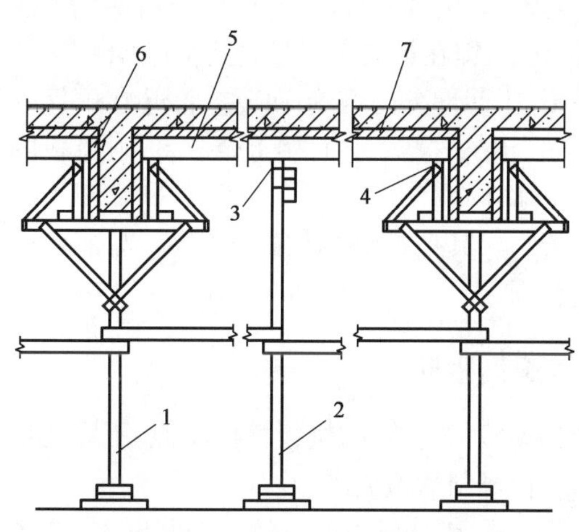

图7-15　梁、楼板用三角形支撑支模法
1-支柱（顶撑）；2-立柱；3-搁栅下牵杠；4-托木；5-搁栅；6-梁侧模；7-楼底模板

（7）当使用圆木钉制三角支撑（俗称为琵琶撑）做排架时，其排架间距应小于等于1 000mm，其三角支撑应用50mm×100mm小木枋钉制，用于作立杆支撑的圆木小头直径应大于等于70mm，不得弯曲和腐朽。支设时立杆须与楼（地）呈90°。纵横方向均应在底部和中部钉设2～3道水平拉杆。

（8）安装三角支撑（琵琶撑）时，应先放好垫板，以保证底部有足够的支撑面积。在多层建筑中，应注意使上下层的支柱尽可能在同一条竖向中心线上（图7-15），或采取措施保证上层支柱的荷载能传递到下层的支架结构上，防止压裂下层构件。支柱之间应注意用水平及斜向拉条钉牢，防止模板系统倾侧或支柱失稳，发生事故。

学习情境六　圈梁、雨篷、楼梯模板

一、圈梁模板

圈梁的特点是断面小但很长，一般都搁置在砌体墙上，除窗洞口及个别地方是架空外，其余均搁在墙上。故圈梁模板主要是由侧板和固定侧板用的卡具组成。底模仅在架空部分使用，如架空跨度较大，也可用三角支撑（琵琶撑）撑住底模。

卡具的形式很多,见图7-16。图7-16a)为钢卡具,下部卡具穿过墙顶部下第二皮砖,上部用钢管卡具固定;图7-16b)为木卡具,下部用螺栓穿过墙体,上部用定型的木卡具;图7-16c)为挑扁担法,下部用通长木枋,两侧加三角支撑将侧模固定。无论何种方法支设圈梁模板,都必须将圈梁侧模板上下固定准确。下部卡具一般设在圈梁底下二皮砖处,隔0.6m左右穿放一道,再在其上安装侧板、夹具或斜撑。

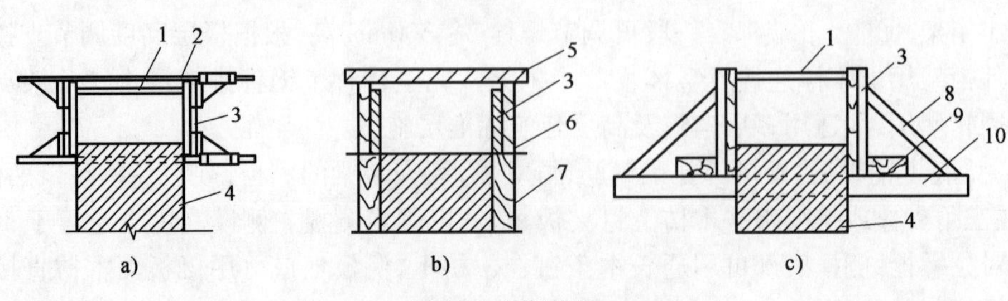

图7-16　圈梁模板

a)钢卡具法;b)木卡具法;c)挑扁担法

1-小木条;2-钢管卡具;3-模板;4-墙;5-木卡子;6-螺栓;7-模板支架;8-斜撑;9-木枋;10-通长木楞

二、雨篷模板

雨篷包括过梁和雨篷板两部分,它的模板构造与安装,同梁及楼板的模板有些相似。如图7-17所示,即在过梁底下竖立琵琶撑1,在靠墙处各立一根,中间部分间距为1m左右,并在雨篷外檐下也立起牵杠支撑7,上面搁上牵杠8,雨篷板的木枋9一头搁在牵杠8上,另一头搁在过梁侧板3外侧的托板上。其他部分的构造与安装,与前面的梁及楼板相同。

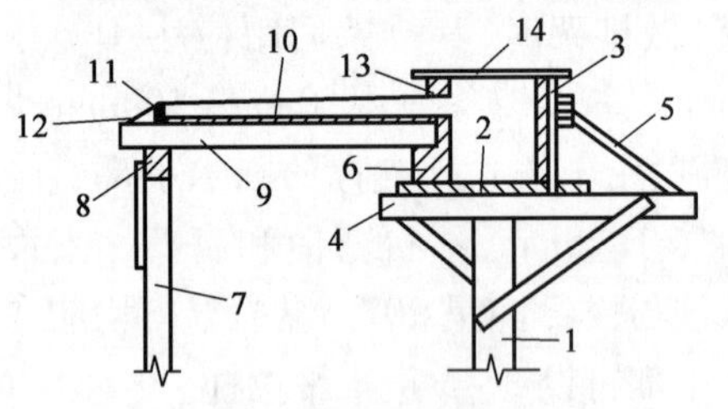

图7-17　雨篷模板

1-琵琶撑;2-过梁底板;3-过梁侧板;4-夹板;5-斜撑;6-托木;7-牵杠支撑;8-牵杠;9-木枋;10-雨篷底板;11-雨篷侧板;12-三角木;13-木条;14-搭头木

三、楼梯模板

楼梯模板的构造,与楼板模板相似,不同的地方是楼梯板面倾斜和做成踏步。

图7-18是楼梯模板的一例。安装时,先在楼梯间墙上画第一个楼梯段、楼梯踏步及平台板、平台梁的位置,也可在一个平台上以1∶1的比例画出以上构件的大样及注明尺寸。在平台梁下竖起支柱1,下垫木楔2及垫板3。在支柱上钉平台梁的底板4,立侧板5,钉夹板6和托板7。同时在贴墙处立支柱1,支柱上钉牵杠8,搁木枋9,铺钉平台底板10,然后在楼梯基础侧板11上钉托板7,将楼梯斜木枋12钉固在此托板7和平台梁侧板外的托板7上。在斜木枋12上面铺钉楼梯底板13,在下面立斜向支柱14。如楼梯较宽,支柱14顶上设牵杠8以增加牢固,支柱14下也加垫木楔和垫板。再沿楼梯边立外帮板15,用外帮板15上的横挡木16将外帮板钉固在斜木枋上。如外帮板较高,可用斜撑,下端撑在牵杠8上,上端撑在外帮板15的横挡木16上。再把反三角17(反三角梯级板,又称反扶梯基板)钉在外帮板15的内侧面。沿楼梯踏步的侧板18应钉设2~3道反三角,防止在灌注混凝土时,踏步侧板变形。靠墙应有一道反三角。反三角一般由50~60mm厚的木条与三角木钉成。为了防止反三角向下滑动,需将反三角的下端钉固在基

础侧板上。

为了防止踏步侧板变形，有的在踏步侧板的中间上口钉一根长木条，每一踏步都用30mm×30mm的小木条，一端钉在长木条上，另一端顶住踏步侧板下口，见图7-18b)。

第二个楼梯段楼梯模板照第一个程序安装。

在画线时，特别要注意每层楼梯第一级与最后一级踏步的高度，要扣除粉面层的厚度，以免造成踏步高低不同的现象。

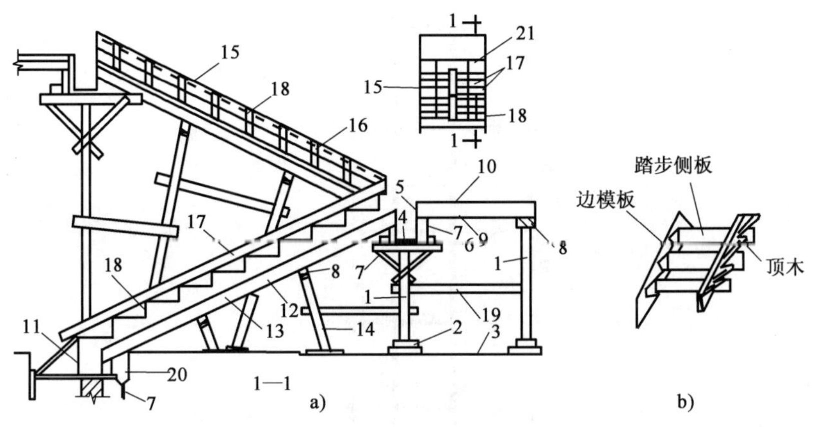

图7-18　楼梯模板

1-支柱；2-木楔；3-垫板；4-平台梁底板；5-侧板；6-夹板；7-托板；8-牵杠；9-木枋；10-平台底板；11-楼梯基础侧板；12-斜木枋；13-楼梯底板；14-斜向支柱；15-外帮板；16-横档木；17-反三角；18-踏步侧板；19-拉杆；20-木桩；21-平台梁模

四、钢筋混凝土模板工程质量要求

(1)梁、板模板应符合设计图要求。

(2)各支撑件、连接件、板、木枋必须安装牢固，无松动，模板拼缝严密，预埋件、预留孔洞位置准确，牢固。

(3)现浇结构模板安装的允许偏差见表7-1。

现浇结构模板安装的允许偏差　　表7-1

项　目		允许偏差(mm)	检验方法
轴线位置		5	钢尺检查
底模上表面高程		±5	水准仪或拉线、钢尺检查
截面内部尺寸	基础	±10	钢尺检查
	柱、墙、梁	+4，-5	钢尺检查
层高垂直度	不大于5m	6	经纬仪或吊线、钢尺检查
	大于5m	8	经纬仪或吊线、钢尺检查
相邻两板表面高低差		2	钢尺检查
表面平整度		5	2m靠尺和塞尺检查

注：检查轴线位置时，应沿纵、横两个方向量测，并取其中最大值。

练习题

如题图 7-1 所示，设剪力墙净高为 3 500mm，墙长为 5 100mm，墙厚为 250mm，使用胶合板厚度为 18mm，背档木枋为 50mm × 100mm，请按例题计算方法对下列各条进行计算：

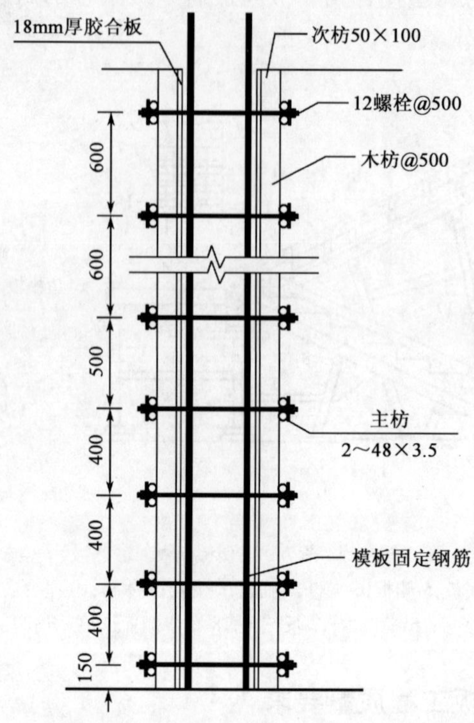

题图 7-1　钢筋混凝土剪力墙对拉螺栓设置示意图（尺寸单位：mm）

（1）施工此面墙需用上述规格的木枋多少米，折合成体积是多少立方米？

（2）如果使用 ϕ14mm 对拉螺栓，需多少根，如果对拉螺栓在背管的外伸长度均为 100mm，每根长度是多少？合计为多少千克？

（3）此范围墙体需用 ϕ48mm × 3.5mm 钢管多少米？如果每米钢管重 3.8kg，需用钢管多少吨？

（4）此范围墙体使用胶合板多少平方米？为多少立方米？

单元八　混凝土工程

学习情境一　混凝土搅拌

一、混凝土搅拌机

混凝土搅拌机有自落式和强制式两类，自落式较好，用得较多的是锥形反转出料搅拌机，图 8-1 是自落式反转出料的混凝土搅拌机。强制式搅拌机分立轴式和卧轴式，宜于搅拌干硬性混凝土和轻集料混凝土，图 8-2 是立轴式的强制式混凝土搅拌机。

图 8-1　JZC 350 型混凝土搅拌机

图 8-2　容量 350L 的强制式混凝土搅拌机

二、混凝土搅拌时间

混凝土搅拌时间即自全部材料装入搅拌筒中起到卸料止的时间，可按表 8-1 采用。

混凝土搅拌的最短时间(s)　　表 8-1

混凝土坍落度(mm)	搅拌机机型	混凝土出料容量(L)		
		<250	250~500	>500
≤30	自落式	90	120	150
	强制式	60	90	120
>30	自落式	90	90	120
	强制式	60	60	90

注：掺有外加剂时，搅拌时间应适当延长。

三、搅拌混凝土的投料顺序

(1)一次投料法：即在料斗中先装石子，再加水泥和砂，然后一次投入搅拌机。在鼓筒内先加水或在料斗内加水,水泥和砂先进入搅拌筒,可缩短包裹石子的时间。

(2)二次投料法:先投入水泥、水和砂,搅拌均匀后,再投入石子,可适当提高混凝土强度。

(3)水泥裹砂法:又称 SEC 法。先加入一定量的水,然后加入砂,再将石子加入与湿砂拌匀,然后将一部分水泥投入拌和,即在砂、石表面形成一层低水灰比的水泥浆壳,最后将剩余的水和外加剂投入,可提高强度,混凝土不易离析。

注意事项:搅拌机开机后,须先空转几圈后,再行投料,运转时,头、手、工具不得伸入筒内。因故停电时,要立即将筒内混凝土取出,工作结束后,可用石子在筒内转动,以免剩余混凝土在筒内凝固。

四、商品混凝土的配制与验收

按国家要求,从 2005 年年底起,全国各城市禁止在城区现场搅拌混凝土,预拌混凝土须在搅拌厂集中生产,可以控制混凝土质量并减少对环境的污染。

1. 配制技术要求

除商定的供购经济合同外,要求厂方技术人员与施工企业技术人员商定以下技术条款:

(1)商品混凝土强度要求:有特殊要求的防水混凝土、大体积混凝土应对配合比及其用料提出要求,如水泥品种、掺和料、外加剂等。

(2)商品混凝土的初凝、终凝时间的要求:商品混凝土运至现场不得产生离析现象,其运输时间可参照相关说明。

(3)混凝土坍落度的要求:泵送混凝土的坍落度根据泵送高度确定,30m 以下为 100 ~ 140mm,30 ~ 60m 时为 140 ~ 160mm,60 ~ 100m 时为 160 ~ 180mm,100m 以上时为 180 ~ 200mm。

(4)施工场地的道路是否能满足泵送机械的要求。

2. 商品混凝土的验收

(1)出厂检验:由供货方承担,检验项目有强度、坍落度,特制品还有含气量的检验。对坍落度、含气量及氯化物的总含量不符合合同约定的,应拒收和退货。

供货方应提供产品的出厂质量证明书,并应附有单位资质证书、验收单、配合比、原材料证明、出厂时留取的混凝土试块报告及混凝土强度评定等级。上述证明资料应按工程名称与混凝土品种等级向收货方及时提供。

(2)交货检验:交货检验的工作由收货方在施工现场混凝土浇筑地点制作混凝土试块,其强度、坍落度作为交货检验凭证,并作为工程验收依据。

学习情境二　混凝土运输及浇筑

一、混凝土运输

1. 混凝土搅拌运输车和混凝土泵车

(1)混凝土搅拌运输车

混凝土搅拌运输车如图 8-3 所示。混凝土搅拌运输车是在载货汽车或专用汽车的底盘上装置一个梨形反转出料的搅拌机,它具有运载混凝土和搅拌混凝土的双重功能。它可在运送混凝土的同时，对其进行缓慢地搅拌，到达施工地点出料时，便需加速搅拌，以防止混凝土产生离析或初凝，从而保证混凝土的质量。亦可在开车前装入一定配合比的干混合料，在到达浇筑地点前 15 ~ 20min 加水搅拌，到达后即可使用。该车适用于混凝土远距离运输使用，是商品混凝土必备的运输机械。

图 8-3　混凝土搅拌运输车

(2)混凝土泵车

混凝土泵车如图 8-4 所示。混凝土泵安装在汽车底盘上，在其尾部是进料斗和混凝土输送泵，中部是布料杆，它应根据所施工的混凝土结构的体积、高度、水平距离来选型，它的排量、泵送压力、臂架的水平长度、可达深度、回转半径、末端软管长度应能满足施工要求。

图 8-4　装在汽车底盘上的混凝土泵车

混凝土泵车机动灵活，较适用于多层建筑或八层以下结构的混凝土浇筑。一般城市，5 ~ 10km 范围内，在交通不发生堵塞的情况下，一台混凝土泵车正常工作，需由 4 ~ 6 台混凝土搅拌运输车供料。

图 8-5 为混凝土泵车正在浇注某基础承台的混凝土。

图 8-5　混凝土泵车正在浇注基础承台混凝土

2. 混凝土罐车和混凝土泵

(1)混凝土泵类型较多，一般选用活塞式混凝土泵，即利用活塞的往复运动，将混凝土吸入混凝土缸内，油缸换向，再用活塞推进，排出混凝土，混凝土泵如图 8-6 所示。

(2)混凝土泵的选用关键在于确定混凝土的泵送阻力，泵送阻力的影响因素有：泵送距离、高度、混凝土坍落

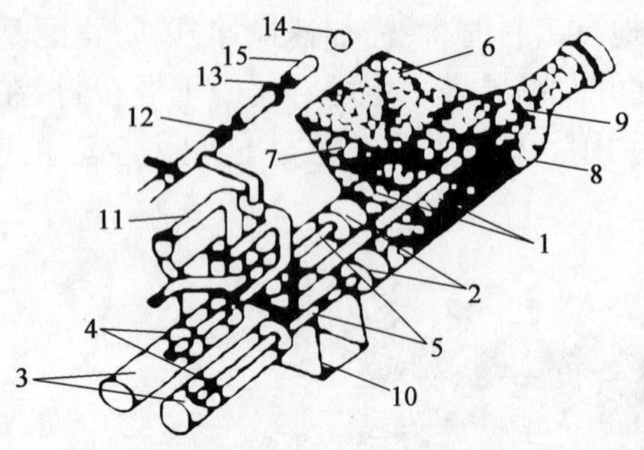

图 8-6 液压活塞式混凝土泵

1-混凝土泵;2-混凝土活塞;3-液压缸;4-液压活塞;5-活塞杆;6-料斗;7-水平阀;8-竖直阀;9-输送管;10-水箱;11-换向阀;12-高压软管;13-水洗用法兰;14-海绵球;15-清洗活塞

度、管道管径和布置等。根据经验,1MPa 的出口压力,泵送高度为 15 ~20m。

(3)输送管通常是采用内壁光滑、耐压性强的无缝钢管,由耐磨锰钢制成。输送管的内径大小取决于混凝土粗集料的粒度,通常粗集料的最大粒径应小于管内径的 1/4,具体数据见表 8-2。

(4)输送管道的组成:直管、弯管、锥管、软管等。弯管的角度常用的有 90°、60°、45°、30°、15°等几种,弯管弯曲的曲率半径越小,输送阻力越大,越容易堵管,弯管半径一般为 1~2m。锥管用于不同口径的输送管连接,软管用于管端排料口。

(5)输送管道的布置。

①泵管的布置应最短、尽管少用弯管和软管,避免使用弯度过大的弯管。

②泵机出口应有一定长度的水平管,然后再接弯管。

粗集料的最大粒径限制值 表 8-2

输送管最小直径(mm)	粗集料的最大直径(mm)	
	卵石	碎石
100	30	25
125	40	30
150	50	40

③管路的布置应使泵送的方向与混凝土浇筑的方向相反,使在浇注过程中容易拆除管段而不需增设管段;

④输送管道不得放在钢筋、模板上,以避免振动产生变形,应用 V 形木支撑、台垫或吊具支承,并固定牢固。

⑤当管路向下配管时,应在转弯处设置气门,如果下倾角过大,混凝土可能因为自重而产生自流,使管内出现空洞或因混凝土离析而发生堵塞,因此须在斜管下方接上总长度相当斜管落差 5 倍以上的水平管,或加弯管以增加斜管的下部阻力。

⑥水平、垂直运输管路必须平直,水平管道的长度应不小于垂直管道长度的 15%。

⑦高层建筑应在混凝土施工时在混凝土墙壁上预埋垂直输送管路的预埋件,便于与泵管的管夹相连接。

⑧高层建筑应在浇筑层面安装移动式布料装置,其臂架可旋转 360°,便于整个层面浇筑的混凝土施工,见图 8-7。

图 8-7 用于高层建筑施工的混凝土布料杆和软管

二、混凝土泵送施工方法

1. 泵送前的施工准备

(1)机械准备:检查混凝土泵或泵车的放置处是否坚实稳定,检查输送管道,符合要求后,进行空运转。

(2)组织方面准备:规定统一指挥和调度,保证混凝土既不间断运输,又不会使运输车积压等待时间过长。

(3)浇灌混凝土数量计算:提前计算出所需混凝土拌和物的用量。

2. 混凝土泵送

(1)混凝土泵或泵车启动后,应先泵送约30L水,湿润混凝土料斗、混凝土缸及泵管内壁。

(2)对混凝土泵和泵管加入水泥浆或1:2水泥砂浆进行湿润。

(3)开始泵送时,混凝土泵应处于慢速、匀速并随时可泵的状态,待各方情况正常后再泵送。

(4)正常泵送时,要连续进行,当混凝土供不应求时,可降低泵送速度,因故停泵时,料斗中应留有足够的混凝土作为间隔推动管道内的混凝土用。

(5)短时间停泵,再运转时要注意观察压力表,逐渐过渡到正常泵送。

(6)长时间停泵,应每隔4~5min开泵一次,以防止混凝土离析。如停泵时间超过30min,要视气温、坍落度,将混凝土从泵及泵管中清除。

(7)向下泵送时,为防止管道中产生真空,宜将设置在管道中的气门打开,待下游管道的混凝土有足够阻力对抗混凝土泵送压力时,方可关闭气门。

(8)泵送时,要注意料斗内的混凝土量,应保持混凝土面不低于上口20cm,否则容易吸入空气造成堵塞。

(9)当混凝土泵出现压力升高且不稳定,油温升高、泵管明显振动时,即表明已发生堵管,应立即查明原因,排除故障。

三、混凝土浇筑技术要求

无论使用商品混凝土还是现场配制混凝土,除施工速度有区别外,浇筑方法基本相同,对于基础施工和主体各不同部位施工也大致相同,其技术要求如下:

(1)混凝土施工前,应先制订施工方案,进行技术交底,由于混凝土施工属于一条龙整体作业,必要时,可集中全体施工人员,进行统一布置和交底。

(2)按施工方案,预先划分好混凝土浇筑区域和浇筑方向,浇筑应由远而近,并由边角开始,逐渐后退。

(3)浇筑混凝土柱、墙板时,应先铺一层与混凝土材料相同的水泥砂浆,或配合比中石子减半的混凝土,再浇筑上层混凝土。

(4)混凝土的倾落高度超过2m时,为防止离析,应加设漏斗或串筒。

(5)混凝土浇筑要求:

①混凝土浇筑时,应采用分层浇筑,分层振捣,每层厚度为300~400mm,且不大于振捣棒长的1.25倍。

②基础、墙板、梁前后浇筑的混凝土要拉开踏步槎,并在下层混凝土初凝前,将上部混凝土浇筑完毕。在振捣上一层混凝土时,要将振捣棒插入下一层混凝土中约5cm,使上下层混凝土接合成一个整体。

③在振捣时,做到快插慢拔,快插是为了防止表面混凝土先振实而下面混凝土有分层、离析现象。慢拔是为了使混凝土能填满振捣棒抽出时造成的空洞。振捣器插入混凝土后应上下抽动,抽动幅度为5~10cm,以保证混凝土振捣密实、均匀,振捣至混凝土表面不再沉

落、气泡不再排出，并开始泛浆、基本平坦为止。

④振捣器插点排列要均匀，前进时可按“行列式”或“交错式”的次序移动，如图 8-8 所示。两种排列形式不宜混用，以防漏振，移动间距不宜大于振捣器作用半径的 1.5 倍，振捣器距离模板不应大于作用半径的 1/2，并应避免碰撞钢筋、模板、芯管、预埋件等。

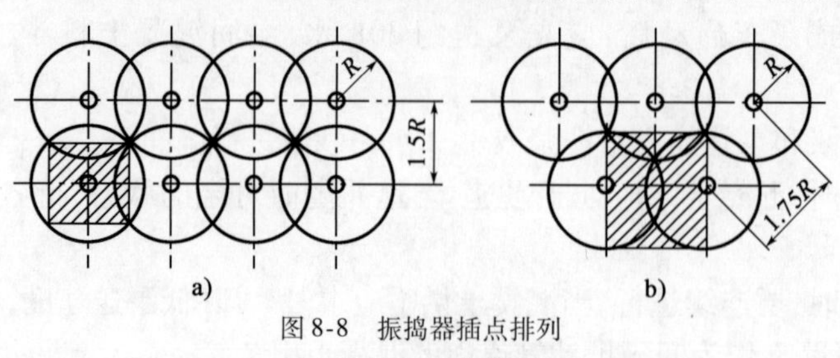

图 8-8　振捣器插点排列

a）行列式；b）交错式

⑤准确掌握好每个插点的振捣时间，一般每点振捣时间为 20 ~ 30s。时间过长、过短都会引起混凝土离析、分层。

⑥板面混凝土可用平板振动器振捣，并均匀地向前移动，每一位置应连续振动一定时间，以表面平整并出现水泥浆为准，一般为 25 ~ 40s。

⑦平板振动器的移动距离，应能保证振动器的底板压过已振实的混凝土边缘 30 ~ 50mm，平板振动器的深度约为 200mm。

（6）基础、梁、板混凝土振捣完毕，应拉高程线，用 2m 长的大杠刮平，待混凝土收水时，用木抹子压实，一般压 3 遍，将表面缝压合，并用 2m 靠尺检查平整。

（7）混凝土施工缝的留设如无设计规定，可按以下方法处理：

①整板式基础以变形缝、后浇带留施工缝，其余一般不宜留施工缝，如必须留设施工缝，须留成踏步槎，再次施工时，在施工缝处凿去表层混凝土，铺设同强度等级水泥砂浆，再浇筑上层混凝土。

②墙板与柱除变形缝外，不得留竖向施工缝，水平施工缝下部可留设在基础或底板面上 100mm 高处，上部可留在梁的底部，其他部位不宜留施工缝。

③梁或板的混凝土宜一次浇筑完，如须留施工缝，应留在次梁和板跨度的 1/3 范围内。

四、混凝土养护

混凝土浇筑后，由于水泥的水化作用，便逐渐凝结硬化，而水化作用必须在适当的温度和湿度下才能完成。在混凝土尚未具备足够的强度时，如水分过早地蒸发则会产生较大的收缩变形，出现干缩裂缝，为防止发生裂缝，就要及时认真地养护。

1. 覆盖浇水养护

当日平均气温高于 5℃时，用吸水性强的草帘、麻袋等覆盖混凝土，并经常洒水，保持湿润。

（1）应在浇筑完成后的 12h 以内对混凝土加以覆盖和浇水。

（2）混凝土养护时间：对一般混凝土，不得少于 7d；对掺用缓凝剂或有抗渗要求的混凝土，不得少于 14d。

（3）混凝土的浇水次数以能保持混凝土处于湿润状态为宜。

（4）混凝土的养护用水水质应与拌和用水水质相同。

2. 薄膜布养护

在混凝土浇筑完后，立即用薄膜布严密覆盖，如保护薄膜布内有凝结水，则可以不浇水。薄膜布养护法能提高混凝土的早期强度，加速模板周转。

3. 薄膜养生液养护

当混凝土表面不便浇水或不便使用塑料布养护时，可涂刷薄膜养生液。此法适用于高耸建筑物的墙、柱立面及缺水地区，它是将养生液用喷枪喷洒在混凝土表面，溶液挥发后在混凝土表面形成一层塑料薄膜，使混凝土与空气隔绝，阻止水分蒸发，保证了混凝土水化作用的正常进行。

单元九　预应力混凝土工程

学习情境一　预应力混凝土分类

一、预应力混凝土简介

预应力混凝土是最近几十年发展起来的一项新技术，现在世界各国得广泛应用，其推广使用的范围和数量，已成为衡量一个国家建筑技术水平的重要标志之一。

目前，预应力混凝土不仅较广泛地应用于工业与民用建筑的屋架、吊车梁、空心楼板、大型屋面板，交通运输方面的桥梁、轨枕，以及电杆、桩等方面，而且已成功应用到矿井支架、海港码头和造船等方面，如60m拱形屋架、12m跨度200t吊车梁，5000t水压机架，大跨度薄壳结构、144m悬臂拼装公路桥和11万t容量的煤气罐等。

为什么说预应力混凝土结构是衡量一个国家建筑技术水平的重要标志之一？它有哪些优点？

由于普通混凝土构件抗裂性能差，它的抗拉极限应变值 ε 只有0.0001～0.00015，即相当于每米只能拉长0.1～0.15mm，超过这个数值就会开裂。因此，钢筋混凝土受拉构件，如果要保证混凝土不开裂，钢筋的应力只能用到20～30N/mm^2。

因而，对于在使用中不允许开裂的构件，设计时不得不把受拉区混凝土的截面增大，从而增加了结构的自重；对于允许出现裂缝的构件，由于受裂缝宽度的限制，在使用荷载下，钢筋应力也只能用到150～250N/mm^2，从而限制了钢筋混凝土构件中采用高强钢材来节约钢材的可能性。普通混凝土受拉区容易出现开裂的缺点与使用要求之间的矛盾和高强钢材不断发展与普通混凝土构件中不能充分发挥其高强性能的矛盾，促使人们在设计理论与施工工艺方面的研究有了新的突破——提出了预应力混凝土的理论和实践方法。由于矛盾的主要方面是混凝土的极限抗拉应变太小（容易开裂），为了解决这一矛盾，在混凝土构件受拉区先施加预压应力，当构件在荷载作用下，产生拉应力时，首先要抵消混凝土的预压应力，然后，随着荷载的不断增加，混凝土才受拉开裂，从而推迟裂缝的出现时间并限制裂缝的发展，达到提高构件抗裂度和刚度的目的，这种施加预应力的混凝土便称为预应力混凝土。同时，使用预应力混凝土能有效地采用高强钢材，减轻构件自重、增加结构耐久性、降低造价。

预应力混凝土构件与普通混凝土构件相比，除能提高构件的抗裂度和刚度外，还具有增加构件的耐久性，节约材料，减少自重等优点。但是，在制作预应力混凝土构件时，增加了张拉工作，相应增添了张拉机具和锚固装置，制作工艺也较复杂。

二、预应力混凝土的分类

1. 先张法

先张法是先张拉预应力筋，后浇筑混凝土的预应力混凝土生产方法。这种方法需要专用的生产台座和夹具,以便张拉和临时锚固预应力筋,待混凝土达到设计强度后,放松预应力筋。先张法适用于预制厂生产中小型预应力混凝土构件。预应力是通过预应力筋与混凝土间的黏结力传递给混凝土的。

2. 后张法

后张法是先浇筑混凝土后张拉预应力筋的预应力混凝土生产方法。这种方法需要预留孔道和专用的锚具,张拉锚固的预应力筋要求进行孔道灌浆。后张法适用于施工现场生产大型预应力混凝土构件与结构。预应力是通过锚具传递给混凝土的。

3. 有黏结

所谓有黏结预应力混凝土是指预应力筋沿全长均与周围混凝土相黏结。先张法的预应力筋直接浇筑在混凝土内,预应力筋和混凝土是有黏结的;后张法的预应力筋通过孔道灌浆与混凝土形成黏结力,这种方法生产的预应力混凝土也是有黏结的。

4. 无黏结

无黏结预应力混凝土的预应力筋沿全长与周围混凝土能发生相对滑动,为防止预应力筋腐蚀和与周围混凝土黏结,采用涂油脂和缠绕塑料薄膜等措施。

学习情境二　预应力夹具和锚具

一、夹具

在先张法预应力混凝土构件施工时,为保持预应力筋的拉力并将其固定在生产台座(或设备)上的临时性锚固装置;在后张法预应力混凝土结构或构件施工时,在张拉千斤顶或设备上夹持预应力筋的临时性锚固装置。

夹具必须工作可靠,构造简单,使用方便,能多次重复使用。夹具根据工作特点分为张拉夹具和锚固夹具。

张拉夹具将预应力筋和张拉机械相连,进行预应力筋张拉;锚固夹具是将预应力筋临时固定在台座横梁上的工具。

二、锚具

在后张法预应力混凝土结构或构件中,为保持预应力筋的拉力并将其传递到混凝土上所用的永久性锚固装置。

三、连接器

连接器是用于连接预应力筋的装置。

四、锚具、夹具的性能要求

(1)预应力筋用锚具、夹具和连接器的性能均应符合现行国家标准《预应力筋用锚具、夹具和连接器》(GB/T 14370—2007)的规定。

(2)在预应力筋强度等级已确定的条件下,预应力筋—锚具组装件的静载锚固性能试验结果,应同时满足锚具效率系数(η_a)大于或等于 0.95 和预应力筋总应变(ε_{apu})大于或等于 2.0% 两项要求。

锚具的静载锚固性能，应由预应力筋—锚具组装件静载试验测定的锚具效率系数（η_a）和达到实测极限拉力时组装件受力长度的总应变（ε_{apu}）确定。锚具效率系数（η_a）应按下式计算：

$$\eta_a = \frac{F_{apu}}{\eta_p F_{pm}}$$

式中：F_{apu}——预应力筋—锚具组装件的实测极限拉力；

F_{pm}——预应力筋的实际平均极限抗拉力，由预应力钢材试件实测破断荷载平均值计算得出；

η_p——预应力筋的效率系数。η_p 应按下列规定取用：预应力筋—锚具组装件中预应力钢材为 1～5 根时，$\eta_p=1$；6～12 根时，$\eta_p=0.99$；13～19 根时，$\eta_p=0.98$；20 根以上时，$\eta_p=0.97$。

当预应力筋—锚具（或连接器）组装件达到实测极限拉力（F_{apu}）时，应由预应力筋的断裂，而不应由锚具（或连接器）的破坏导致试验的终结。预应力筋拉应力未超过 $0.8f_{ptk}$ 时，锚具主要受力零件应在弹性阶段工作，脆性零件不得断裂。

（3）用于承受静、动荷载的预应力混凝土结构，其预应力筋—锚具组装件，除应满足静载锚固性能要求外，尚应满足循环次数为 200 万次的疲劳性能试验要求。疲劳应力上限应为预应力钢丝或钢绞线抗拉强度标准值 f_{ptk} 的 65%（当为精轧螺纹钢筋时，疲劳应力上限为屈服强度的 80%）应力幅度不应小于 80MPa。对于主要承受较大动荷载的预应力混凝土结构，要求所选锚具能承受的应力幅度可适当增加，具体数值可由工程设计单位根据需要确定。

（4）在抗震结构中，预应力筋—锚具组装件还应满足循环次数为 50 次的周期荷载试验。组装件用钢丝或钢绞线时，试验应力上限应为 $0.8f_{ptk}$；用精轧螺纹钢筋时，应力上限应为其屈服强度的 90%。应力下限均应为相应强度的 40%。

（5）锚具尚应满足分级张拉、补张拉和放松拉力等张拉工艺的要求。锚固多根预应力筋的锚具，除应具有整束张拉的性能外，尚宜具有单根张拉的可能性。

（6）夹具的静载性能，应由预应力筋—夹具组装件静载试验测定的夹具效率系数（η_g）确定。夹具效率系数（η_g）应按下式计算：

$$\eta_g = \frac{F_{gpu}}{F_{pm}}$$

式中：F_{gpu}——预应力筋—夹具组装件的实测极限拉力。

试验结果应满足夹具效率系数（η_g）大于或等于 0.92 的要求。

当预应力筋—夹具组装件达到实测极限拉力时，应由预应力筋的断裂，而不应由夹具的破坏导致试验终结。

（7）夹具应具有良好的自锚性能、松锚性能和安全的重复使用性能。主要锚固零件宜采取镀膜防锈。

（8）永久留在混凝土结构或构件中的预应力筋连接器，应符合锚具的性能要求；用于先张法施工且在张拉后还将放张和拆卸的连接器，应符合夹具的性能要求。

五、锚具、夹具和连接器的选用

（1）预应力筋用锚具、夹具和连接器按锚固方式不同，可分为以下六类。

①夹片式(单孔和多孔夹片锚具):JM12 如图 9-1 所示。

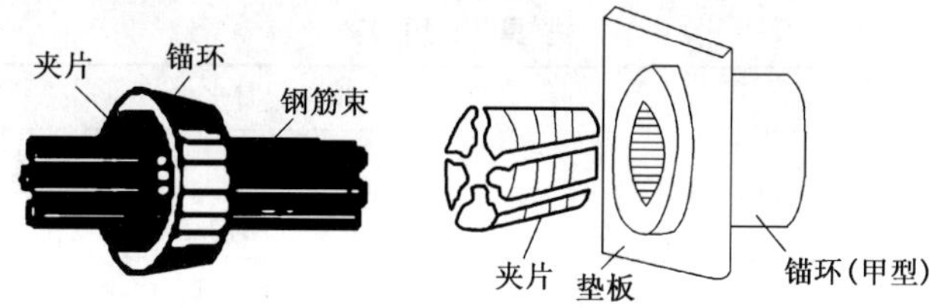

图 9-1　JM12 型锚具

②支承式(镦头锚具、螺母锚具等):镦头锚具,如图 9-2 所示。

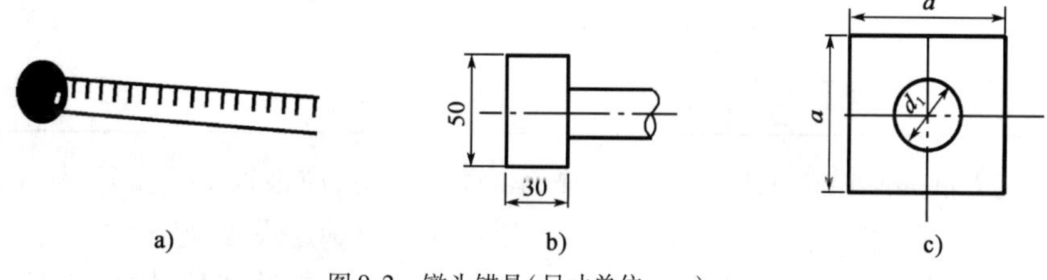

图 9-2　镦头锚具(尺寸单位:mm)

③螺栓端杆锚具,如图 9-3 所示。

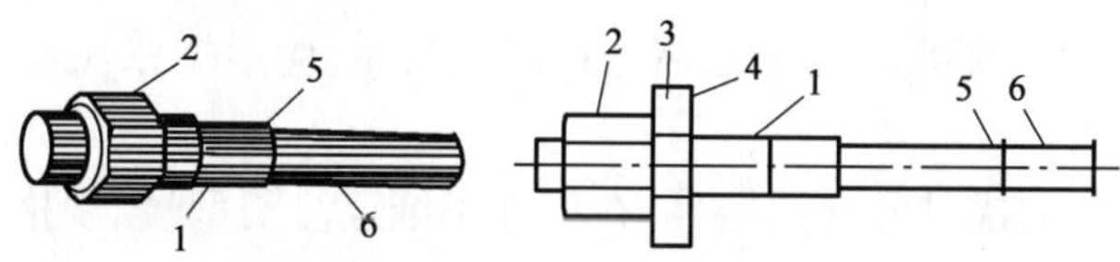

图 9-3　螺栓端杆锚具

1-螺栓端杆锚具;2-螺母;3-垫板;4-排气槽;5-对焊接头;6-冷拉钢筋

④帮条锚具,如图 9-4 所示。

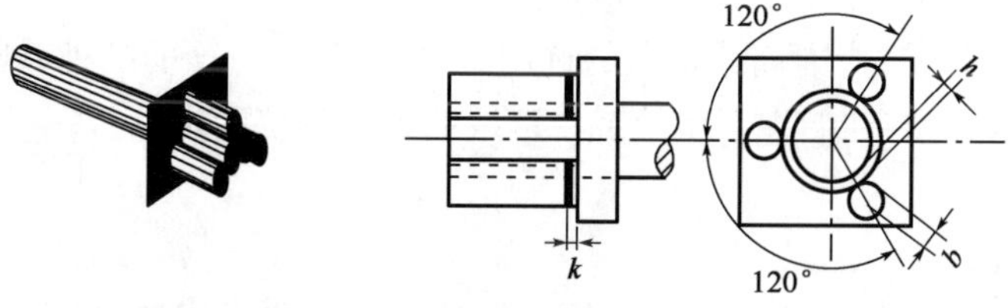

图 9-4　帮条锚具

⑤锥塞式:钢质锥形锚具,如图 9-5 所示。

⑥握裹式(挤压锚具、压花锚具等):锥形螺杆锚具、压花锚具,如图 9-6、图 9-7 所示。

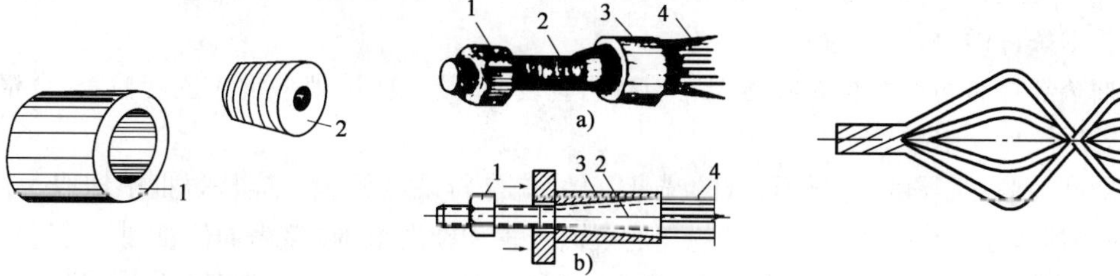

图 9-5　钢质锥形锚具

1-锚环;2-锚塞

图 9-6　锥形螺杆锚具

1-螺帽;2-锥形螺杆;3-套筒;4-钢丝

图 9-7　压花锚具

工程设计单位应根据结构要求、产品技术性能和张拉施工方法，按表 9-1 选用锚具。

锚 具 选 用 表　　表 9-1

<table>
<tr><th rowspan="3">预应力筋品种</th><th colspan="3">选用锚具形式</th></tr>
<tr><th rowspan="2">张拉端</th><th colspan="2">固定端</th></tr>
<tr><th>安装在结构之外</th><th>安装在结构之内</th></tr>
<tr><td rowspan="2">钢绞线及钢绞线束</td><td rowspan="2">夹片锚具</td><td>夹片锚具</td><td>压花锚具</td></tr>
<tr><td>挤压锚具</td><td>挤压锚具</td></tr>
<tr><td rowspan="3">高强钢丝束</td><td>夹片锚具</td><td>夹片锚具</td><td rowspan="3">挤压锚具
镦头锚具</td></tr>
<tr><td></td><td>镦头锚具</td></tr>
<tr><td></td><td>挤压锚具</td></tr>
<tr><td>精轧螺纹钢筋</td><td></td><td>螺母锚具</td><td></td></tr>
</table>

(2)预应力混凝土结构工程用锚具在锚固部位的布置，应根据锚具型号、预应力筋数量、混凝土强度等级等条件，进行局部承压验算。锚具间距应满足最小间距的要求。

当锚具下的锚垫板要求采用喇叭管时，宜选用钢制或铸铁的产品，锚垫板下应设置足够的螺旋钢筋或网状分布钢筋。

锚垫板与预应力筋(或孔道)在锚固区及其附近应相互垂直。锚垫板上宜设灌浆孔，该孔还可用于排气或安设水泥浆泌水补偿器。选用锚具时，应根据张拉设备的要求，使现场有足够的操作空间。

(3)工程设计选定的锚具或连接器，应在设计图纸上注明型号、规格及性能要求，不得指定生产厂或以独家产品型号间接指定生产厂。

能够适用于高强度预应力钢材的锚具(或连接器)，也可用于较低强度的预应力钢材；仅适用于低强度预应力钢材的锚具(或连接器)，则不得用于高强度的预应力钢材。在施工中，锚具需要代换时，应经工程设计责任方审核同意。

(4)夹具和先张法预应力筋连接器的选用，应根据预应力筋的品种、规格、张拉设备型号以及工艺操作要求，由构件的生产单位或生产线的设计单位确定。

六、进场验收

(1)锚具进场验收时，需方应按合同核对产品质量证明书中所列的型号、数量及适用于何种强度等级的预应力钢材，确认无误后应按下列三项规定进行检验。检验合格后方可在工程中应用。

①外观检查：从每批中抽 10% 的锚具且不应少于 10 套，检查其外观质量和外形尺寸；并按产品技术条件确定是否合格。

所抽全部样品均不得有裂纹出现。当有两套表面有裂纹时，则本批应逐套检查，合格者方可进入后续检验组批。

②硬度检验：对硬度有严格要求的锚具零件，应进行硬度检验。应从每批中抽取 5% 的样品(且不应少于 5 套)，按产品设计规定的表面位置和硬度范围(该表面位置和硬度范围是品质保证条件，由供货方在供货合同中注明)做硬度检验。有一个零件不合格时，则应另取双倍数量的零件重做检验；仍有一件不合格时，则应对本批产品逐个检验，合格者方可进入后续检验组批。

③静载锚固性能试验:在通过外观检查和硬度检验的锚具中抽取6套样品,与符合试验要求的预应力筋组装成3个预应力筋—锚具组装件,并应由国家或省级质量技术监督部门授权的专业质量检测机构进行静载锚固性能试验。试验结果应单独评定,每个组装件试件都必须符合相关要求。有一个试件不符合要求时,则应取双倍数量的锚具重做试验;仍有一个试件不符合要求时,则该批锚具应视为不合格品。

在试验过程中,当试验数据已满足要求而组装件仍未拉断,此时,在能证明锚具的负载能力大于或等于 F_{pm},可终止试验,并判定试验结果合格。

(2)夹具进场验收时,应进行外观检查、硬度检验和静载锚固性能试验。检验和试验方法与锚具相同;且静载试验结果应符合前述规定。

(3)后张法连接器的进场验收规定应与锚具相同。先张法连接器的进场验收规定应与夹具相同。

(4)划分进场验收批时,只有在同种材料和同一生产工艺条件下生产的产品,才可列为同一批。锚固多根预应力钢材的锚具或夹具应以不超过1000套为一个验收批;锚固单根预应力钢材的锚具或夹具,每个验收批可扩大为2000套。连接器的每个验收批不宜超过500套。

每个工程或标段不宜使用两个生产厂家提供的产品。

(5)预应力筋用锚具、夹具和连接器的锚固性能试验方法,应符合有关规定。

七、使用要求

(1)预应力混凝土工程应由有预应力施工资质的单位承担施工任务。施工单位应定期组织施工人员进行技术培训。

(2)预应力筋用锚具、夹具和连接器在储存运输及使用期间均应妥善保管维护,避免锈蚀、沾污、遭受机械损伤、混淆和散失。

(3)预应力筋用锚具、夹具和连接器安装前应擦拭干净。应当按施工工艺规定需要在锚固零件上涂抹介质以改善锚固性能时,需在锚具安装时涂抹。

(4)钢绞线穿入孔道时,应保持外表面干净,不得拖带污物;穿束以后,应将其锚固夹持段及外端的浮锈和污物擦拭干净。

(5)锚具和连接器安装时应与孔道对中。夹片式锚具安装时,各根预应力钢材应平顺,不得扭绞交叉;夹片应夹紧,并外露一致。

(6)使用钢丝束镦头锚具前,首先应确认该批预应力钢丝的可镦性,即其物理力学性能应能满足镦头锚的全部要求。钢丝镦头尺寸不应小于规定值,头形应圆整端正;钢丝镦头的圆弧形周边出现纵向微小裂纹时,其裂纹长度不得延伸至钢丝母材,不得出现斜裂纹或水平裂纹。

(7)钢绞线挤压锚具时,在挤压模内腔或挤压元件外表面应涂润滑油,压力表读数应符合操作说明书的规定。挤压后的钢绞线外端应露出挤压头2~5mm。

(8)夹片式、锥塞式等形式的锚具,在预应力筋张拉和锚固过程中或锚固完成以后,均不得大力敲击或振动。

(9)利用螺母锚固的支撑式锚具,安装前应逐个检查螺纹的配合情况。对于大直径螺纹的表面应涂润滑油脂,以确保张拉和锚固过程中顺利旋合和拧紧。

(10)钢绞线压花锚成型时,应将表面的污物或油脂擦拭干净,梨形头尺寸和直线段长度不应小于设计值,并应保证与混凝土有充分的黏结力。

(11)对于预应力筋,应采用形式和吨位与其相符的千斤顶整束张拉锚固。对直线形或平行排放的预应力钢绞线束,在确保各根预应力钢绞线不会叠压时;也可采用小型千斤顶逐根张拉工艺;但必须将“分批张拉预应力损失”计算在控制应力之内。

(12)安装千斤顶时,工具锚应与前端工作锚对正,使工具锚与工作锚之间的各根预应力钢材相互平行,不得扭绞错位;工具锚夹片外表面和锚板锥孔内表面使用前宜涂润滑剂,并应经常将夹片表面清洗干净。当工具夹片开裂或牙面缺损较多,工具锚板出现明显变形或工作表面损伤显著时,均不得继续使用。

(13)对于一些有特殊要求的结构或张拉空间受到限制时,可配置专用的变角块,并应采用变角张拉法施工。设计和施工中应考虑因变角而产生的摩阻损失;但预应力筋在张拉千斤顶工具锚处的控制应力不得大于$0.8f_{ptk}$。

(14)预应力筋锚固时的内缩值比现行国家标准《混凝土结构设计规范》(GB 50010—2002)确定的数值明显偏大时,应检查张拉设备状况及操作工艺,必要时加以调整;也可用少量增加张拉伸长值的办法解决。

(15)采用连接器接长预应力筋时,应全面检查连接器的所有零件,必须执行全部操作工艺,以确保连接器的可靠性。

(16)预应力筋锚固以后,因故必须放松时,对于支承式锚具可用张拉设备松开锚具,将预应力缓慢地卸除;对于夹片式、锥塞式等锚具,宜采用专门的放松装置将锚具松开。任何时候都不得在预应力筋存在拉力的状态下直接将锚具卸去。

(17)预应力筋张拉锚固后,应对张拉记录和锚固状况进行复查,确认合格后,方可切割露于锚具之外的预应力筋的多余部分。切割工作应使用砂轮锯;当使用砂轮锯有困难时也可使用氧乙炔焰,严禁使用电弧。当用氧乙炔焰切割时,火焰不得接触锚具。切割过程中还应用水冷却锚具。切割后预应力筋的外露长度不应小于30mm。

(18)预应力筋张拉时,应有安全措施。预应力筋两端的正面严禁站人。

(19)后张法预应力混凝土构件或结构在张拉预应力筋后,宜及时向预应力筋孔道中压注水泥浆。先张法生产预应力混凝土构件时,张拉预应力筋后,宜及时浇筑构件混凝土。

(20)对暴露于结构外部的锚具应及时实施永久性防护措施,防止水分、氯离子及其他有腐蚀性的介质侵入。同时,还应采取适当的防火和避免意外撞击的措施。

封头混凝土应填塞密实并与周围混凝土黏结牢固。无黏结预应力筋的铅固穴槽中,可填堵微膨胀砂浆或环氧树脂砂浆。

锚固区预应力筋端头的混凝土保护层厚度不应小于20mm;在易腐蚀的环境中,保护层还应适当加厚。对凸出式锚固端,锚具表面距混凝土边缘不应小于50mm。封头混凝土内应配置1~2片钢筋网,并应与预留锚固筋绑扎牢固。

(21)在无黏结预应力筋的端部塑料护套断口处,应用塑料胶带严密包缠,防止水分进入护套。在张拉后的锚具夹片和无黏结筋端部,应涂满防腐油脂,并罩上塑料(PE)封端罩,使其达到完全密封的效果;也可采用涂刷环氧树脂达到全密封效果。

(22)预应力筋—锚具(或连接器)组装件须在施工现场进行静载锚固试验。

学习情境三　机械张拉先张法施工

先张法施工是在浇筑混凝土前在台座上或钢模上张拉预应力筋，并用夹具将张拉完毕的预应力筋临时固定在台座的横梁上或钢模上，然后进行非预应力钢筋的绑扎，支设模板，浇筑混凝土，养护混凝土至设计强度等级的70%以上，放松预应力筋，使混凝土在预应力筋的反弹力作用下，通过混凝土与预应力筋之间的黏结力传递预应力，使得钢筋混凝土构件受拉区的混凝土承受预压应力。图9-8为预应力混凝土构件先张法施工示意图。

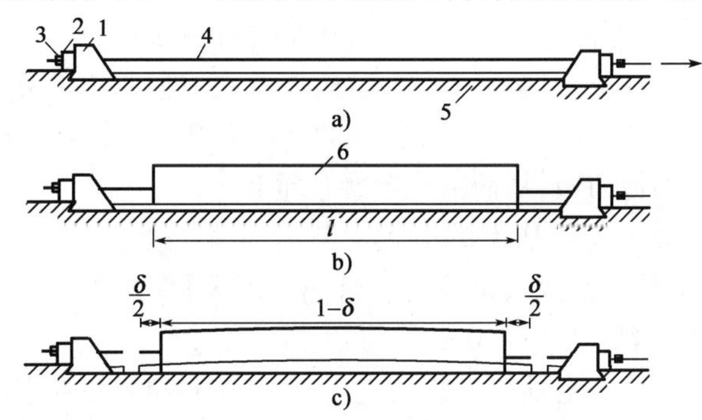

图9-8　先张法施工示意图

a)预应力筋张拉阶段；b)混凝土浇筑和养护阶段；c)预应力筋放松阶段

1-台座；2-横梁；3-台面；4-预应力筋；5-锚固夹具；6-混凝土构件

图9-8a)为预应力筋张拉时的情况，预应力筋一端用锚固夹具固定在台座上，另一端用张拉机械张拉后也用锚固夹具固定在台座的横梁上。

图9-8b)为混凝土浇筑及养护阶段，这时只有预应力筋有应力，混凝土没有应力。把混凝土养护至一定强度，一般达到混凝土设计强度的70%。

图9-8c)为放松预应力筋后的情况，由于预应力筋和混凝土之间存在黏结力，故在预应力筋弹性回缩时使混凝土产生预压应力。

由于先张法施工预应力筋的张拉、锚固、混凝土的浇筑、养护、放松过程，均在台座上进行，预应力筋放松前，其拉力都是由台座承受。由于台座或钢模承受预应力筋的张拉能力受到限制，并考虑到构件的运输条件，因此先张法施工适用于生产中小型预应力混凝土构件，如预应力楼板、预应力屋面板、中小型预应力吊车梁等构件。

先张法施工的特点：

(1)预应力筋在台座上或钢模上张拉，由于台座或钢模承载力有限，先张法一般只能用于生产中小型构件，而且制造台座或钢模一次性投资大。所以，先张法多用于预制厂生产，可多次反复利用台座或钢模。

(2)预应力筋用夹具固定在台座上，放松后夹具不起作用——工具锚，可回收使用。

(3)预应力传递靠黏结力。

为此，对混凝土握裹力有严格要求，在混凝土构件制作、养护时要保证混凝土质量。先张法施工中常用的预应力筋有钢丝和钢筋两类。

一、台座

台座是先张法施工张拉和临时固定预应力筋的支撑结构，它承受预应力筋的全部张拉

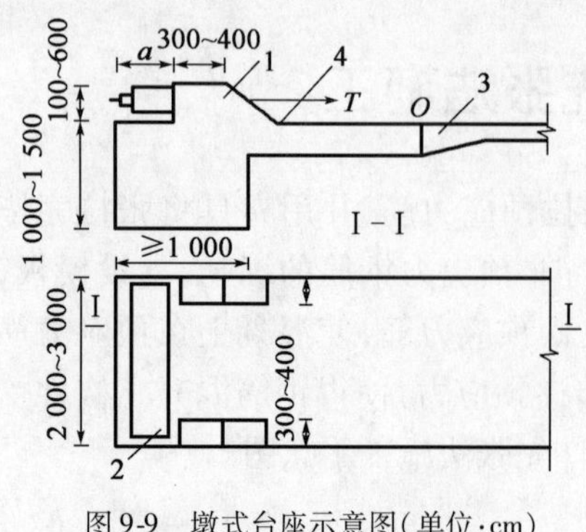

图 9-9　墩式台座示意图(单位:cm)

1-传力墩;2-横梁;3-台面;4-预应力筋

力,因而要求台座必须具有足够的强度、刚度和稳定性,同时要满足生产工艺要求。台座按构造形式分为墩式台座和槽式台座。

1. 墩式台座

墩式台座是由传力墩、台面和横梁组成的,如图 9-9 所示。

传力墩是墩式台座的主要受力结构,传力墩依靠其自重和土压力平衡张拉力产生的倾覆力矩;依靠土的反力和摩阻力平衡张力产生的水平位移。因此,传力墩结构造型大,埋设深度深,投资较大。为了改善传力墩的受力状况,提高台座承受张拉力的能力,可采用与台面共同工作的传力墩,从而减小台墩自重和埋深。

台面是预应力混凝土构件成型的胎模。它是由素土夯实后铺碎砖垫层,再浇筑 50 ~ 80mm 厚的 C15 ~ C20 混凝土面层组成的。台面要求平整、光滑。沿其纵向留设 0.3% 的排水坡度,每隔 10 ~ 20m 设置宽 30~ 50mm 的温度缝。

横梁是锚固夹具临时固定预应力筋的支点,也是张拉机械抵抗预应力筋的支座,常采用型钢或由钢筋混凝土制作而成。横梁挠度要求小于 2mm,并不得产生翘曲。

墩式台座长度为 100 ~ 150m,又称长线台座。墩式台座张拉一次可生产多根预应力混凝土构件,减少了张拉和临时固定的工作,同时也减少了由于预应力筋滑移和横梁变形引起的预应力损失值。

2. 槽式台座

槽式台座是由端柱,传力柱,上、下横梁,以及砖墙组成的,如图 9-10 所示。

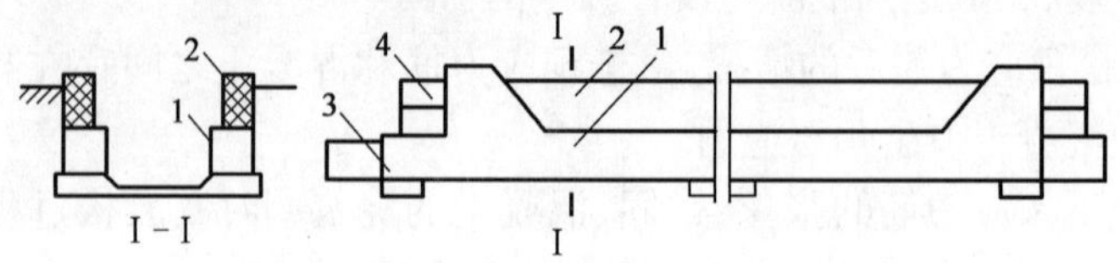

图 9-10　槽式台座示意图

1-钢筋混凝土压杆;2-砖墙;3-下横梁;4-上横梁

端柱、传力柱又叫钢筋混凝土压杆。

端柱和传力柱是槽式台座的主要受力结构,采用钢筋混凝土结构。为了便于装拆转移,端柱和传力柱常采用装配式结构,端柱长 5m,传力柱每段长 6m。为了便于构件运输和蒸汽养护,台面低于地面为好,用一砖厚的砖墙作挡土墙,同时又是蒸汽养护预应力混凝土构件的保温侧墙

槽式台座长度为 45 ~ 76m(45m 长槽式台座一次可生产 6 根 6m 长吊车梁,76m 长槽式台座一次可生产 10 根 6m 长吊车梁或 3 榀 24m 长屋架),槽式台座能够承受较为强大的张拉力,适于双向预应力混凝土构件的张拉,同时也易于进行蒸汽养护。

二、夹具

夹具是预应力筋进行张拉和临时固定的工具,要求夹具工作可靠,构造简单,施工方便,成本低。根据夹具的工作特点可分为张拉夹具和锚固夹具两种。

1. 张拉夹具

张拉夹具是将预应力筋与张拉机械连接起来，进行预应力张拉的工具。常用的张拉夹具有：

(1)偏心式夹具。

偏心式夹具用作钢丝的张拉。它是由一对带齿的月牙形偏心块组成，如图 9-11 所示。偏心块可用工具钢制作，其刻齿部分的硬度较所夹钢丝的硬度大。这种夹具构造简单，使用方便。

(2)压销式夹具。

压销式夹具用作直径 12～16mm 的 HPB235～RRB400 级钢筋的张拉夹具。它是由销片和楔形压销组成，如图 9-12 所示。销片 2、3 有与钢筋直径相适应的半圆槽，槽内有齿纹用以夹紧钢筋。当楔紧或放松楔形压销 4 时，便可夹紧或放松钢筋。

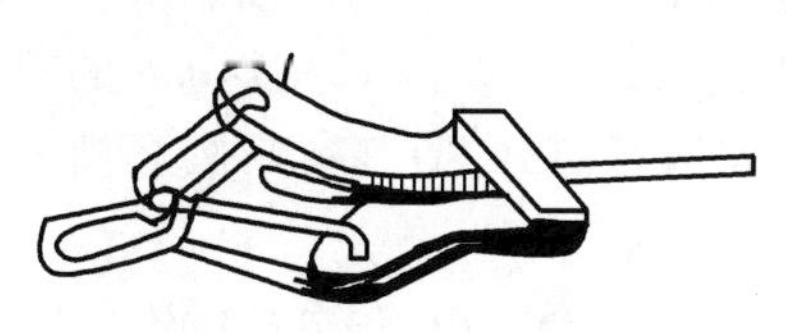

图 9-11　偏心式夹具

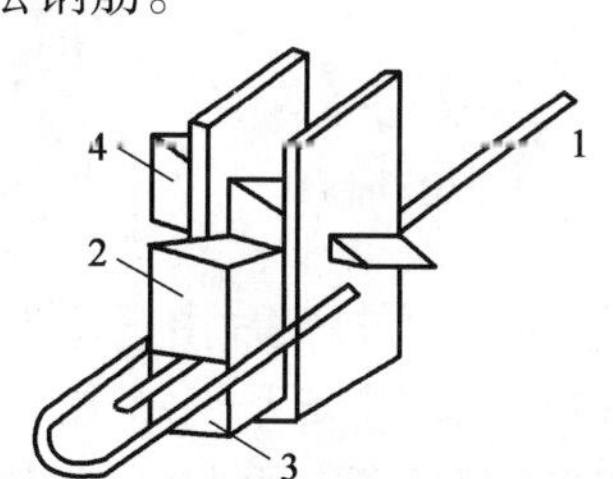

图 9-12　压销式夹具

1-钢筋；2-销片(楔形)；3-销片；4-楔形压销

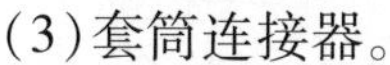

(3)套筒连接器。

套筒连接器，如图 9-13 所示。

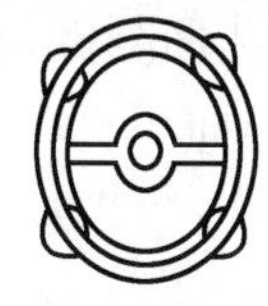

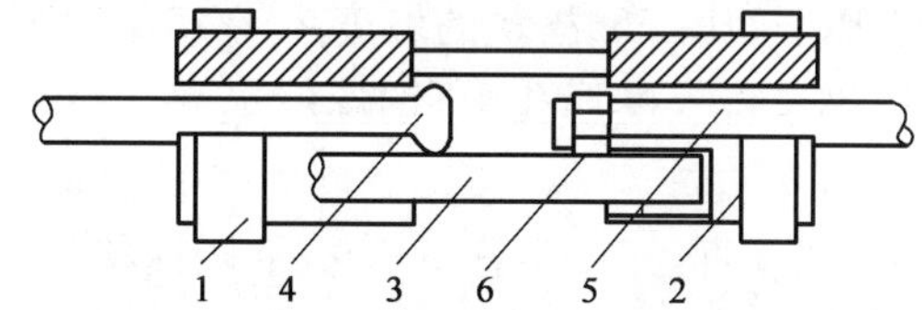

图 9-13　双拼式套筒连接器

1-钢圈；2-半圆形套筒；3-连接钢筋；4-钢丝；5-螺杆；6-螺母

2. 锚固夹具

锚固夹具是将预应力筋临时固定在台座横梁上的工具。常用的锚固夹具有如下几种。

(1)圆锥齿板式夹具及圆锥形槽式夹具，是常用的两种单根钢丝夹具，适用于锚固直径 3～5mm 的冷拔低碳钢丝，也适用于锚固直径 5mm 的碳素(刻痕)钢丝。

这两种夹具均由套筒与销子组成，如图 9-14 所示。套筒为圆形，中开圆锥形孔。销子有两种形式：一种是在圆锥形销子上留有 1～3 个凹槽，在凹槽内刻有细齿，即为圆锥形槽式夹具，另一种是在圆锥形销子上切去一块，在切削面上刻有细齿，即为圆锥形齿板式夹具。

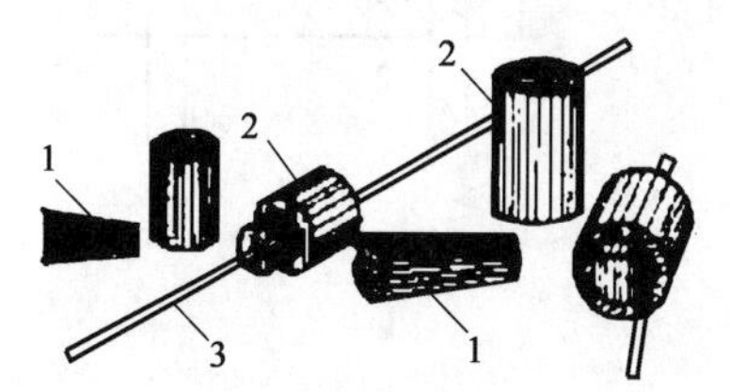

图 9-14　圆锥齿板式夹具及圆锥形槽式夹具

1-销子；2-套筒；3-钢丝

当锚固冷拔低碳钢丝时，套筒用 5 号钢或 25 锰硅钢制作，不需热处理就可使用，销子用

45 号钢制作,热处理硬度要求 HRC =40 ~45。当锚固碳素(刻痕)钢丝时,套筒与销子均用 45 号钢制作,套筒热处理硬度要求 HRC =25 ~28,销子热处理硬度要求 HRC =55 ~58。锚固时,将销子凹槽对准钢丝,或将销子齿板面紧贴钢丝,然后将销子击入套筒内,销子小头离套筒 0.5 ~1cm,靠销子挤压所产生的摩擦力锚紧钢丝,一次仅锚固一根钢丝。

(2)圆套筒二片式夹具,适用夹持 12 ~16mm 的单根冷拉 HRB335 ~RRB400 级钢筋,由圆形套筒和圆锥形夹片组成如图 9-15 所示。圆形套筒内壁呈圆锥形,与夹片锥度吻合,圆锥形夹片为二个半圆片,半圆片的圆心部分开成半圆形凹槽,并刻有细齿,钢筋夹紧在夹片中的凹槽内,套筒和夹片均用 45 号钢制作,套筒热处理后硬度为 HRC =35 ~40,夹片为 HRC =40 ~45。

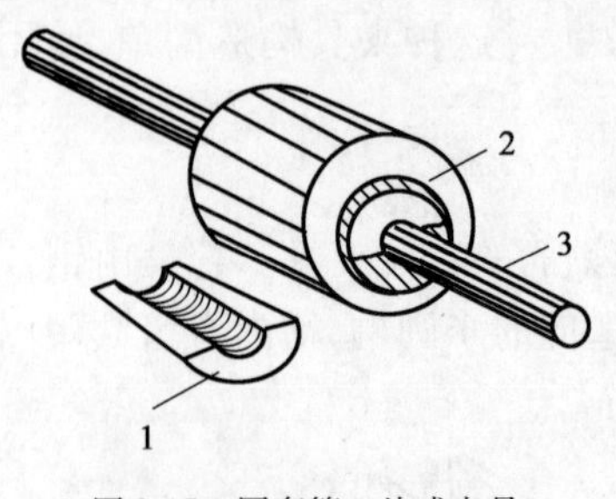

图 9-15 圆套筒二片式夹具
1-夹片;2-套筒;3-钢筋

当锚固螺纹钢筋时,不能锚固在纵肋上,否则易打滑。为了拆卸方便,可在套筒内壁及夹片外壁涂以润滑油。

(3)圆套筒三片式夹具,适用夹持 12 ~14mm 的单根冷拉 HRB335 ~RRB400 级钢筋,其构造基本与圆套筒二片式夹具构造相同,只不过夹片由三个组成。

套筒和夹片均用 45 号钢制作,套筒热处理后硬度为 HRC =35 ~40,夹片为 HRC =40 ~45。

(4)镦头锚具,属于自制的锚具。钢丝的镦头是采用液压冷镦机进行的,钢筋直径小于 22mm 时采用热镦方法,钢筋直径大于或等于 22mm 时采用热锻成型方法,如图 9-16 所示。

(5)楔形夹具,由锚板与楔块两部分组成,锚板用 5 号钢制作,楔块用工具钢制作,经热处理,硬度要求为 HRC =50 ~55,楔块的坡度为 1/15 ~1/20,两侧面刻倒齿如图 9-17 所示。锚板上留有楔形孔,楔块打入楔形孔中,钢丝就锚固于楔块的侧面,每个楔块可锚 1 ~2 根钢丝。

这种夹具适用于锚固直径 3 ~5mm 的冷拔低碳钢丝及碳素钢丝。

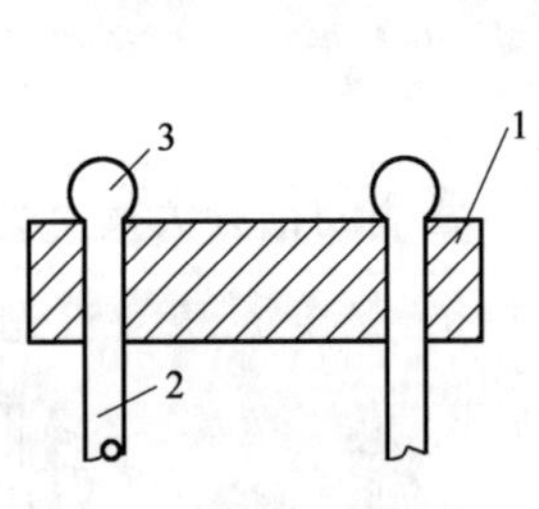

图 9-16 镦头锚具
1-镦板;2-钢筋;3-镦头

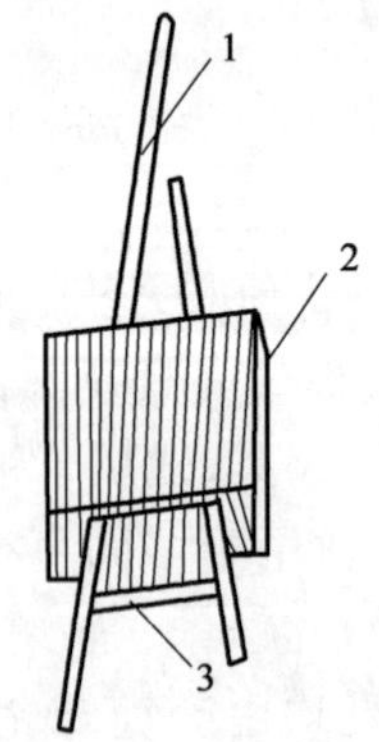

图 9-17 楔形夹具
1-钢丝;2-锚板;3-楔块

三、张拉机械

张拉预应力筋的机械,要求工作可靠,操作简单,能以稳定的速率加荷。先张法施工中预应力筋可单根进行张拉或多根成组进行张拉。常用的张拉机械有:

1. 手动卷筒式张拉机

其构造如图 9-18 所示。将手摇绞车装在小钢轨道上,钢丝绳卷在卷筒上,卷筒与齿轮联结,齿轮上方装有锥销及制动爪;钢丝绳另一端串联弹簧测力计和嵌式夹具。

使用方法:摇动手柄,齿轮带动卷筒顺转,张拉钢丝;提起锥销及制动爪,齿轮倒转,松开钢丝。

具体操作:将钢丝夹在嵌式夹具上→转动卷筒,张拉钢丝→张拉到预定张拉力值,停止摇手柄,固定钢丝→提起锥销制动爪,卷扬机倒转→松开夹具,取出钢丝,张拉完毕。

该设备的优点是设备简单,不需电力。缺点是效率低。可用于张拉 3 ~4mm 的钢丝。

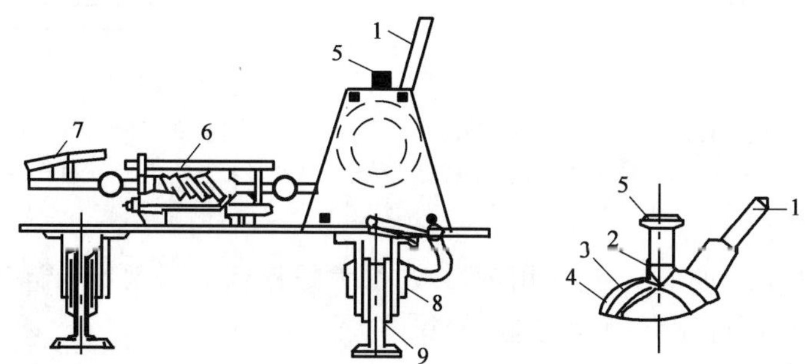

图 9-18　手动卷筒式张拉机工作示意图

1-手柄;2-判动爪;3-方向齿轮;4-卷筒;5-锥销;6-弹簧测力计;7-夹具;8-夹轨器;9-钢轨

2. 电动卷筒式张拉机

电动卷筒式张拉机是把慢速电动卷扬机装在小车上制成的,如图 9-19 所示。

该设备的优点:张拉行程大,张拉速度快。可张拉直径 3 ~5mm 的钢丝。

为了准确控制张拉力,张拉速度以 1 ~2m/min 为宜。张拉机与弹簧测力计配合使用时,宜装行程开关进行控制,使达到规定的张拉力时能自动停车。

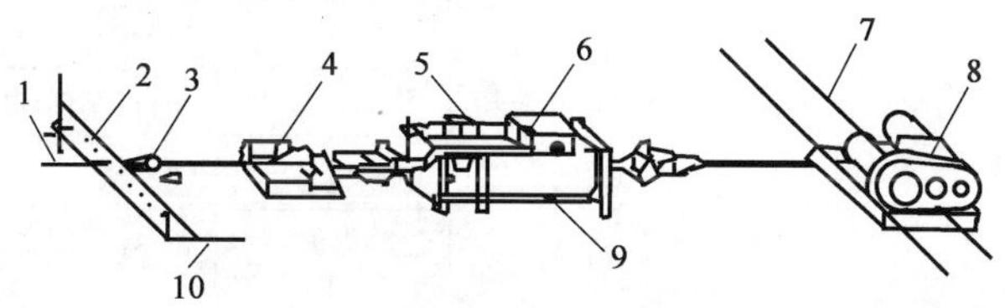

图 9-19　电动卷扬机张拉单根钢丝

1-预应力钢丝;2-梳筋板(承力角钢);3-圆锥齿板式夹具;4-钢丝夹具;5-限位螺栓;6-行程开关;7-钢轨;8-卷扬机安装在小车上;9-弹簧测力器;10-外地坪

3. 电动螺杆张拉机

电动螺杆张拉机既可以张拉预应力钢筋也可以张拉预应力钢丝。它是由张拉螺杆、电动机、变速箱、测力装置、拉力架、承力架和张拉夹具等组成。最大张拉力为 300 ~600kN,张拉行程为 800mm,张拉速度为 2m/min,自重 400kg。为了便于工作和转移,将其装置在带轮的小车上。电动螺杆张拉机的示意图如图 9-20 所示。

电动螺杆张拉机的工作原理:工作时顶杆支承到台座横梁上,用张拉夹具夹紧预应力筋,开动电动机使螺杆向右侧运动,对预应力筋进行张拉,达到控制应力要求时停车,并用预先套在预应力筋上的锚固夹具将预应力筋临时锚固在台座的横梁上。然后开倒车,使电动螺杆张拉机卸荷。电动螺杆张拉机运行稳定,螺杆有自锁能力,张拉速度快,行程大。

4. 油压千斤顶

油压千斤顶可张拉单根预应力筋或多根成组预应力筋。多根成组张拉时，可采用四横梁装置进行，如图9-21所示。

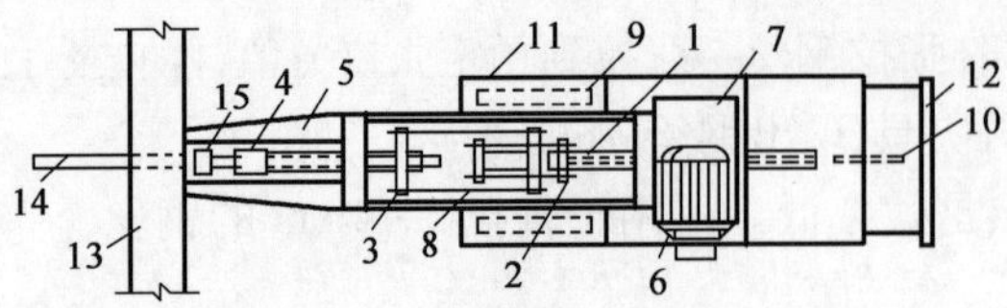

图9-20　电动螺杆张拉机

1-螺杆；2、3-拉力架；4-张拉夹具；5-顶杆；6-电动机；7-齿轮减速器；8-测力计；9、10-车轮；11-底盘；12-手把；13-横梁；14-钢筋；15-锚固夹具

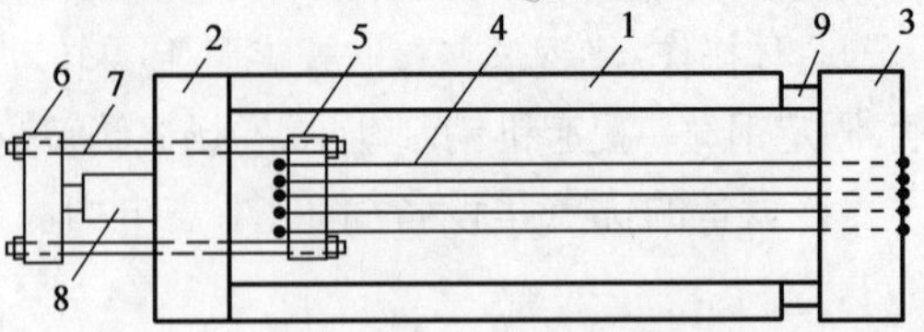

图9-21　四横梁式油压千斤顶张拉装置

1-台座；2-前横梁；3-后横梁；4-预应力筋；5、6-拉力架横梁；7-大螺栓杆；8-油压千斤顶；9-放张装置

四横梁式油压千斤顶张拉装置，用钢量较大，大螺栓杆加工困难，调整预应力筋的初应力费时间，油压千斤顶行程小，工效较低，但其一次张拉力大。

四、先张法施工工艺

先张法施工工艺流程如图9-22所示。

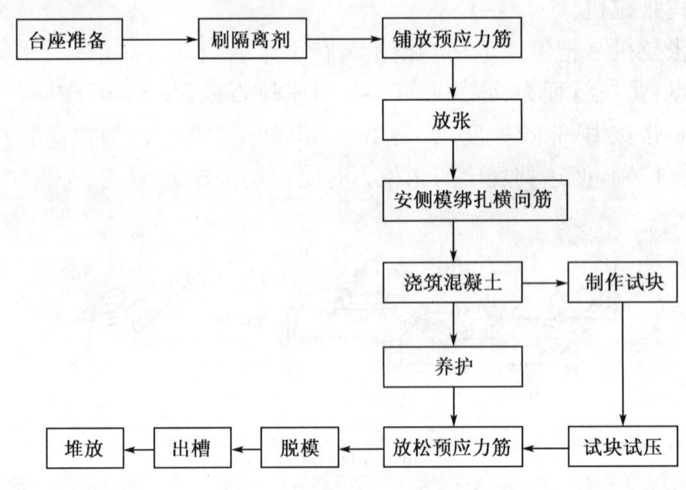

图9-22　先张法施工工艺流程图

1. 预应力筋的张拉

(1)张拉控制应力的确定。

预应力筋的张拉控制应力按《混凝土结构设计规范》(GB 50010—2002)规定取值。

(2)张拉程序。

$0 \rightarrow 1.05\sigma_{con}$(持荷2min)$\rightarrow \sigma_{con}$或$0 \rightarrow 1.03\sigma_{con}$

第一种张拉程序中，超张拉5%并持荷2min，其目的是为了在高应力状态下加速预应力松弛早期发展，以减少应力松弛引起的预应力损失。第二种张拉程序中，超张拉3%，其目的是为了弥补预应力筋的松弛损失，这种张拉程序施工简单，被广泛采用。以上两种张拉程序是等效的，可根据构件类型、预应力筋与锚具种类、张拉方法、施工速度等选用。

采用第一种张拉程序时，千斤顶回油至稍低于σ_{con}，再进油至σ_{con}，以建立准确的预应力值。

第二种张拉程序，超张拉3%是为了弥补应力松弛引起的损失，根据国家建委建筑科学研究院“常温下钢筋松弛性能的试验研究”一次张拉$0 \to \sigma_{con}$，比超张拉持荷再回到控制应力$0 \to 1.05\sigma_{con}$（持荷2min）$\to \sigma_{con}$应力松弛引起的损失大2%～3%，因此，一次张拉到$1.03\sigma_{con}$后锚固，是同样可以达到减少松弛的效果。且这种张拉程序施工简便，一般应用较广。

什么叫超张拉？预应力筋的张拉应力值超过规范规定的控制应力值，称为超张拉。其目的主要是为了减少松弛引起的应力损失值。

《混凝土结构设计规范》(GB 50010—2002)规定：预应力钢筋张拉控制应力σ_{con}不宜超过表9-2规定的张拉控制应力的限值，以确保张拉力不超过其屈服强度，使预应力筋处于弹性工作状态，对混凝土建立有效的预压应力。但也不应小于$0.4f_{ptk}$。

张拉控制应力限值 表9-2

钢筋种类	张拉方法	
	先张法	后张法
消除应力钢丝	$0.75f_{ptk}$	$0.75f_{ptk}$
热处理钢筋	$0.70f_{ptk}$	$0.65f_{ptk}$

当符合下列情况之一时，表9-2中张拉控制应力限值可提高$0.05f_{ptk}$。

①要求提高构件在施工阶段的抗裂性能而在使用阶段受压区内设置的预应力钢筋；

②要求部分抵消由于应力松弛、摩擦、钢筋分批张拉以及预应力钢筋与张拉台座之间的温差等因素产生的预应力损失。预应力筋张拉锚固后实际预应力值与工程设计规定检验值的相对允许偏差为±5%。

(3)预应力筋的检验。

①先张法预应力筋张拉后与设计位置的偏差不得大于5mm，且不得大于构件截面最短边长的4%。

②当采用应力控制方法张拉时，应校核预应力筋的伸长值。实际伸长值与设计计算理论伸长值的相对允许偏差为±6%。

2.混凝土的浇筑与养护

预应力筋张拉完毕后即应浇筑混凝土。混凝土的浇筑应一次完成，不允许留设施工缝。

混凝土的用水量和水泥用量必须严格控制，以减少混凝土由于收缩和徐变而引起的预应力损失。预应力混凝土构件浇筑时必须振捣密实(特别是在构件的端部)，以保证预应力筋和混凝土之间的黏结力。预应力混凝土构件混凝土的强度等级一般不低于C30；当采用碳素钢丝、钢绞线、热处理钢筋做预应力筋时，混凝土的强度等级不宜低于C40。

构件应避开台面的温度缝，当不可能避开时，在温度缝上可先铺薄钢板或垫油毡，然后再灌混凝土。浇筑时，振捣器不应碰撞钢筋，混凝土达到一定强度前，不允许碰撞或踩动钢筋。

采用平卧迭浇法制作预应力混凝土构件时，其下层构件混凝土的强度需达到5MPa后，方可浇筑上层构件混凝土并应有隔离措施。

混凝土可采用自然养护或蒸汽养护。但应注意，在台座上用蒸汽养护时，温度升高后，预应力筋膨胀而台座的长度并无变化，因而引起预应力筋应力减小，这就是温差引起的预应力损失。为了减少这种温差应力损失,应保证混凝土在达到一定强度之前,温差不能太高(一般不超过20℃),故在台座上采用蒸汽养护时,其最高允许温度应根据设计要求的允许温差(张拉钢筋时的温度与台座温度的差)经计算确定。当混凝土强度养护至7.5MPa(配粗钢筋)或10MPa(钢丝、钢绞线配筋)以上时,则可不受设计要求的温差限制,按一般构件的蒸汽养护规定进行。这种养护方法又称为二次升温养护法。在采用机组流水法用钢模制作、蒸汽养护时,由于钢模和预应力筋同样伸缩,所以不存在因温差而引起的预应力损失,可以采用一般加热养护制度。

3. 预应力筋放张

预应力筋放张过程是预应力的传递过程,是先张法构件能否获得良好质量的一个重要生产过程。应根据放张要求,确定合理的放张顺序、放张方法及相应的技术措施。

(1)放张要求。

放张预应力筋时,混凝土强度必须符合设计要求。当设计无要求时,不得低于设计的混凝土强度标准值的75%。对于重叠生产的构件,要求最上一层构件的混凝土强度不低于设计强度标准值的75%时方可进行预应力筋的放张。过早放张预应力筋会引起较大的预应力损失或产生预应力筋滑动。预应力混凝土构件在预应力筋放张前要对混凝土试块进行试压,以确定混凝土的实际强度。

(2)放张顺序。

预应力筋的放张顺序,应符合设计要求。当设计无专门要求时,应符合下列规定:

①对承受轴心预压力的构件(如压杆、桩等),所有预应力筋应同时放张;

②对承受偏心预压力的构件,应先同时放张预压力较小区域的预应力筋再同时放张预压力较大区域的预应力筋;

③当不能按上述规定放张时,应分阶段、对称、相互交错地放张,以防止放张过程中构件发生翘曲、裂纹及预应力筋断裂等现象;

④放张后预应力筋的切断顺序,宜由放张端开始,逐次切向另一端。

(3)放张方法。

对于预应力钢丝混凝土构件,分两种情况放张。对配筋不多的预应力钢丝放张,采用剪切、割断和熔断的方法自中间向两侧逐根进行,以减少回弹量,利于脱模。对配筋较多的预应力钢丝放张,采用同时放张的方法,以防止最后的预应力钢丝因应力突然增大而断裂或使构件端部开裂。

①楔块放张。

楔块装置放置在台座与横梁之间,放张预应力筋时,旋转螺母使螺杆向上运动,带动楔块向上移动,钢块间距变小,横梁向台座方向移动,便可同时放松预应力筋(见图9-23)。楔块放张,一般用于张拉力不大于300kN的情况。

②砂箱放张。

砂箱装置放置在台座和横梁之间,它由钢制的套箱和活塞组成,内装石英砂或铁砂。预应力筋张拉时,砂箱中的砂被压实,承受横梁的反力。预应力筋放张时,将出砂口打开,砂缓慢流出,从而使预应力筋缓慢地放张。砂箱装置中的砂应采用干砂并选定适宜的级配,防止出现砂子压碎引起流不出的现象或者增加砂的空隙率,使预应力筋的预应力损失增加。采用砂箱放张,能控制放张速度,工作可靠,施工方便,可用于张拉力大于1000kN的情况,如图9-24所示。

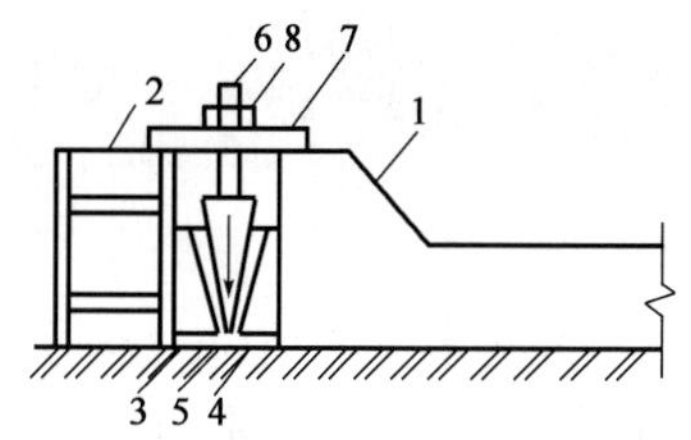

图 9-23　楔块放张

1-台座;2-横梁;3、4-钢块;5-钢楔块;6-螺杆;7-承力板;8-螺母

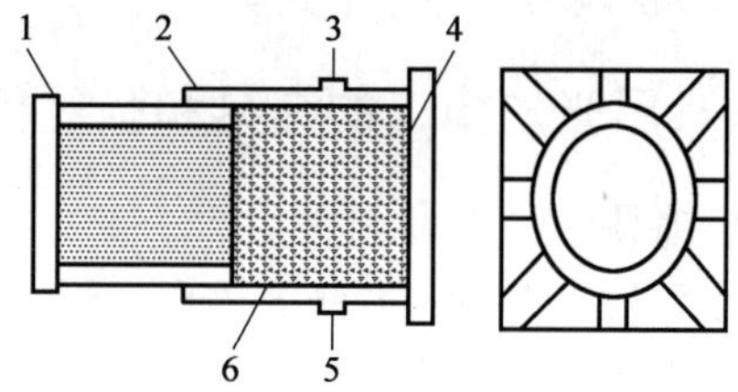

图 9-24　砂箱装置示意图

1-活塞;2-钢套箱;3-进砂口;4-钢套箱底板;5-出砂口;6-砂子

学习情境四　机械张拉后张法施工

后张法施工是在浇筑混凝土构件时,在放置预应力筋的位置处预留孔道,待混凝土达到一定强度(一般不低于设计强度标准值的 75%),将预应力筋穿入孔道中并进行张拉,然后用锚具将预应力筋锚固在构件上,最后进行孔道灌浆。预应力筋承受的张拉力通过锚具传递给混凝土构件,使混凝土产生预压应力。

图 9-25 为预应力混凝土构件后张法施工示意图。图 9-25a)为制作混凝土构件并在预应力筋的设计位置上预留孔道,待混凝土达到规定的强度后,穿入预应力筋进行张拉。图 9-25b)为预应力筋的张拉,用张拉机械直接在构件上进行张拉,混凝土同时完成弹性压缩。图 9-25c)为预应力筋的锚固和孔道灌浆,预应力筋的张拉力通过构件两端的锚具,传递给混凝土构件,使其产生预压应力,最后进行孔道灌浆。

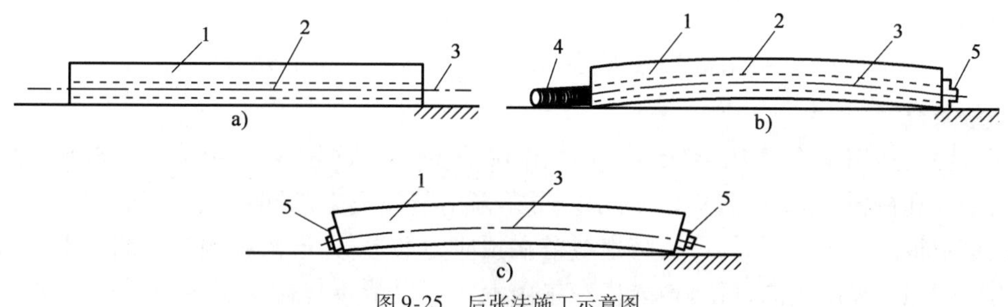

图 9-25　后张法施工示意图

a)制作混凝土构件;b)张拉预应力筋;c)锚固和孔道灌浆

1-混凝土构件;2-预留孔道;3-预应力筋;4-千斤顶;5-锚具

后张法施工由于直接在混凝土构件上进行张拉,故不需要固定的台座设备,不受地点限制,适用于在施工现场生产大型预应力混凝土构件,特别是大跨度构件。后张法施工工序较多,工艺复杂,锚具作为预应力筋的组成部分,将永远留置在预应力混凝土构件上,不能重复使用。

后张法施工常用的预应力筋有单根钢筋、钢筋束、钢绞线束等。

后张法的特点:

(1)预应力筋在构件上张拉,不需台座,不受场地限制,张拉力可达几百吨,所以,后张法适用于大型预应力混凝土构件制作。

(2)锚具为工作锚。预应力筋用锚具固定在构件上,不仅在张拉过程中起作用,而且在工作过程中也起作用,永远停留在构件上,成为构件的一部分。

(3)预应力传递靠锚具。

一、后张法施工的锚具和张拉机械

1. 锚具(代号 M)。

在后张法中预应力筋的锚具与张拉机械是配套使用的,不同类型的预应力筋形式,采用不同的锚具。由于后张法构件预应力传递靠锚具,因此,锚具必须具有可靠的锚固性能,足够的刚度和强度储备,而且要求构造简单,施工方便,预应力损失小,价格便宜。

(1)单根粗钢筋的锚具。

单根粗钢筋用作预应力筋时,张拉端采用螺栓端杆锚具,固定端采用帮条锚具或镦头锚具。

①螺栓端杆锚具。

螺栓端杆锚具适用于锚固直径不大于 36mm 的冷拉 HRB335 级与 HRB400 级钢筋。它是由螺栓端杆、螺母和垫板组成,如图 9-26 所示。螺栓端杆采用 45 号钢制作,螺母和垫板采用 3 号钢制作。螺栓端杆的长度一般为 320mm,当预应力构件长度大于 24m 时,可根据实际情况增加螺栓端杆的长度,螺栓端杆的直径按预应力钢筋的直径对应选取。螺栓端杆与预应力钢筋的焊接应在预应力钢筋冷拉前进行。螺栓端杆与预应力筋焊接后,同张拉机械相连进行张拉,最后上紧螺母即完成对预应力钢筋的锚固。

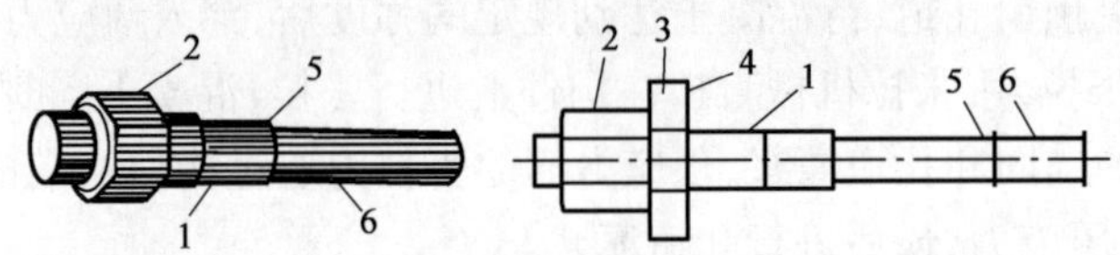

图 9-26　螺栓端杆锚具

1-螺栓端杆锚具;2-螺母;3-垫板;4-排气槽;5-对焊接头;6-冷拉钢筋

②帮条锚具。

帮条锚具适用于冷拉 HRB335 级与 HRB400 级钢筋及冷拉 5 号钢钢筋,主要用于固定。它是由帮条和衬板组成,如图 9-27 所示。帮条采用与预应力筋同级别的钢筋,衬板采用普通低碳钢钢板。帮条施焊时,严禁将地线搭在预应力筋上,并严禁在预应力筋上引弧,以防预应力筋咬边及温度过高,可将地线搭在帮条上。三根帮条与衬板相接触的截面应在一个垂直平面上,以免受力时产生扭曲,三根帮条互成 120°角。帮条的焊接可在预应力筋冷拉前或冷拉后进行。

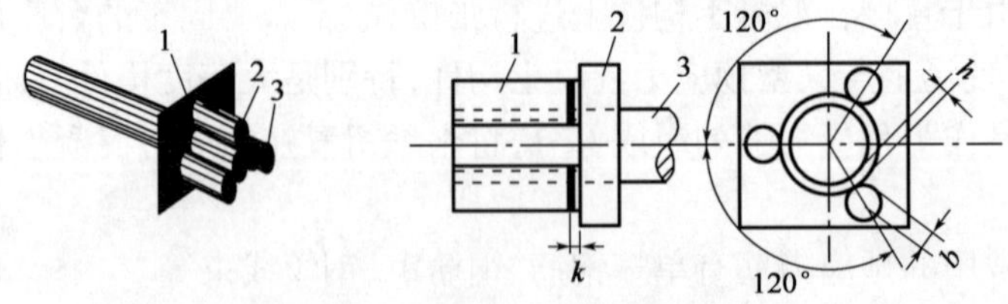

图 9-27　帮条锚具示意图

1-衬板;2-帮条;3-预应力筋

③镦头锚具。

镦头锚具由镦头和垫板组成。镦头一般是直接在预应力筋端部热镦、冷镦或锻打成型,垫板采用 3 号钢制作,如图 9-28 所示。

(2)钢筋束(钢绞线束)锚具。

钢筋束或钢绞线束用作预应力筋,张拉端采用 JM12 型锚具,固定端采用镦头锚具。

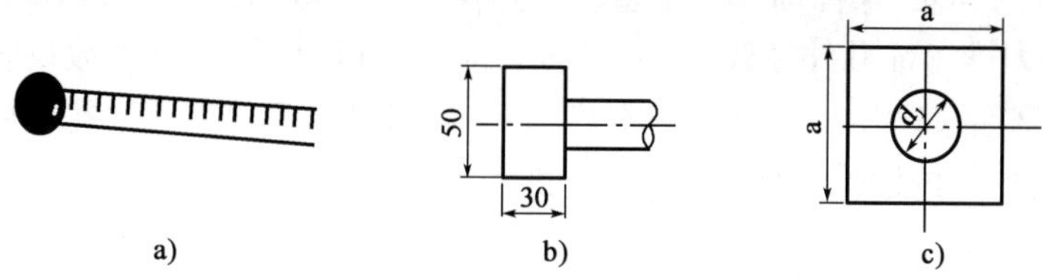

图 9-28 镦头锚具示意图

a)镦头;b)、c)垫板

①JM12 型锚具。适用于锚固 3 ~ 6ϕ12mm 钢筋束和 4 ~ 6ϕ12mm 钢绞线束。

它是由锚环和夹片组成,夹片呈扇形,用两侧的半圆槽锚着预应力钢筋,为增加夹片与预应力钢筋之间的摩擦,在半圆槽内刻有截面为梯形的齿痕,夹片的背面的坡度与锚环一致。如图 9-29 所示。锚环分甲形和乙形,甲形锚环为一个具有锥形内孔的圆柱体,外形比较简单,使用时直接放置在构件端部的垫板上。乙形锚环在圆柱体外部增添正方形肋板,使用时直接放置在构件端部,不另设垫板,因其加工和使用比较方便,目前工地上常使用甲形锚环。锚环与夹片均采用 45 号钢制成,夹片经热处理后,硬度为 HRC48 ~ 52,锚环经热处理后,硬度为 HRC32 ~ 37。根据夹片数量或锚固钢筋的根数,其型号分别有 JM12-3、JM12-4、JM12-5、JM12-6 几种,可分别锚固 3,4,5,6 根直径 12mm 的钢筋束或钢绞线束。

JM12 型锚具具有良好的锚固性能,预应力筋滑移量比较小,施工方便,但其机械加工量大,成本较高(图 9-29)。

②镦头锚具。镦头锚具适用于预应力钢筋束固定端锚固,由固定板和带镦头的预应力筋组成,如图 9-30所示。

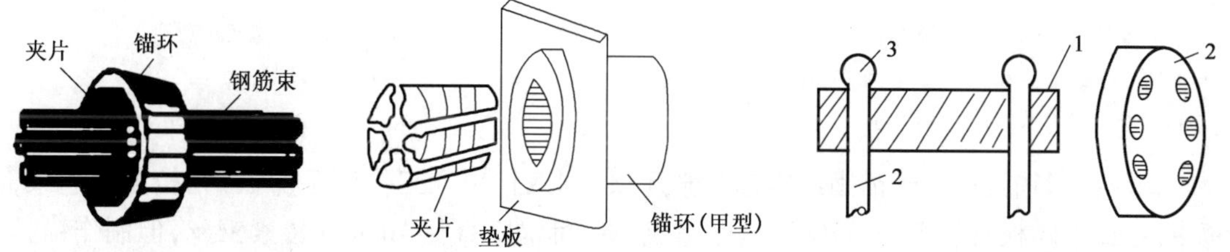

图 9-29 JM12 型锚具示意图

图 9-30 镦头锚具示意图

1-固定板;2-预应力钢筋;3-镦头

(3)钢丝束锚具。

①锥形螺杆锚具。

锥形螺杆锚具适用于锚固 24 根以下直径 5mm 的碳素钢丝束。

锥形螺杆锚具由锥形螺杆、套筒、螺母和垫板组成,如图 9-31 所示。锥形螺杆采用 45 号钢制作,调质热处理后硬度为 HRC30 ~ 35,进行精加工,最后对锥形螺杆的锥头 70mm 范围内的螺纹进行表面高频或盐液淬火热处理,其硬度为 HRC55 ~ 58,淬透深度为2.0 ~ 2.5mm。套筒为中间带有圆锥孔的圆柱体,采用 45 号钢制作,热处理后硬度为 HRC25 ~ 30。螺母和垫板采用 3 号钢制作。

制作时注意套筒淬火要合适,如淬火过高,易产生裂缝,螺杆淬火过高,容易断裂,在使用前应仔细检查,如有裂缝或变形,则不能使用。

锥形螺杆锚具的安装方法,如图 9-32 所示。首先把钢丝套上锥形螺杆的锥体部分,使钢丝均匀整齐地贴紧锥体，然后戴上套筒，用手锤将套筒均匀地打紧，并使螺杆中心与套筒中心在同一直线上，最后用拉伸机使螺杆锥体通过钢丝挤压套筒，使套筒发生变形，从而使钢丝和锥形锚具的套筒、螺杆锚成一个整体。这个过程一般叫“预顶”，预顶用的力应为张拉力的 105%。因为锥形锚具外径较大，为了缩小构件孔道直径，所以一般仅在构件两端将孔道扩大。因此，钢丝束锚具一端可事先安装，另一端则要将钢丝束穿入孔道后进行。

锥形螺杆锚具与拉杆式千斤顶安装，如图 9-33 所示。

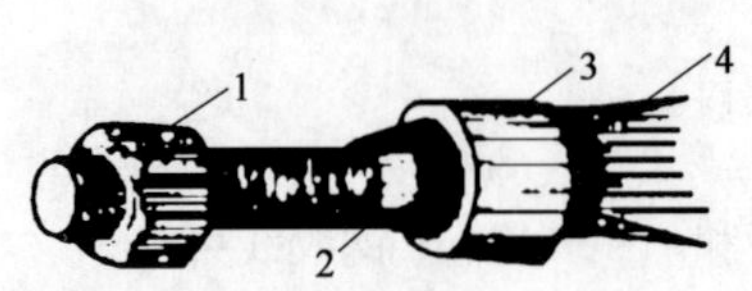

图 9-31 锥形螺杆锚具示意图

1-螺母；2-锥形螺杆；3-套筒；4-钢丝

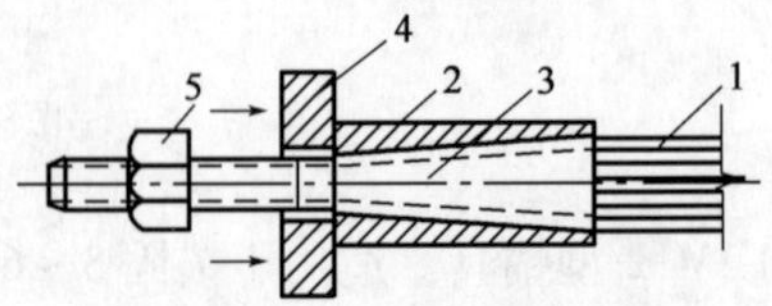

图 9-32 锥形螺杆锚具的安装方法示意图

1-钢丝；2-套筒；3-锥形螺杆；4-垫板；5-螺母

②钢质锥形锚具。

钢质锥形锚具又称弗氏锚具或锥形锚楦。钢质锥形锚具由锚环和锚塞组成，如图 9-34 所示。锚环和锚塞均采用 45 号钢制作，热处理后 HRC55 ~ 58，锚塞表面刻有细齿槽，以防止被夹紧的预应力钢丝滑动。锚固时，将锚塞塞入锚环，顶紧，钢丝就夹紧在锚塞周围，锚塞上刻有细齿槽，夹紧钢丝后，可以防止滑动。

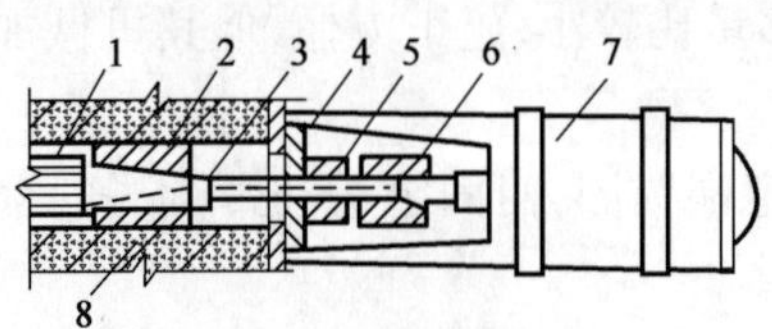

图 9-33 锥形螺杆锚具与拉杆式千斤顶安装示意图

1-钢丝束；2-套筒；3-锥形螺杆；4-垫板；5-螺母；6-千斤顶连接螺母；7-拉杆式千斤顶；8-构件

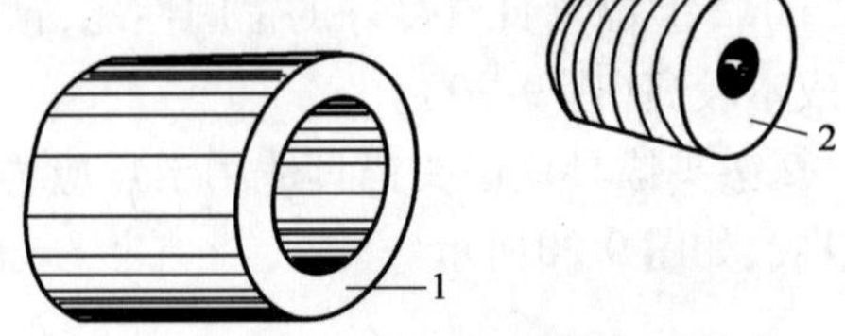

图 9-34 钢质锥形锚具示意图

1-锚环；2-锚塞

钢质锥形锚具适用于锚固以锥锚式千斤顶（即双作用或三作用千斤顶）张拉的钢丝束，每束由 12 ~ 24 根直径 5mm 的碳素钢丝组成。还可锚固直径 4mm 的碳素钢丝，但制作锚具的尺寸应按钢丝直径而定。

钢质锥形锚具工作时，由于钢丝锚固呈辐射状态，弯折处受力较大，易使钢丝被咬伤。若钢丝直径误差较大，易产生单根钢丝滑动，引起无法补救的预应力损失，如用加大顶锚力的办法来防止滑丝，过大的顶锚力更容易使钢丝被咬伤。

③钢丝束镦头锚具。

钢丝束镦头锚具一般用以锚固 12 ~ 54 根直径 5mm 的碳素钢丝。

张拉端采用 DM5A 型镦头锚具，由锚杯 3 和固定锚杯 3 的螺母 5 组成；如图 9-35a）所示，或由锚环 4 和螺母 5 组成，见图 9-35b）；后一种构造形式，节省用料，制作比较容易，安装钢丝也较方便。

锚环或锚杯用 45 号钢制作；且应先进行调质热处理再加工，热处理后抗拉极限强度不小于 $700N/mm^2$，硬度要求为 HRC28 ~ 30，螺母亦用 45 号钢制作，不经热处理。锚环和锚杯的内外壁均有丝扣，内丝扣用于连接张拉螺杆，外丝扣用于拧紧螺母，以锚固

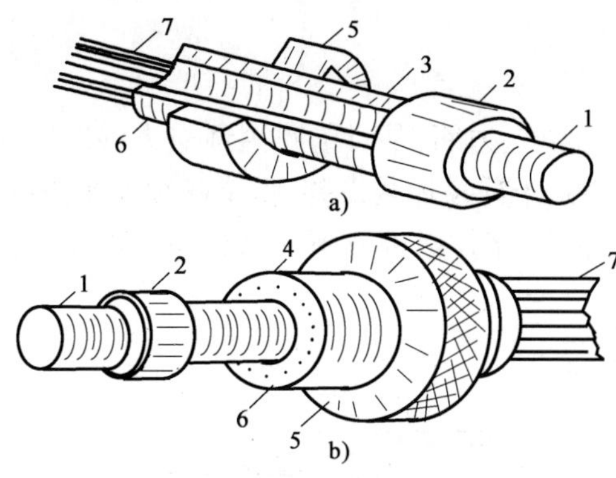

图 9-35 钢丝束镦头锚具示意图
a)锚杯式;b)锚环式
1-张拉螺杆;2-张拉杆螺母;3,4-锚环;5-螺母;6-钢丝镦头;7-钢丝

钢丝束。锚环四周钻孔,以固定带有镦粗头的钢丝,孔数及间距由锚固的钢丝根数而定,当用锚杯时,锚杯底部则为钻孔的锚板,并在此板中部留一灌浆孔,以便于从端部预留孔道灌浆。

张拉螺杆用 45 号钢制作,并先进行调质热处理再加工,张拉螺杆所配螺帽用 45 号钢制作。钢丝穿过锚环(或锚杯底部锚板)孔眼,用配套的 DLD-10 型冷镦机将钢丝端部镦成圆头与锚环固定。张拉时,张拉螺杆一端与锚环(或锚杯)内丝扣连接,另一端与拉杆式千斤顶连接,拉杆式千斤顶通过传力架支承在混凝土构件端部,当张拉达到规定控制应力时,锚环(杯)被拉出,再用螺母拧紧在锚环(杯)外丝扣上,固定在混凝土构件端部。

非张拉端(固定端)采用 DM5B 型镦头锚具,由锚板组成的,如图 9-36 所示。锚板用 45 号钢制作,调质热处理后 HRC25 ~ 30,锚板四周钻孔,以固定镦头的钢丝。ϕS5 的钢丝(碳素钢丝)镦粗头的直径为 7 ~ 7.5mm,高度为 4.8 ~ 5.3mm。

2. 张拉机械

(1)拉杆式千斤顶。

拉杆式千斤顶适用于张拉以螺栓端杆锚具为张拉锚具的粗钢筋,张拉以锥形螺杆锚杆为张拉锚具的钢丝束,张拉以 DM5A 型镦头锚具为张拉锚具的钢丝束。拉杆式千斤顶的构造及工作过程,如图 9-37 所示。

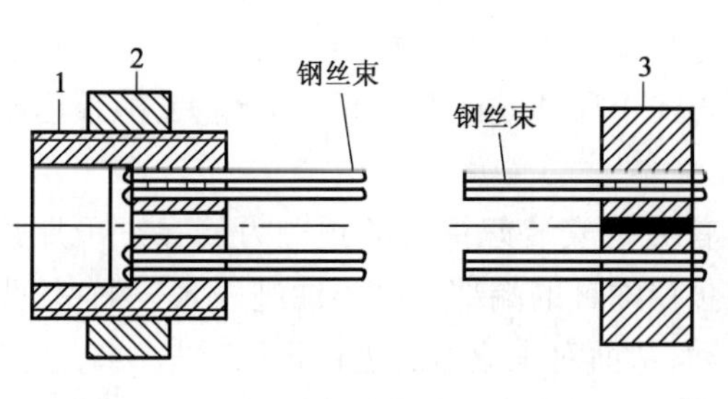

图 9-36 DM5A、DM5B 型镦头锚具示意图
1-锚杯;2-螺母;3-锚板

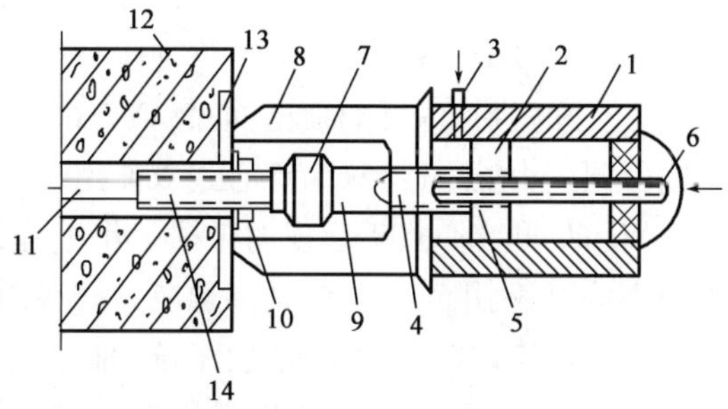

图 9-37 拉杆式千斤顶的构造及工作过程示意图
1-主缸;2-主缸活塞;3-主缸油嘴;4-副缸;5-副缸活塞;6-副缸油嘴;7-连接器;8-顶杆;9-拉杆;10-螺母;11-预应力筋;12-混凝土构件;13-预埋钢板;14-螺栓端杆

拉杆式千斤顶张拉预应力筋时,首先使连接器与预应力筋的螺栓端杆相连接,顶杆支承在构件端部的预埋钢板上。高压油进入主缸时,则推动主缸活塞向左移动,并带动拉杆和连接器以及螺栓端杆同时向左移动,对预应力筋进行张拉。达到张拉力时,拧紧预应力筋的螺母,将预应力筋锚固在构件的端部。高压油再进入副缸,推动副缸使主缸活塞和拉杆向右移动,使其恢复初始位置。此时主缸的高压油流回高压油泵中去,完成一次张拉过程。

拉杆式千斤顶构造简单,操作方便,应用范围较广。拉杆式千斤顶的张拉力有 400kN,

600kN 和 800kN 三级,张拉行程为 150mm。

(2)YC-60 型穿心式千斤顶。

YC-60 型穿心式千斤顶适用于张拉各种形式的预应力筋,是目前我国预应力混凝土构件施工中应用最为广泛的张拉机械。YC-60 型穿心式千斤顶加装撑脚,张拉杆和连接器后,就可以张拉以螺栓端杆锚具为张拉锚具的单根粗钢筋,张拉以锥形螺杆锚具和 DM5A 型镦头锚具为张拉锚具的钢丝束。

YC-60 型穿心式千斤顶的构造及工作过程,如图 9-38 所示。

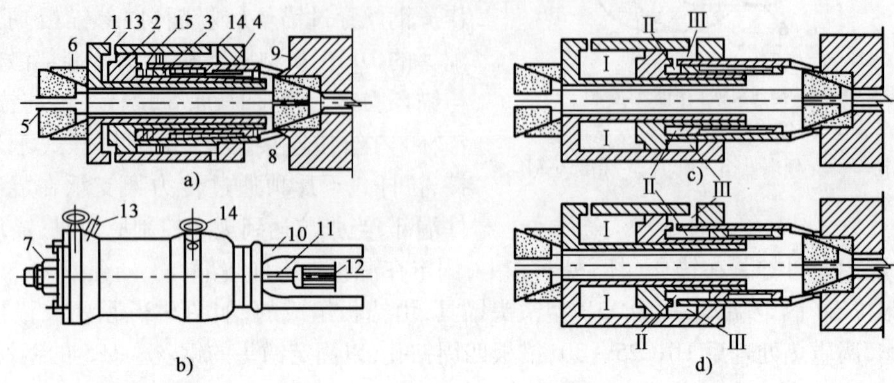

图 9-38　YC-60 型穿心式千斤顶的构造及工作示意图

a)构造简图;b)加顶杆后的 YC-60 型千斤顶;c)张拉工作过程;d)顶压工作过程

1-张拉抽缸;2-顶压油缸(即张拉活塞);3-顶压活塞;4-弹簧;5-预应力筋;6-工具式锚具;7-螺母;8-工作锚具;9-混凝土构件;10-撑脚;11-张拉杆;12-连接器;13-张拉缸油嘴;14-顶压缸油嘴;15-油孔;Ⅰ-张拉工作油室;Ⅱ-顶压工作油室;Ⅲ-张拉回程油室

YC-60 型穿心式千斤顶,沿千斤顶的轴线有一直通的穿心孔道,供穿过预应力筋之用。沿千斤顶的径向,分内外两层工作油缸,外层为张拉油缸,工作时张拉预应力筋,内层为顶压油缸,工作时进行锚具的顶压锚固。YC-60 型穿心式千斤顶既能张拉预应力筋,又能顶压锚具锚固预应力筋,故又称为穿心式双作用千斤顶。

YC-60 型穿心式千斤顶的张拉工作过程是:首先将安装好锚具的预应力筋穿过千斤顶的中心孔道,利用工具式锚具将预应力筋锚固在张拉油缸的端部。高压油进入张拉油室,张拉活塞顶住构件端部的垫板,使张拉油缸向左移动,从而对预应力筋进行张拉。

YC-60 型穿心式千斤顶的顶压工作过程是:预应力筋张拉到规定的张拉力时,关闭,张拉油缸油嘴,高压油由顶压油缸油嘴经油孔进入顶压工作油室,由于张拉活塞即顶压油缸顶住构件端部的垫板,使顶压活塞向左移动,顶住锚具的夹片或锚塞端面,将其压入到锚环内锚固预应力筋。

YC-60 型穿心式千斤顶的回程是:张拉回程在完成张拉和顶压工作后进行,开启张拉油缸油嘴,继续向顶压油缸油嘴进油,使张拉工作油室回油。由于顶压活塞仍然顶压着夹片或锚塞,顶压工作油室容积不变,这样,张拉回程油室容积逐渐增大,使张拉油缸在液压回程力的作用下,向右移动恢复到原来的初始位置。张拉回程完成后即开始顶压回程,停止高压油泵工作,开启顶压油缸油嘴,在弹簧力的作用下,使顶压活塞回程,并使顶压工作油缸回油卸荷。

YC-60 型穿心式千斤顶张拉力为 600kN,张拉行程 150mm。

(3)锥锚式双作用千斤顶。

锥锚式双作用千斤顶适用于张拉以 KT-Z 型锚具为张拉锚具的钢筋束和钢绞线束,张拉以钢质锥形锚具为张拉锚具的钢丝束。

锥锚式双作用千斤顶的构造和工作过程如图 9-39 所示。

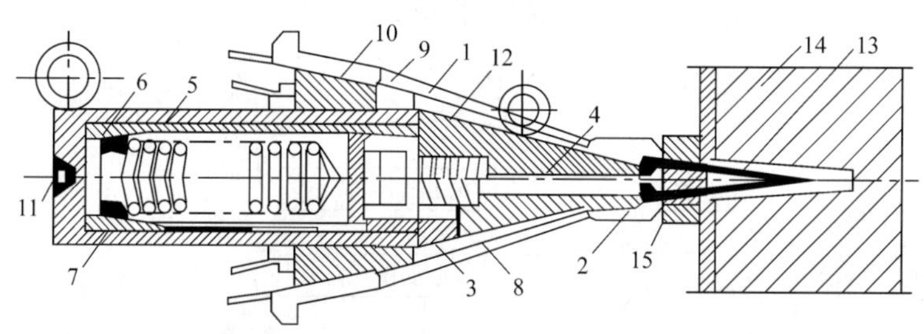

图 9-39　锥锚式双作用千斤顶的构造和工作过程

1-预应力筋;2-顶压头;3-副缸;4-副缸活塞;5-主缸;6-主缸活塞;7-主缸拉力弹簧;8-副缸拉力弹簧;9-锥形卡环;10-楔块;11-主缸油嘴;12-副缸油嘴;13-锚塞;14-构件;15-锚环

锥锚式双作用千斤顶的主缸及主缸活塞用于张拉预应力筋,主缸前端缸体上有卡环和销片,用以锚固预应力筋,主缸活塞为一中空筒状活塞,中空部分设有拉力弹簧。副缸和副缸活塞用于顶压锚塞,将预应力筋锚固在构件的端部,设有复位弹簧。

锥锚式双作用千斤顶的张拉工作过程是:将预应力筋用楔块锚固在锥形卡环上,使高压油经主缸油嘴进入主缸,主缸带动锚固在锥形卡坏上的预应力筋向左移动,进行预应力的张拉。

锥锚式双作用千斤顶的顶压工作过程是:张拉工作完成后,关闭主缸的油嘴,开启副缸油嘴使高压油进入副缸,由于主缸仍保持着一定的油压,故副缸活塞和顶压头向右移动,顶压锚塞锚固预应力筋。

锥锚式双作用千斤顶的回程是:预应力筋张拉锚固后,主、副缸回油,主缸通过本身拉力弹簧的回缩,副缸通过其本身压力弹簧的伸长,将主缸和副缸恢复到原来的初始位置。放松楔块即可拆移千斤顶。

锥锚式双作用千斤顶张拉力为 300kN 和 600kN,最大张拉力 850N,张拉行程 250mm。顶压行程 60mm。

3. 液压千斤顶的标定

预应力筋张拉机具设备及仪表,应定期维护和校验。张拉设备应配套标定,并配套使用。张拉设备的标定期限不应超过半年。当在使用过程中出现反常现象时或在千斤顶检修后,应重新标定。

注:①张拉设备标定时,千斤顶活塞的运行方向应与实际张拉工作状态一致;

②压力表的精度不应低于 1.5 级,标定张拉设备用的试验机或测力计精度不应低于 ±2%。

液压千斤顶张拉预应力筋时,预应力筋的张拉力 N 由压力表读数 P 反映,压力表读数 P 表示千斤顶油缸活塞单位面积上的油压力,理论上讲等于张拉力 N 除以活塞面积 A($P = N/A$)。在实际施工中,可根据油压表读数 P 计算出张拉力即 $N = PA$。但是由于活塞与油缸间

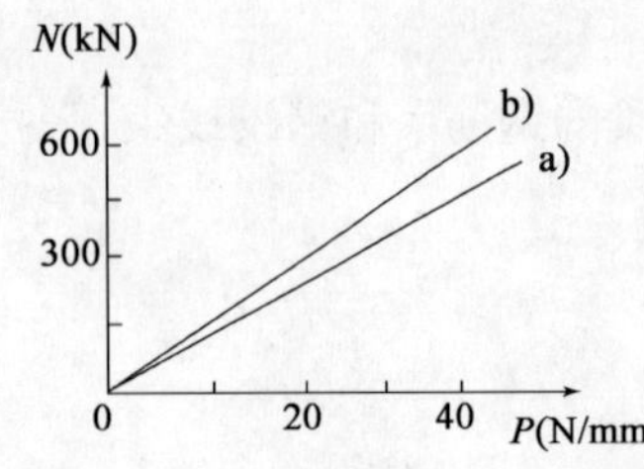

图 9-40　千斤顶标定时 N-P 关系曲线图

存在摩擦力，千斤顶压力表的读数比实际要小。为准确地获得实际张拉力值，必须采用标定方法直接测定千斤顶的实际张拉力与压力表读数之间的关系，绘制出 N-P 关系曲线，如图 9-40 所示，供施工时使用。

二、后张法施工工艺

后张法施工工艺流程，如图 9-41 所示。

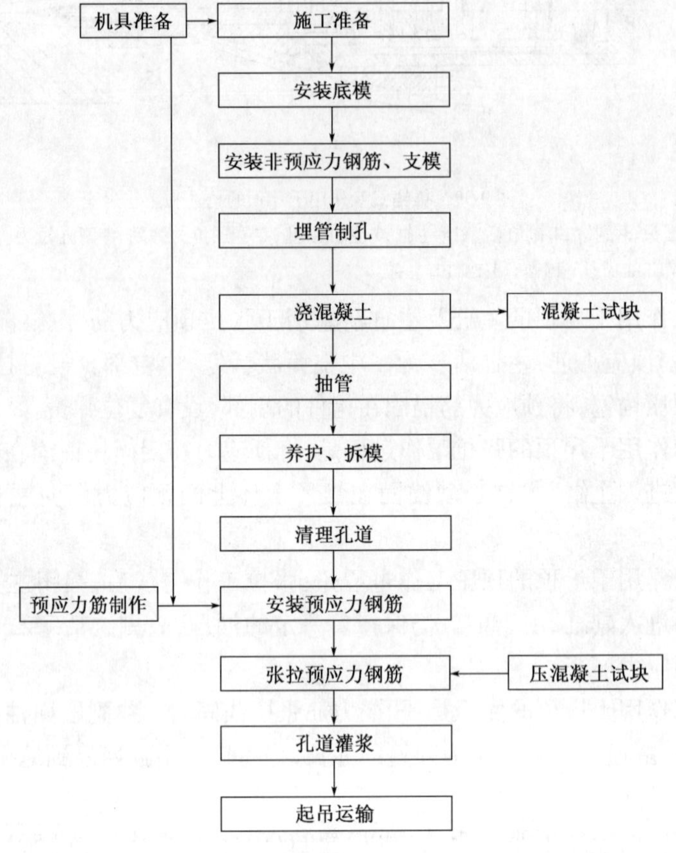

图 9-41　后张法施工工艺流程图

1. 孔道留设

孔道留设是后张法预应力混凝土构件制作中的关键工序之一。预留孔道的尺寸与位置应正确，孔道应平顺；端部的预埋垫板应垂直于孔道中心线并用螺栓或钉子固定在模板上，以防止浇筑混凝土时发生走动；孔道的直径一般应比预应力筋的外径（包括钢筋对焊接头的外径或需穿入孔道的锚具外径）大 10 ~ 15mm，以利于预应力筋穿入。孔道留设的方法有钢管抽芯法、胶管抽芯法和预埋波纹管法等。

（1）钢管抽芯法。

钢管抽芯法适用于留设直线孔道。钢管抽芯法是预先将钢管敷设在模板的孔道位置上，在混凝土浇筑后每隔一定时间慢慢转动钢管，防止它与混凝土黏住，待混凝土初凝后、终凝前抽出钢管形成孔道。选用的钢管要求平直、表面光滑，敷设位置准确；钢管用钢筋井字架固定，间距不宜大于1.0m。每根钢管的长度一般不超过15m，以便于转动和抽管。钢管两端应各伸出构件外约0.5m；构件较长时可采用两根钢管，中间用套管连接，其连接方法如图9-42所示。

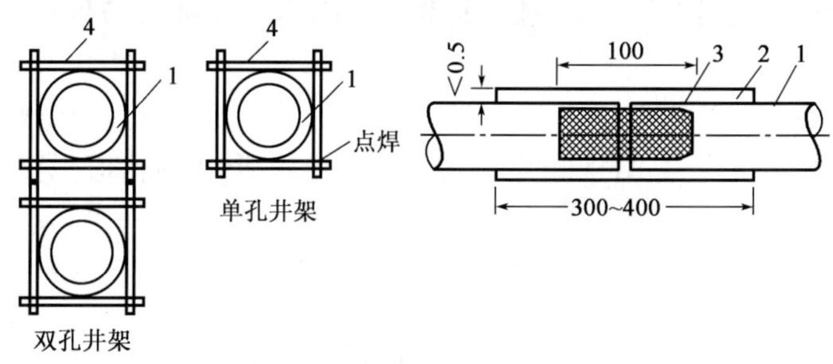

图9-42 钢管连接方法示意图

1-钢管；2-白铁皮套管；3-硬木塞；4-钢筋井字架

准确地掌握抽管时间很重要。抽管时间与水泥品种、气温和养护条件有关。抽管宜在混凝土初凝后、终凝以前进行，以用手指按压混凝土表面不显指纹时为宜。抽管过早，会造成坍孔事故；抽管太晚，混凝土与钢管黏结牢固，抽管困难，甚至抽不出来。常温下抽管时间在混凝土浇筑后3~5h。抽管顺序宜先上后下进行。抽管方法可分为人工抽管或卷扬机抽管，抽管时必须速度均匀，边抽边转并与孔道保持在同一直线上，抽管后应及时检查孔道情况，并做好孔道清理工作，以防止穿筋困难。

留设预留孔道的同时，还要在设计规定位置留设灌浆孔和排气孔。一般在构件两端和中间每隔约12m留设一个直径20mm的灌浆孔，在构件两端各留一个排气孔。留设灌浆孔和排气孔的目的是：方便构件孔道灌浆。留设方法：用木塞或白铁皮管。

(2)胶管抽芯法。

胶管抽芯法利用的胶管有5~7层的夹布胶管和钢丝网胶管，应将它预先敷设在模板中的孔道位置上，胶管每间隔不大于0.5m距离用钢筋井字架予以固定。采用夹布胶管预留孔道时，混凝土浇筑前夹布胶管内充入压缩空气或压力水，工作压力600~800kPa，使管径增大3mm左右，然后浇筑混凝土，待混凝土初凝后放出压缩空气或压力水，使管径缩小并与混凝土脱离，抽出夹布胶管。夹布胶管内充入压缩空气或压力水前，胶管两端应有密封装置，如图9-43所示。采用钢丝网胶管预留孔道时，预留孔道的方法和钢管相同。由于钢丝网胶管质地坚硬，并具有一定的弹性，抽管时在拉力作用下管径缩小和混凝土脱离，即可将钢丝网胶管抽出。胶管抽芯法预留孔道，混凝土浇筑后不需要旋转胶管，抽管的时间一般以200h作为控制时间，抽管时应先上后下，先曲后直。胶管抽芯法施工省去了转管工序，又由于胶管便于弯曲，所以胶管抽芯法既适用于直线孔道留设，也适用于曲线孔道留设。

胶管抽芯法的灌浆孔和排气孔的留设方法同钢管抽芯法。

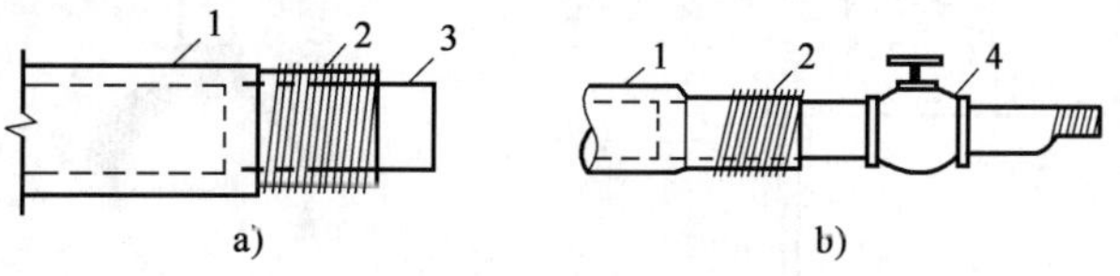

图9-43 胶管密封装置示意图

a)胶管封头；b)胶管与阀门连接

1-胶管；2-铁丝密缠；3-钢管堵头；4-阀门

(3)预埋波纹管法。

预埋波纹管法就是利用与孔道直径相同的金属管埋入混凝土构件中,无需抽出。一般采用黑皮铁管、薄钢管或波纹管。

预埋波纹管法因省去抽管工序,且孔道留设的位置、形状也易保证,故目前应用较为普遍。

波纹管是由薄钢带(厚0.3mm)经压波后卷成。它具有质量轻、刚度好、弯折方便、连接简单、摩阻系数小、与混凝土黏结良好等优点,可作成各种形状的孔道,是现代后张预应力筋孔道成型用的理想材料。

波纹管外形按照每两个相邻的折叠咬口之间凸出部(波纹)的数量分为单波纹和双波纹,如图9-44所示。

波纹管内径为40~100mm,每5mm递增;波纹高度:单波为2.5mm,双波为3.5mm。波纹管长度,由于运输关系,每根为4~6m;波纹管用量大时,生产厂可带卷管机到现场生产,管长不限。

对波纹管的基本要求是:一是在外荷载的作用下,有抵抗变形的能力;二是在浇筑混凝土过程中,水泥浆不得渗入管内。

波纹管的连接,采用大一号同型波纹管。接头管的长度为200~300mm,用塑料热塑管或密封胶带封口,如图9-45所示。

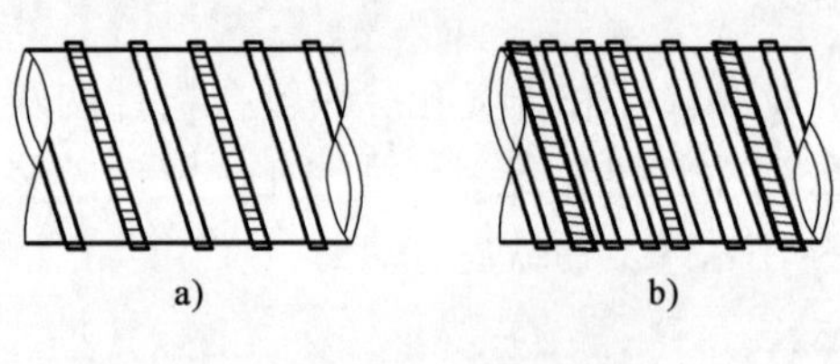

图9-44 波纹管外形示意图

a)单波纹;b)双波纹

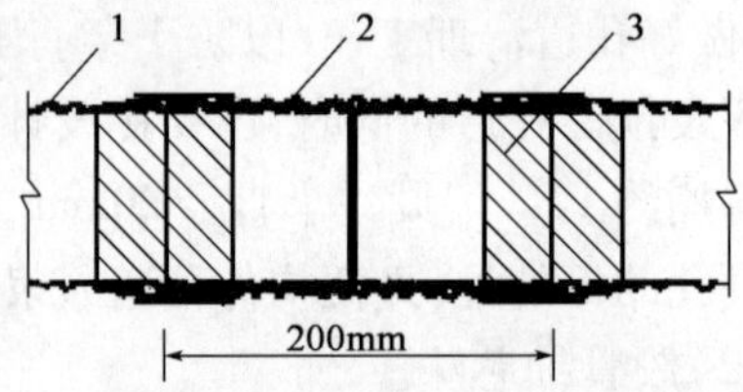

图9-45 波纹管的连接示意图

1-波纹管;2-接头管;3-密封胶带

波纹管的安装,应根据预应力筋的曲线坐标在侧模或箍筋上画线,以波纹管底为准。波距为600mm。钢筋托架应焊在箍筋上,如图9-46所示,箍筋下面要用垫块垫实。波纹管安装就位后,必须用铁丝将波纹管与钢筋托架扎牢,以防浇筑混凝土时波纹管上浮而引起的质量事故。

灌浆孔与波纹管的连接,如图9-47所示。其做法是在波纹管上开洞,其上覆盖海绵垫片与带嘴的塑料弧形压板,并用铁丝扎牢,再用增强塑料管插在嘴上,并将其引出梁顶面400~500mm。灌浆孔间距不宜大于30m,曲线孔道的曲线波峰位置,宜设置泌水管。

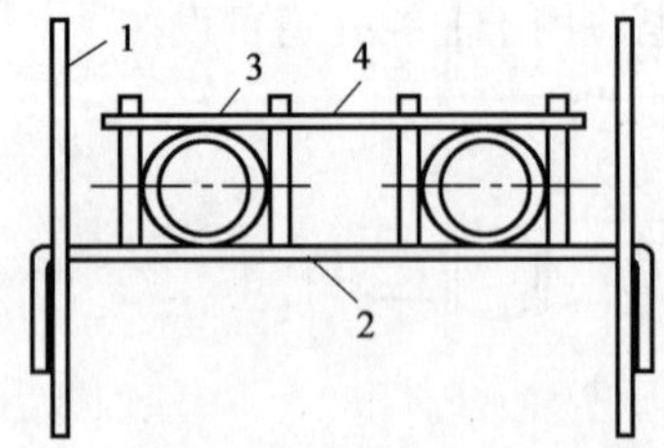

图9-46 金属螺旋管(波纹管)的固定示意图

1-箍筋;2-钢筋托架;3-波纹管;4-后绑的钢筋

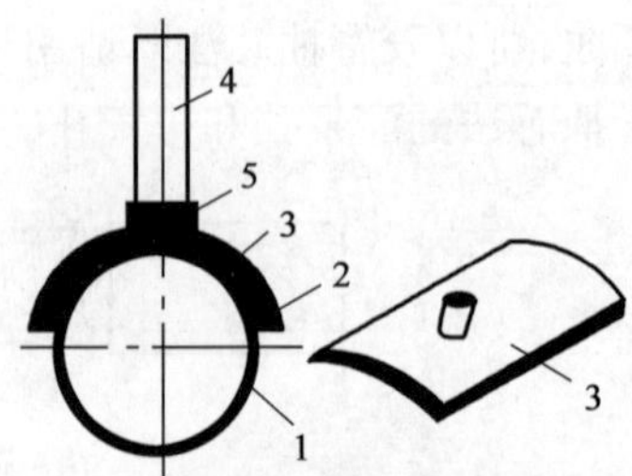

图9-47 灌浆孔的留设示意图

1-波纹管;2-海绵垫片;3-塑料弧形压板;4-增强塑料管;5-铁丝绑扎

在混凝土浇筑过程中，为了防止波纹管偶尔漏浆引起孔道堵塞，应采用通孔器通孔。通孔器由长60~80mm的圆钢制成，其直径小于孔径10mm，用尼龙绳牵引。

2. 预应力筋的张拉

(1)预应力损失。

①预应力直线钢筋由于锚具变形和钢筋内缩引起的预应力损失 σ_{l1}。

直线预应力钢筋当张拉到 σ_{con} 后进行锚固在台座或构件上时，由于锚具、垫板与构件之间的缝隙被挤紧，或由于钢筋和楔块在锚具内的滑移，使得被拉紧的钢筋松动回缩 α(mm)而引起预应力损失 σ_{l1}(N/mm^2)其值可按下列公式计算：

$$\sigma_{l1}=\frac{\alpha}{l}\times E_s$$

式中：α——张拉端锚具变形和钢筋内缩值按表9-3取用；

l——张拉端至锚固端之间的距离(mm)；

E_s——预应力钢筋的弹性模量(N/mm^2)。

锚具变形和钢筋内缩值 α(mm) 表9-3

锚具类型		内缩值 α
支承式锚具(钢丝束镦头锚具)	螺母缝隙	1
	每块后加垫板的缝隙	1
锥塞式锚具(钢丝束的钢质锥形锚具等)		5
夹片式锚具	有顶压时	5
	无有顶压时	6~8

注：①表中的锚具变形和钢筋内缩值也可根据实测数据确定。

②其他类型的锚具变形和钢筋内缩值应根据实测数据确定。

②预应力钢筋与孔道壁之间的摩擦引起的预应力损失 σ_{l2}。

后张法张拉直线预应力筋时，由于孔道不直，孔道尺寸偏差、孔壁粗糙，钢筋不直(如对焊接头偏心、弯折等)，预应力钢筋表面粗糙等原因，使钢筋在张拉时与孔壁接触而产生摩擦阻力，这种摩擦阻力距离预应力钢筋张拉端越远，影响越大。如果是曲线孔道钢筋张拉时还得更贴紧孔遭壁，摩擦阻力更大。因而使构件每一截面上的实际预应力逐渐减小。这种应力差额称为因摩擦引起的预应力损失，以 σ_{l2} 表示。

③混凝土加热养护时，受张拉的钢筋与承受拉力的设备之间温差引起的预应力损失 σ_{l3}。

为了缩短先张法构件的生产周期，浇灌混凝土后常采用蒸汽养护的办法加速混凝土的硬结。升温时，新浇的混凝土尚未结硬，钢筋受热自由膨胀，但两端的台座是固定不动的亦即距离保持不变，因而，张拉后的钢筋就松了，预应力钢筋产生应力损失 σ_{l3}。降温时，混凝土已结硬和钢筋结成一个整体。由于两者具有相同的温度膨胀系数，所以随温度降低而产生相同的收缩，所损失的 σ_{l3} 无法恢复。

④钢筋应力松弛引起的预应力损失 σ_{l4}。

钢筋在高应力作用下具有随时间而增长的塑性变形性质，一方面，当钢筋长度保持不变的条件下钢筋的应力会随时间的增长而逐渐降低，这种现象称为钢筋的应力松弛。另一方面，当钢筋应力保持不变的条件下，应变会随时间的增长而逐渐增大，这种现象称为钢筋的徐变。钢筋的松弛和徐变均将引起预应力钢筋中的应力损失，这种损失统称为钢筋应松弛

损失 σ_{l4}。

⑤混凝土收缩、徐变引起受拉区和受压区预应力钢筋的预应力损失 σ_{l5}。

混凝土在一般温度条件下，结硬时会发生体积收缩，而在预应力作用下，沿压力方向发生徐变。它们均使构件的长度缩短，预应力钢筋也随之内缩，造成预应力损失。收缩与徐变虽是两种性质完全不同的现象，但二者的影响因素，变化规律较为相似，故将这两项预应力损失合在一起考虑。

⑥用螺旋式预应力钢筋作配筋的环行构件，当直径 $d\leqslant 3$m 时，由于混凝土的局部挤压引起的预应力损失 σ_{l6}。

⑦预应力损失值组合。

以上所述的 6 项预应力损失，它们有的只发生在先张法构件中，有的只发生于后张法构件中，有的两种构件均有，而且是分批产生的。为了分析和便于计算预应力构件在各阶段预应力损失值宜按表 9-4 的规定进行组合。

考虑到各项预应力损失的离散性，实际损失有可能比按规范计算值高，故对求得的预应力总损失值 σ_l 小于下列数值时，则按下列数值取用：

先张法构件：100N/mm^2；

后张法构件：80N/mm^2。

各阶段预应力损失值组合表 表 9-4

预应力损失值组合	先张法构件	后张法构件
混凝土预压前（第一批）的损失	$\sigma_{l1}+\sigma_{l2}+\sigma_{l3}+\sigma_{l4}$	$\sigma_{l1}+\sigma_{l2}$
混凝土预压后（第二批）的损失	σ_{l5}	$\sigma_{l4}+\sigma_{l5}+\sigma_{l6}$

（2）张拉对混凝土强度要求。

预应力筋张拉时，构件的混凝土强度应符合设计要求；如设计无要求时，混凝土强度不应低于设计强度等级的 75%。对于拼装的预应力构件，其拼缝处混凝土或砂浆强度如设计无要求时，不宜低于块体混凝土设计强度等级的 40%，且不低于 15MPa。

后张法构件为了搬运需要，可提前施加一部分预应力，使构件建立较低的预应力值以承受自重荷载。但此时混凝土的立方强度不应低于设计强度等级的 60%。

（3）张拉控制应力的确定。

预应力筋的张拉控制应力按《混凝土结构设计规范》（GB 50010—2010）规定取值。参见先张法。

（4）张拉顺序。

预应力筋的张拉顺序，应使混凝土不产生超应力、构件不扭转与侧弯、结构不变位等，因此，对称张拉是一条重要原则。图 9-48 为预应力混凝土屋架下弦杆与吊车梁的预应力筋张拉顺序。

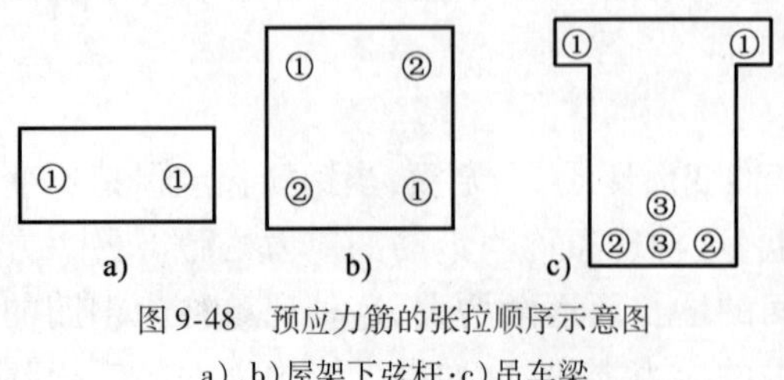

图 9-48 预应力筋的张拉顺序示意图

a)、b)屋架下弦杆；c)吊车梁

①对配有多根预应力筋的预应力混凝土构件，由于不可能同时一次张拉完预应力筋，应分批、对称地进行张拉。分批张拉时，要考虑后批预应力筋张拉时对混凝土产生的弹性压缩，从而引起前批张拉的预应力筋应力值降低，所以对前批张拉的预应力筋的张拉应力应增加

$\Delta\sigma = \alpha_E \sigma_{PCi}$。

$$\alpha_E \sigma_{PCi} = \frac{E_s}{E_c} \times (\sigma_{con} - \sigma_1) \times \frac{A_P}{A_n}$$

式中：σ_{con}——张拉控制应力；

α_E——钢筋弹性模量与混凝土弹性模量的比值；

σ_{PCi}——张拉后批预应力筋时，对已张拉的预应力筋重心处的混凝土法向应力（N/mm^2）；

E_s——钢筋的弹性模量（kN/mm^2）；

E_c——混凝土的弹性模量（kN/mm^2）；

σ_1——预应力筋第一批的应力损失值（kN/mm^2）；

A_P——后批张拉的预应力筋截面面积（mm^2）；

A_n——混凝土构件的净截面面积（包括构造钢筋的折算面积）（mm^2）。

对称张拉是为了避免张拉时构件截面呈现过大的偏心受压状态。

②对平卧叠浇的预应力混凝土构件，上层构件的重量产生的水平摩阻力，会阻止下层构件在预应力筋张拉时混凝土弹性压缩的自由变形，待上层构件起吊后，由于摩阻力影响消失会增加混凝土弹性压缩的变形，从而引起预应力损失。该损失值，随构件形式、隔离剂和张拉方式而不同，其变化差异较大。目前尚未掌握其变化规律，为便于施工，在工程实践中可采取逐层加大超张拉的办法来弥补该预应力损失，但是底层的预应力混凝土构件的预应力筋的张拉力不得超过顶层的预应力筋的张拉力，具体规定是：

预应力筋为钢丝，钢绞线、热处理钢筋，应小于5%，其最大超张拉力应小于抗拉强度的75%；预应力筋为冷拉热轧钢筋，应小于9%，其最大超张拉力应小于标准强度的95%。

（5）张拉方法。

为了减少预应力筋与预留孔道摩擦引起的损失，对于抽芯成形孔道、曲线形预应力筋和长度大于24m的直线形预应力筋，应采取两端同时张拉的方法。长度小于或等于24m的直线形预应力筋，可一端张拉。对预埋波纹管孔道：曲线形预应力筋和长度大于30m的直线形预应力筋，宜采取两端同时张拉的方法。长度小于或等于30m的直线形预应力筋，可一端张拉。同一截面中有多根一端张拉的预应力筋时，张拉端宜分别设置在构件的两端，当两端同时张拉同一根预应力筋时，为减少预应力损失，施工时宜采用先张拉一端锚固后，再在另一端补足张拉力后进行锚固。

3. 孔道灌浆

预应力筋张拉锚固后，孔道应及时灌浆以防止预应力筋锈蚀，增加结构的整体性和耐久性。但采用电热法时孔道灌浆应在钢筋冷却后进行。

孔道灌浆应采用强度等级不低于32.5级的普通硅酸盐水泥或矿渣硅酸盐水泥配制的水泥浆；对空隙大的孔道可采用砂浆灌浆。水泥浆及砂浆强度均不应低于20MPa。灌浆用水泥浆的水灰比宜为0.4左右，搅拌后3h泌水率宜控制在0.2%，最大不超过0.3%，纯水泥浆的收缩性较大，为了增加孔道灌浆的密实性，在水泥浆中可掺入水泥用量0.2%的木质素磺酸钙或其他减水剂，但不得掺入氯化物或其他对预应力筋有腐蚀作用的外加剂。

灌浆前混凝土孔道应用压力水冲刷干净并润湿孔壁。灌浆顺序应先下后上，以避免上层孔道漏浆而把下层孔道堵塞。孔道灌浆可采用电动灰浆泵，灌浆应缓慢均匀地进行，不得中断，灌满孔道并封闭排气孔后，宜再继续加压至0.5～0.6MPa并稳压一定时间，以确保孔道灌浆的密实性。对于不掺外加剂的水泥浆可采用二次灌浆法，以提高孔道灌浆的密实性。

灌浆后孔道内水泥浆及砂浆强度达到 15MPa 时，预应力混凝土构件即可进行起吊运输或安装。

最后把露在构件端部外面的预应力筋及锚具，用封端混凝土保护起来。

学习情境五　无黏结预应力技术

在后张法预应力混凝土构件中，预应力筋分为有黏结和无黏结两种。有黏结的预应力是后张法的常规做法，张拉后通过灌浆使预应力筋与混凝土黏结。无黏结预应力是近几年发展起来的新技术，其做法是在预应力筋表面刷涂油脂并包塑料带（管）后，如同普通钢筋一样先铺设在支好的模板内，再浇筑混凝土，待混凝土达到规定的强度后，进行预应力筋张拉和锚固。这种预应力工艺是借助两端的锚具传递预应力，无需留孔灌浆，施工简便，摩擦损失小，预应力筋易弯成多跨曲线形状等，但对锚具锚固能力要求较高。无黏结预应力适用于大柱网整体现浇楼盖结构，尤其在双向连续平板和密肋楼板中使用最为合理经济。目前无黏结预应力混凝土平板结构的跨度，单向板可达 9～10m，双向板为 9m×9m，密肋板为 12m，现浇梁跨度可达 27m。

一、无黏结预应力筋

无黏结预应力筋由无黏结筋、涂料层和外包层三部分组成，如图 9-49 所示。

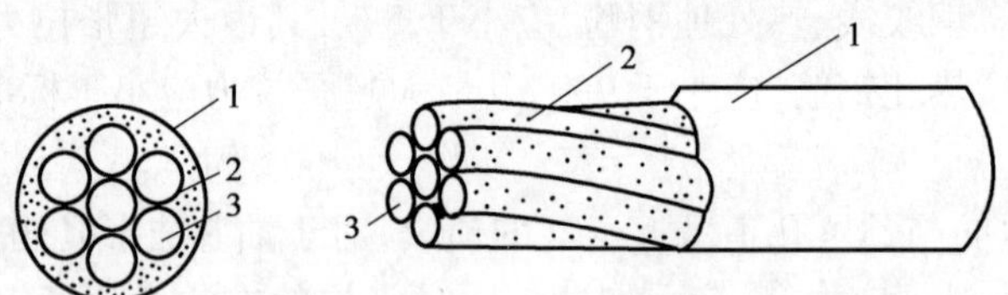

图 9-49　无黏结预应力筋示意图

1-塑料外包层；2-防腐润滑脂；3-钢绞线（或碳素钢丝束）

1. 无黏结筋

无黏结筋宜采用柔性较好的预应力筋制作，选用 7Φs4 或 7Φs5 钢绞线。

2. 涂料层

无黏结筋的涂料层可采用防腐油脂或防腐沥青制作。涂料层的作用是使无黏结筋与混凝土隔离，减少张拉时的摩擦损失，防止无黏结筋腐蚀等。因此，要求涂料性能符合下列要求：

（1）在 －20℃～70℃ 温度范围内，不流淌、不裂缝、不变脆并有一定韧性。

（2）使用期内化学稳定性高。

（3）润滑性能好，摩擦阻力小。

（4）不透水、不吸湿。

（5）防腐性能好。

3. 外包层

无黏结筋的外包层可用高压聚乙烯塑料带或塑料管制作。外包层的作用是使无黏结筋在运输、储存、铺设和浇筑混凝土等过程中不会发生不可修复的破坏，因此要求外包层应符合下列要求：

（1）在 -20 ~70℃温度范围内，低温不脆化，高温化学稳定性好。

（2）必须具有足够的韧性，抗破损性强。

（3）对周围材料无侵蚀作用。

（4）防水性强。

制作单根无黏结筋时，宜优先选用防腐油脂做涂料层，其塑料外包层应用塑料注塑机注塑成型，防腐油脂应填充饱满，外包层应松紧适度。成束无黏结筋可用防腐沥青或防腐油脂作涂料层，当使用防腐沥青时，应用密缠塑料带作外包层，塑料带各圈之间的搭接宽度应不小于带宽的 1/2，缠绕层数不少于 4 层。要求防腐油脂涂料层无黏结筋的张拉摩擦系数不应大于 0.12；防腐沥青涂料层无黏结筋的张拉摩擦系数不应大于 0.25。

二、无黏结筋的制作

无黏结筋的制作一般采用挤压涂层工艺和涂包成型工艺两种。

1. 挤压涂层工艺

挤压涂层工艺主要是无黏结筋通过涂油装置涂油，涂油无黏结筋通过塑料挤压机涂刷塑料薄膜，再经冷却筒槽成型塑料套管。这种挤压涂层工艺的特点是效率高、质量好、设备性能稳定，与电线、电缆包裹塑料套管的工艺相似。

2. 涂包成型工艺

涂包成型工艺是无黏结筋经过涂料槽涂刷涂料后，再通过归束滚轮成束并进行补充涂刷，涂料厚度一般为 2mm，涂好涂料的无黏结筋随即通过绕布转筒自动地交叉缠绕两层塑料布，当达到需要的长度后进行切割，成为一根完整的无黏结预应力筋。这种涂包成型工艺的特点是质量好，适应性较强。

三、无黏结预应力筋的锚具

1. 单孔夹片锚具

单孔夹片锚具由锚环和夹片组成，如图 9-50 所示。

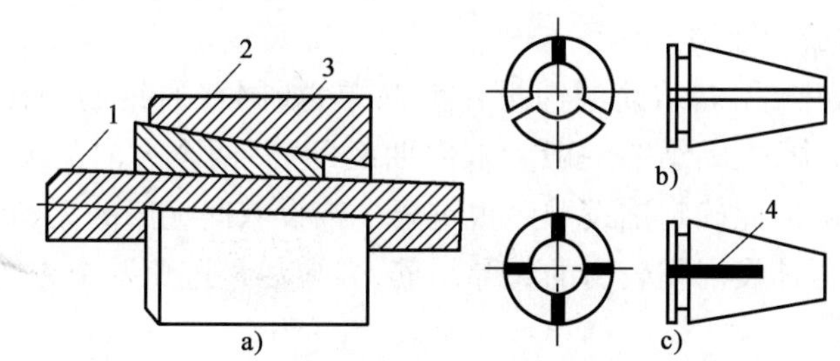

图 9-50　单孔夹片式锚具示意图

a）组装图；b）三夹片；c）二夹片

1-钢绞线；2-锚环；3-夹片；4-弹性槽

单孔夹片锚具锚环采用 45 号钢制作，调质热处理硬度 HB285 ±15，夹片分为三片与二片式两种，三片式夹片按 120°分，二片式夹片的背面上部锯有一条弹性槽，可提高锚固能力，采用 20Cr 钢制作，表面热处理硬度 HRC58 ~ HRC61。

2. XM 型夹片式锚具

XM 型夹片式锚具又称多孔夹片锚具，由锚板和夹片组成，如图 9-51 所示。

锚板的锚孔沿圆周排列，其间距分别为：ϕ15 钢绞线≥33mm，ϕ12 钢绞线≥29mm。XM 型夹片式锚具的特点是每束钢绞线的根数不受限制，每根钢绞线是单独锚固的，任何一根钢绞线锚固失效都不会引起整束钢绞线的锚固失效。

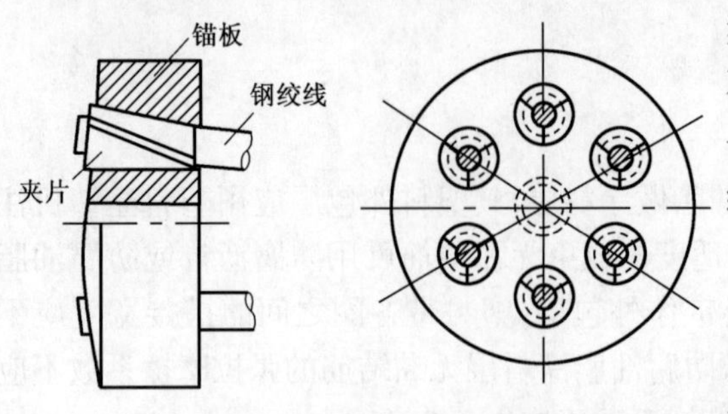

图 9-51　XM 型夹片式锚具示意图

3. 挤压锚具

挤压锚具是利用液压挤压机将套筒挤紧在钢绞线端头上的锚具，用于内埋式固定端。挤压锚具组装时，液压挤压机的活塞杆推动套筒通过挤压模使套筒变细，硬钢丝衬圈碎断，咬入钢绞线表面，从而夹紧钢绞线，形成挤压头。锚具构造如图 9-52 所示。

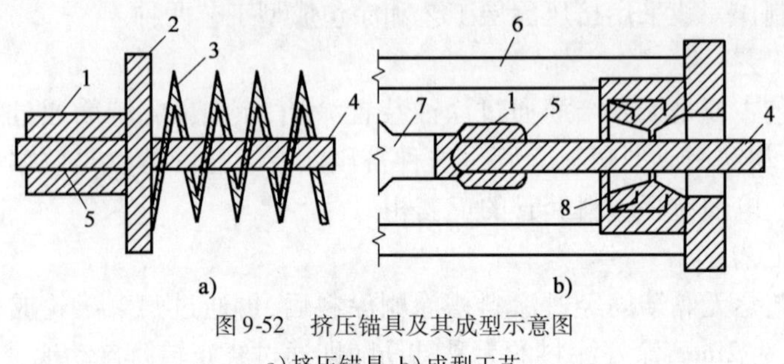

图 9-52　挤压锚具及其成型示意图

a) 挤压锚具；b) 成型工艺

1-挤压套筒；2-垫板；3-螺旋筋；4-钢绞线；5-硬钢丝衬圈；6-挤压机机架；7-活塞杆；8-挤压模

四、无黏结预应力施工

无黏结预应力在施工中，主要问题是无黏结预应力筋的铺设、张拉和端部锚头处理。无黏结筋在使用前应逐根检查外包层的完好程度，对有轻微破损者，可包塑料带补好；对破损严重者应予以报废。

1. 无黏结预应力筋的铺设

在单向连续梁板中，无黏结筋的铺设比较简单，如同普通钢筋一样铺设在设计位置上。在双向连续平板中，无黏结筋一般为双向曲线配筋，两个方向的无黏结筋互相穿插，给施工操作带来困难，因此确定铺设顺序很重要。铺设双向配筋的无黏结筋时，应先铺设高程低的无黏结筋，再铺设高程较高的无黏结筋，并应尽量避免两个方向的无黏结筋相互穿插编结。

无黏结筋应严格按设计要求的曲线形状就位并固定牢靠。铺设无黏结筋时，无黏结筋的曲率可垫铁马凳控制。铁马凳高度应根据设计要求的无黏结筋曲率确定，铁马凳间隔不宜大于 2m 并应用铁丝将其与无黏结筋扎紧。也可以用铁丝将无黏结筋与非预应力钢筋绑扎牢固，以防止无黏结筋在浇注混凝土过程中发生位移，绑扎点的间距为 0.7 ~ 1.0m。无黏结筋控制点的安装偏差：矢高方向 ±5mm，水平方向 ±30mm。

2. 无黏结预应力筋的张拉

由于无黏结预应力筋一般为曲线配筋，故应两端同时张拉。

无黏结筋的张拉顺序应与其铺设顺序一致，先铺设的先张拉，后铺设的后张拉。成束无黏结筋正式张拉前,宜先用千斤顶往复抽动 1 ~2 次以降低张拉摩擦损失。无黏结筋的张拉过程中,当有个别钢丝发生滑脱或断裂时,可相应降低张拉力,但滑脱或断裂的数量不应超过结构同一截面无黏结预应力筋总量的 2% 。

3. 无黏结预应力筋的端部锚头处理

无黏结筋端部锚头的防腐处理应特别重视。采用 XM 型夹片式锚具的钢绞线,张拉端头构造简单,无须另加设施,端头钢绞线预留长度不小于 150mm,多余部分切断并将钢绞线散开打弯,埋设在混凝土中以加强锚固,如图 9-53 所示。

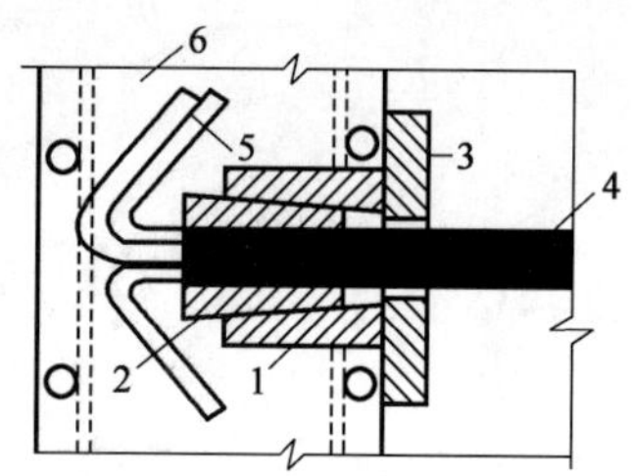

图 9-53　钢绞线端部锚头处理示意图
1-锚环;2-夹片;3-埋件;4-钢绞线;5-散开后打弯钢丝;6-后浇混凝土

练习题

1. 什么叫预应力混凝土？预应力混凝土施工方法分哪两大类？
2. 简述一下后张法施工工艺流程。

单元十　屋面防水工程

学习情境一　屋面防水层构造及基本规定

一、屋面防水层构造

卷材防水屋面是用胶黏剂将防水卷材逐层黏结铺设而成的防水屋面，如图10-1所示。

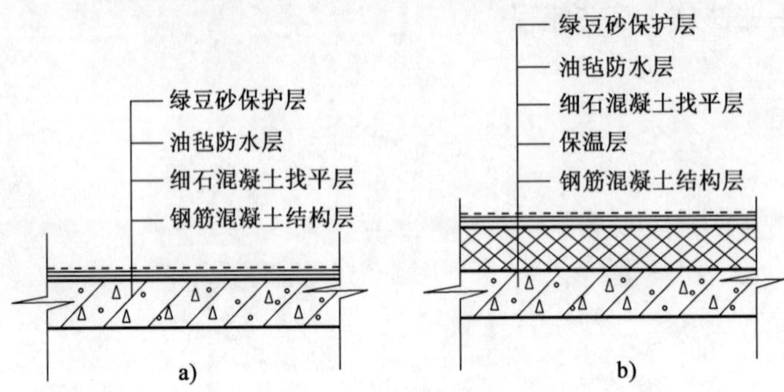

图10-1　卷材防水构造示意图

a）不保温卷材屋面；b）保温卷材屋面

结构层起承重作用，保温层的作用是隔热保温，找平层用以找平保温层或结构层，防水层主要防止雨雪水向屋面渗透，保护层是保护防水层免受外界因素的影响而遭到损坏。其中保温层不强制设置，主要应根据气温条件和使用要求而定。

不保温屋面与保温屋面相比，只是没有保温层。

二、屋面防水有关名词解释

（1）防水层合理使用年限：指屋面防水层能满足正常使用要求的年限。

（2）一道防水设防：具有单独防水能力的一道防水层。

（3）合成高分子防水卷材：以合成橡胶、合成树脂或它们两者的共混体为基料，加入适量的化学助剂和填充料等，经不同工序加工而成可卷曲的片状防水材料，或把上述材料与合成纤维等复合形成两层或两层以上可卷曲的片状防水材料。

（4）分格缝：在屋面找平层、刚性防水层、刚性保护层上预先留设的缝。

（5）满黏法：铺贴防水卷材时，卷材与基层采用全部黏结的施工方法。

（6）空铺法：铺贴防水卷材时，卷材与基层在周边一定宽度内黏结，其余部分不黏结的施工方法。

（7）点黏法：铺贴防水卷材时，卷材或打孔卷材与基层采用点状黏结的施工方法。

（8）条黏法：铺贴防水卷材时，卷材与基层采用条状黏结的施工方法。

（9）冷黏法：在常温下采用胶黏剂等材料进行卷材与基层、卷材与卷材间黏结的施工方法。

(10)热熔法:采用火焰加热器熔化热熔型防水卷材底层的热熔胶进行黏结的施工方法。

(11)自黏法:采用带有自黏胶的防水卷材进行黏结的施工方法。

(12)热风焊接法:采用热空气焊枪进行防水卷材搭接黏合的施工方法。

(13)倒置式屋面:将保温层设置在防水层上的屋面。

(14)架空屋面:在屋面防水层上采用薄型制品架设一定高度的空间,起到隔热作用的屋面。

(15)蓄水屋面:在屋面防水层上蓄一定高度的水,起到隔热作用的屋面。

(16)种植屋面:在屋面防水层上铺以种植介质,可栽种植物的屋面。

三、屋面防水等级、防水层合理使用年限和设防要求

《屋面工程技术规范》(GB 50345—2012)规定:屋面工程应根据建筑物的性质、重要程度、使用功能要求以及防水层耐用年限等,将屋面防水分为四个等级,见表10-1。

屋面防水等级和设防要求 表10-1

项目	屋面防水等级			
	Ⅰ	Ⅱ	Ⅲ	Ⅳ
建筑物类别	特别重要的民用建筑和对防水有特殊要求的工业建筑	重要的工业与民用建筑、高层建筑	一般的工业与民用建筑	非永久性的建筑
防水层耐用年限	25年	15年	10年	5年
防水层选用材料	宜选用合成高分子防水卷材、高聚物改性沥青防水卷材、合成高分子防水涂料、细石防水混凝土等材料	宜选用高聚物改性沥青肪水卷材、合成高分子防水卷材、金属板材、合成高分子防水涂料、高聚合物改性沥青防水涂料、细石混凝土,平瓦、油毡瓦等材料	宜选用三毡四油沥青防水卷材、高聚合物改性沥青防水卷材、合成高分子防水卷材、金属板材、高聚合物改性沥青防水涂料、合成高分子防水涂料、细石混凝土,平瓦、油毡瓦等材料	可选用二毡三油沥青防水卷材、高聚物改性沥青防水涂料等材料
设防要求	三道或三道以上防水设防	二道防水设防	一道防水设防	一道防水设防

屋面防水等级主要是在防水层合理使用年限内保证屋面不发生渗漏的前提下,从屋面防水的功能要求出发,按渗漏可能造成的影响程度来进行划分的。因为由于建筑物的使用功能不同,有的建筑物如屋面一旦发生渗漏,可能会引起爆炸,造成伤亡;有的建筑物如屋面渗水,会使重要设备或珍贵物品遭到破坏,或产品受到污染和损坏;有些建筑如屋面渗漏,会对生产、生活带来极大影响和不便;有些建筑物如屋面渗漏,会使室内装饰污染、霉变,影响使用功能和美观。

在确保屋面防水层合理使用年限内不得渗漏的要求下,确定将屋面防水划分为四个等级。

(1)渗漏后会造成巨大损失,直至人身伤亡。

(2)渗漏后会造成重大的经济损失。

(3)渗漏后会造成一般经济损失,或影响正常工作、生活。

(4)渗漏后会影响美观。

不同的防水等级应有相应的防水层合理使用年限。防水层合理使用年限是指屋面防水层能满足正常使用要求的期限。根据我国当前的经济发展水平、建筑物使用功能和重要程度、当前防水材料的质量状况,以及防水层的工作条件和工作环境综合考虑后,规范规定了防水层合理使用年限。

因为不同的防水材料有不同的耐久性,因此对防水等级高的屋面工程,就要选用高档次的防水材料,并进行多道设防,以满足防水层合理使用年限的要求;对防水等级低的屋面工程,可以选用低档次的防水材料,进行一道设防,这样防水层的合理使用年限相对就会短一些。

屋面防水等级确定后,设计人员就可以根据工程特点、地区自然条件等进行防水构造设计,确定防水设防层次,选定相应的防水材料,重要的部位应绘制节点详图。

四、防水层施工条件

1. 基层条件

防水层是依附于基层的,基层的质量包括结构层和找平层的刚度、平整度、强度、表面完整程度及基层含水率等。

结构刚度对屋面防水层的影响很大,因此屋面结构宜采用现浇板。如采用装配式混凝土板时,应采用细石混凝土灌缝,其强度等级不得小于 C20。当屋面板板缝宽度大于 40mm 或上宽下窄时,板缝内应设置构造钢筋,以提高结构板的刚度,减少结构变形对防水层的不利影响。

2. 防水层必须由专业施工队伍及作业人员进行施工

承接屋面工程防水层施工的专业队伍应有防水工程施工的专项资质,具有防水工程施工的专业技术、设备、人员等能力。作业人员应事先进行培训,持证上岗,未经培训取得上岗证的人员不得随意操作,施工人员如遇新材料、新工艺、新技术还必须事先进行培训学习,大面积操作前由有经验的技工进行操作示范,掌握施工方法和要领,绝不可任意施工。防水工程施工前,应根据施工方案要求确定并配齐施工操作人员。

3. 屋面工程施工前应进行图纸会审,编制屋面工程施工方案

(1)图纸会审是施工人员学习图纸、领会设计意图的重要环节。通过图纸会审要达到以下三个目的:

①掌握设计构造、设防要求、层次和节点处理方法,防水层的类别、采用的防水材料及性能指标要求。

②领会设计意图,结合防水工程的实际情况,进行分析研究,提出对策,对防水设计中不明确的地方,提出问题与设计人员共同协商解决的方法。

③根据防水构造设计和节点处理方法,确定施工程序和施工方法,为编制施工方案提供条件。

(2)施工人员在掌握了设计意图和设防构造后,应编制详细的施工方案来指导防水工程的施工活动,施工方案应包括以下内容:

①工程概况:包括整个工程简况,屋面防水等级、防水层构造层次、设防要求、建筑类型和结构特点、防水层合理使用年限等。

②质量目标:屋面防水工程施工的具体质量目标、质量保证体系、工序质量的预控标准、质量验收的方法与记录、施工记录和归档资料的内容和要求等。

③施工组织与管理:确定屋面防水工程施工的组织者和负责人,负责施工操作的班组人员,屋面防水工程施工技术交底的内容、工序检验的步骤和要求,现场材料堆放、运输等的要求。

④防水材料的使用:防水材料的类型、名称、品种、特点和性能指标,质量要求和抽样复验要求,施工注意事项,运输贮存的有关规定等。

⑤施工操作技术:包括屋面工程的施工顺序、施工准备工作内容、基层要求、节点增强处理方法、防水材料施工工艺、操作方法和技术要求,防水层施工的环境和气候条件、成品保护的方法等。

⑥安全注意事项:根据工程特点明确防水工程施工中的各种安全注意事项,如防水要求、高空作业要求、劳动保护和防护措施等。

4. 材料要求

屋面工程所采用的防水和保温隔热材料应有产品合格证书和性能检测报告,所用材料的品种、规格、性能等应符合现行国家产品标准和设计要求。材料进场后,应检查材料的品种、规格是否正确,材料的包装和商标是否完整,产品质量保证书是否齐全,并按《屋面工程技术规范》规定的项目和性能指标要求抽样复验,并提出试验报告;不合格材料不得在屋面工程中使用。

材料进场后应有专门的房间存放,应保证通风、干燥,防止日光直接照射,避免碰撞、受潮,远离火源,贮存温度不应低于0℃。材料的包装上应有明显的标志,标明材料名称、规格、生产厂家、生产日期和产品有效期,不同品种、规格的防水材料应分别堆放,以免搞混。当材料存放时间超过贮存期时,应将材料重新进行检验,合格后方可用于屋面工程。

5. 环境和气候条件

屋面工程施工基本上是露天进行,因此气候影响极大。施工期的雨、雪、霜、雾,以及高温、低温、大风等天气情况,对防水层的质量都会造成不同程度的影响,所以屋面工程施工期间,必须掌握天气情况和气象预报,以保证施工的顺利进行和屋面工程的施工质量。规范规定屋面的保温层和防水层严禁在雨天、雪天或五级风及其以上时施工。施工的环境气温宜符合表10-2要求。

屋面保温层和防水层施工环境气温 表10-2

项　目	施工环境气温
黏结保温层	热沥青不低于－10℃;水泥砂浆不低于5℃
沥青防水卷材	不低于5℃
高聚物改性沥青防水卷材	冷黏法不低于5℃;热熔法不低于－10℃
合成高分子防水卷材	冷黏法不低于5℃;热风焊接法不低于－10℃
高聚物改性沥青防水涂料	溶剂型不低于－5℃;水溶型不低于5℃
合成高分子防水涂料	溶剂型不低于－5℃;水溶型不低于5℃
刚性防水层	不低于5℃

雨、雪天气或预计在防水层施工期内有雨、雪时,就不应该进行防水层施工,以免雨、雪破坏已施工的防水层,失去防水效果。如施工时遇雨、雪,则必须立即做好保护措施,将已完成的防水层周边用密封材料封固,防止雨水侵入。

霜、雾天或大气湿度过大时,会使基层的含水率增大,必须待霜、雾退去、基层晒干后施工，否则会造成防水层与基层黏结不良或起鼓现象。

当五级风及其以上时，防水层均不得施工，因为大风易将尘土或砂粒刮到基层上面，不但影响黏结，还容易刺破防水层。

大气温度对防水层施工质量影响也很大，由于防水材料种类多，性能差异大，工艺不同，对气温要求略有不同。气温过低，会影响卷材与基层的黏结力，挥发固化型涂料会延长固化时间，同时易遭冻结而失去防水作用。气温太高，施工操作不便，防水涂料的溶剂或水分蒸发过快，涂膜易产生收缩而出现裂缝，故气温太高时也不宜施工。

五、合理安排屋面工程施工顺序，保证防水层的施工质量

屋面防水施工应当是屋面工程的最后一道工序。《屋面工程技术规范》（GB 50345—2012）第3.0.6条规定："伸出屋面的管道、设备或预埋件等，应在防水层施工前安设完毕。屋面防水层完工后，不得在其上凿孔打洞或重物冲击。"此外，高低跨屋面的高跨建筑或屋面上设备间的结构、装修施工，也要求在防水层施工前完成，否则在已完成的防水层上搭设脚手架及进行操作，势必损伤防水层的完整性，尤其是耐穿刺性差的柔性防水层，危害就更大。实践证明，由于工序安排不妥，在已完工的防水层上继续施工造成渗漏的屡见不鲜。

在施工中也常遇到屋面上一些设备安装必须在防水层完成后进行，还有防水层的刚性保护层施工、架空隔热板铺设等工作也必须在防水层完成后进行，这种情况下，必须采取有效的措施，对已完成的防水层进行保护，如在防水层上铺垫脚手板或铺设保护层等措施。

六、屋面工程子分部、分项工程的划分

屋面工程是单位工程的一个分部工程，因为屋面的防水、保温材料多，施工工艺复杂，所以按防水材料的种类和屋面构造形式将屋面工程划分为五个子分部工程，每个子分部工程又根据构造层次或材料划分成分项工程，以便于验收工作的进行。

屋面工程各子分部工程和分项工程的划分见表10-3。

屋面分部工程所含子分部、分项工程表 表10-3

子分部工程	分 项 工 程
卷材防水屋面	保温层、找平层、卷材防水层、细部构造
涂膜防水屋面	保温层、找平层、涂膜防水层、细部构造
刚性防水屋面	细石混凝土防水层、密封材料嵌缝、细部构造
瓦屋面	平瓦屋面、油毡瓦屋面、金属板材屋面、细部构造
隔热屋面	架空屋面、蓄水屋面、种植屋面

学习情境二　找平层、保温层施工

一、找平层

1. 找平层的种类和技术要求

防水层的基层从广义上讲是包括结构基层和直接依附防水层的找平层，从狭义上讲，防水层的基层是指在结构层上面或保温层上面起到找平作用并作为防水层依附的层次，称找

平层。防水层的基层是防水层依附的一个层次，为了保证防水层不受变形的影响，基层应有足够的刚度和强度，基层应变形小、坚固，当然还要有足够的排水坡度，使雨水迅速排出。目前作为防水层基层的找平层有细石混凝土、水泥砂浆和沥青砂浆，它们的技术要求见表10-4。

找平层种类、厚度及技术要求一览表　　表10-4

类　别	基层种类	厚度(mm)	技术要求
水泥砂浆找平层	整体混凝土	15～20	1:2.5～1:3(水泥:砂)体积比，水泥强度等级不低于32.5级
	整体或板状材料保温层	20～25	
	装配式混凝土板、松散材料材料保温层	20～30	
细石混凝土	松散材料保温层	30～35	混凝土强度等级不低于C20
沥青砂浆找平层	整体混凝土	15～20	质量比为1:8(沥青:砂)
	装配式混凝土板、整体或板状材料保温层	20～25	

从上表可以看出由于细石混凝土刚性好、强度大，适用于基层较松软的保温层上或结构层刚度差的装配式结构上。而在多雨或低温气候条件时混凝土和砂浆无法施工和养护，可采用沥青砂浆，但因为它造价高，工艺繁，采用较少。

找平层是防水层的依附层，其质量好坏将直接影响到防水层的质量，所以要求找平层必须做到“五要”、“四不”、“三做到”。

五要：一要坡度准确、排水流畅；二要表面平整；三要坚固；四要干净；五要干燥。四不：一是表面不起砂；二是表面不起皮；三是表面不酥松；四是不开裂。三做到：一要做到混凝土或砂浆配比准确；二要做到表面二次压光；三要做到充分养护。

但是，不同材料的防水层对找平层的各项性能要求也有些侧重，有些要求必须严格，达不到就会直接危害防水层的质量，造成对防水层的损害，有些可要求低些，有些还可以不予要求，见表10-5。

不同防水层对找平层的要求一览表　　表10-5

项　目	卷材防水层		涂膜防水层	密封材料	刚性防水层	
	实铺	点铺、空铺			混凝土防水层	砂浆防水层
坡度	足够排水坡	足够排水坡	足够排水坡	无要求	一般要求	一般要求
强度	较好强度	一般要求	较好强度	坚硬整体	一般要求	较好强度
表面平整	不积水	不积水	严格要求不积水	一般要求	一般要求	一般要求
起砂起皮	不允许	少量允许	严禁出现	严禁出现	无要求	无要求
表面裂缝	少量允许	不限制	不允许	不允许	无要求	无要求
干净	一般要求	一般要求	一般要求	严格要求	一般要求	一般要求
干燥	干燥	干燥	干燥	严格干燥	无要求	无要求
光面或毛面	光面	均可	光面	光面	均可	毛面
混凝土原表面	允许铺贴	允许铺贴	刮浆平整	表面处理	允许直接施工	允许直接施工

2. 提高找平层质量的几种方法

目前防水层找平层质量缺陷主要是强度低、裂纹多、表面缺陷严重。因此，除设置分格缝，加强养护等方法外，目前还提倡改进施工工艺，精心施工，掺入外掺材料等方法来提高其质量。

首先应提倡结构找坡，在浇筑结构混凝土或施工找坡层时应精心施工，提高基层的平整度，如果能做到随浇（结构混凝土）随抹的工艺，即原浆抹平压光，那么找平层的质量为最佳。这样会对施工增加难度，当结构层不能达到平整要求，应做找平层时，也应尽量减少其厚度。

在找平层水泥砂浆中掺入一定量石灰，成为混合砂浆，如1:1:2.5，它完全能满足强度要求，而且会大大减少裂缝的产生。

目前在砂浆中掺入微沫剂，减少用水量，或掺入抗裂聚丙烯纤维，即每立方米加入0.7～1kg短切纤维，可以大大地提高砂浆抗裂性能。

当结构层较平整，而找平层较薄时，应采用聚合物砂浆（或干粉砂浆）。聚合物掺量控制在聚灰比2%～3%，即在1:3水泥砂浆或1:1:2.5混合砂浆中加入水泥量2%～3%的聚合物胶粉（当胶水含量50%左右时，掺入4%～6%的聚合物胶水），它硬化快，不但能提高强度，而且减少开裂。

减少开裂另一个方法是在砂浆中压入抗碱玻纤网格布或聚丙烯网格布。即在施工中先铺一层砂浆，再将网格布铺平，再用砂浆埋住，相当于配筋砂浆，这样抗裂性、整体性提高更大。

因此，目前提高找平层质量最有效的作法，首先应精心施工，减少找平层厚度，提高砂浆质量，再加上抗裂纤维或网格布，砂浆中掺入一定量聚合物，这些措施所增加的费用并不大，而找平层的质量就有了保证。

二、保温层

屋面保温层既起到阻止冬季室内热量通过屋面散发到室外，同时也防止夏季室外热量（高温）传到室内，它起到保温和隔热的双重作用，又称之谓“绝热”层。如今室内空调普及，冬天要防止热量散发，夏天要防止冷气向室外传导，以减少能源的消耗，所以提高建筑工程的保温、隔热性能，是节约能源的一项措施。

1 保温材料的分类及品种

我国目前屋面保温层按形式可分为松散材料保温层、板状保温层和整体现浇保温层三种；按材料性质可分为有机保温材料和无机保温材料；按吸水率可分为高吸水率和低吸水率保温材料，见表10-6。

保温材料分类及品种举例 表10-6

分类方法	类型	品种举例
按形状划分	松散材料	炉渣、膨胀珍珠岩、膨胀蛭石、岩棉
	板状材料	加气混凝土、泡沫混凝土、微孔硅酸钙、憎水珍珠岩、聚苯泡沫板、泡沫玻璃
	整体现浇材料	泡沫混凝土、水泥蛭石、水泥珍珠岩、硬泡聚氨酯
按材性划分	有机材料	聚苯乙烯泡沫板、硬泡聚氨酯
	无机材料	泡沫玻璃、加气混凝土、泡沫混凝土、蛭石、珍珠岩
按吸水率划分	高吸水率（>20%）	泡沫混凝土、加气混凝土、珍珠岩、憎水珍珠岩、微孔硅酸钙
	低吸水率（<6%）	泡沫玻璃、聚苯乙烯泡沫板、硬泡聚氨酯

2. 保温层施工要求

(1)松散保温材料施工。

松散保温材料施工铺设前对压实程度要先做试验,明确压实至什么程度,即每平方米多少公斤,确定每次虚铺厚度和压实厚度,然后分层平整铺设压实至要求厚度。铺设的基层要干燥、干净,保温材料含水率不得超过设计规定或规范规定,更不能在施工过程中被雨淋或浸水。当施工过程中遇雨时应采取遮盖措施,并在保温层铺设后及时施工找平层,以免淋雨。检验时除控制材料性能和含水率外,还要控制分层压实程度、表面平整度,厚度允许误差应在 +5% ~ -10%之间。

(2)板状保温材料施工。

板状保温材料品种多,无论采用哪种保温材料,板材性能及施工后的含水率均应符合设计要求。施工时还要求基层平整、干净、干燥,板块铺设时要垫稳铺平铺实以防压断,分层铺设的板块上下层应错缝,板间缝隙应用同类碎料嵌实。厚度误差应不超过 ±5%,且不大于 4mm。

板状保温材料均较轻,施工时不但要垫实外,还应黏结,一般用强度等级低的水泥砂浆,否则遇下雨会漂浮,或被大风刮走。一般在施工板状保温层时,应立即做保护层。如遇两层铺设,板缝应错开,不要上下重缝。

(3)整体现浇保温层施工。

整体现浇水泥蛭石和水泥珍珠岩由于含水率过大,无法干燥已被淘汰,目前主要有沥青蛭石、沥青珍珠岩、现浇硬泡聚氨酯等整体现浇保温层,沥青蛭石和沥青珍珠岩要搅拌均匀一致,虚铺厚度和压实厚度均要先行试验。施工时表面要平整,压实程度要一致。硬泡聚氨酯现浇喷涂施工时,气温应在 15 ~35℃,风速不要超过 5m/s,相对湿度应小于 85%,否则会影响硬泡聚氨酯质量。施工时还应注意配比准确,一般应先作配比试验,使发泡均匀,表观密度保持在 30 ~45kg/m^3。喷涂时,工人应进行培训,掌握喷枪的工人应使喷枪运行均匀,使发泡后表面平整,在完全发泡前应避免上人踩踏。发泡厚度允许误差在 +5% ~ -10%之间。

硬泡聚氨酯保温层完成经检查合格后,应立即进行保护层施工,如系刚性砂浆或混凝土保护层,则应在保温层上铺聚酯毡等材料作为隔离层。

学习情境三　卷材防水层施工

一、卷材防水层

1. 防水卷材的种类及性能指标

防水卷材是以合成橡胶、树脂或高分子聚合物改性沥青、普通沥青等经不同工序加工而成的可卷曲的片状防水材料,一般分为合成高分子防水卷材、高分子聚合物改性沥青防水卷材、沥青卷材三大类,现在又增加了金属卷材新品种。防水卷材的种类及性能指标见表 10-7。

2. 卷材防水层的施工要点

(1)卷材厚度,见表 10-8。

防水卷材分类及性能指标一览表 表10-7

材性分类		品种	性能指标				特点
			强度	延性	低温	不透水	
合成高分子卷材	硫化型	三元乙丙橡胶卷材	≥6MPa	≥400%	-30℃	≥0.3MPa≥30min	强度高延性大,低温好,耐老化
		氯化聚乙烯橡胶共混卷材	≥6MPa	≥400%	-30℃	≥0.3MPa≥30min	强度高延性大,低温好,耐老化
	树脂型	聚氯乙烯卷材	≥10MPa	≥200%	-20℃	≥0.3MPa≥30min	强度高延性大,低温好,耐老化
		自黏高分子卷材	≥6MPa	≥400%	-40℃	≥0.3MPa≥30min	延性大,低温好,施工简便
聚合物改性沥青卷材		SBS改性沥青卷材	≥450N	≥30%	-18℃	高温≥90℃	适合高温和低温地区,耐老化好
		APP(APAO)改性沥青卷材	≥450N	≥30%	-5℃	高温≥110℃	适合高温地区
		改性沥青自黏卷材	≥ 450N	≥500%	-20℃	高温≥85℃	延性大,低温好,施工简便
沥青卷材		纸胎沥青卷材	≥340N	≥3%	+5℃	高温≥85℃	—
金属卷材		PSS合金卷材	≥20MPa	≥30%	-30℃	—	耐老化优越,耐腐蚀能力强

防水层厚度要求 表10-8

屋面防水等级	设防道数	合成高分子卷材	高聚物改性沥青卷材	沥青防水卷材
Ⅰ级	三道或三道以上	不应小于1.5mm	不应小于3mm	—
Ⅱ级	二道设防	不应小于1.2mm	不应小于3mm	—
Ⅲ级	一道设防	不应小于1.2mm	不应小于4mm	三毡四油
Ⅳ级	一道设防	—	—	二毡三油

(2)配套材料。

卷材与基层的黏结胶,卷材搭接缝黏结胶或黏结胶带,密封胶,增强层材料,端头封口固定压条,复杂部位涂膜增强材料,节点密封材料等等。这些材料在防水层中也常常起到关键作用,如接缝黏结胶,如它的性能(包括施工性)不佳,水从缝中漏入卷材底下就不能起到防水作用。目前合成高分子卷材采用高性能双面黏胶带密封条进行密封黏结,防水可靠度大大提高,完善了高分子卷材的整体质量。

(3)胶黏剂必须经耐水性能指标测试。

卷材的胶黏剂或双面胶黏带是将卷材黏于基层和卷材间牢固地黏结成整体,在任何情况下其封闭防水性能不允许大幅降低,尤其当接缝受水浸泡时,性能更不能降低过大,否则就会损坏黏结而开缝,造成渗漏,因此规范规定在浸水168h条件下的黏合性能保持率不得小于70%。

(4)卷材的搭接方向、搭接宽度。

防水卷材在屋面铺贴其搭接方向及相邻卷材铺贴时的搭接宽度要求详见表10-9、表10-10。

卷材铺贴搭接方向 表10-9

屋面坡度	铺贴方向和要求
>3%	卷材宜平行屋脊方向,即顺平面长向为宜
3%~15%	卷材可平行或垂直屋脊方向铺贴
>15%或受振动	沥青卷材应垂直屋脊铺,改性沥青卷材宜垂直屋脊铺;高分子卷材可平行或垂直屋脊铺
>25%	应垂直屋脊铺,并应采取固定措施,固定点还应密封

卷材搭接宽度(mm) 表10-10

铺贴方法 卷材种类		短边搭接		长边搭接	
		满黏法	空铺、点黏、条黏法	满黏法	空铺、点黏、条黏法
沥青防水卷材		100	150	70	100
高聚物改性沥青防水卷材		80	100	80	100
合成高分子防水卷材	胶黏剂	80	100	80	100
	胶黏带	50	60	50	60
	单焊缝	60 有效焊接宽度不小于25			
	双焊缝	80 有效焊接宽度10×2空腔宽			

(5)卷材冷黏法施工工艺。

冷黏法施工是指在常温下采用胶黏剂等材料进行卷材与基层、卷材与卷材间黏结的施工方法。一般合成高分子卷材采用胶黏剂、胶黏带粘贴施工,聚合物改性沥青采用冷玛碲脂粘贴施工。卷材采用自黏胶铺贴施工也属该施工工艺。该工艺在常温下作业,不需要加热或明火,施工方便、安全,但要求基层干燥,胶黏剂的溶剂(或水分)充分挥发,否则不能保证黏结质量。

冷黏贴施工,选择的胶黏剂应与卷材配套、相溶且黏结性能满足设计要求。

①涂刷胶黏剂。

卷材底面和基层表面均应涂胶黏剂。卷材表面涂刷基层胶黏剂时,先将卷材展开摊铺在旁边平整干净的基层上,用长柄滚刷(图10-2),蘸胶黏剂,均匀涂刷在卷材的背面,不得涂刷得太薄而露底,也不能涂刷过多而产生聚胶。还应注意在搭接缝部位不得涂刷胶黏剂,此部位留作涂刷接缝胶黏剂,留置宽度即卷材搭接宽度。

涂刷基层胶黏剂的重点和难点与基层处理剂相同,即阴阳角、平立面转角处、卷材收头处、排水口、伸出屋面管道根部等节点部位。这些部位有增强层时应用接缝胶黏剂,涂刷工具宜用油漆刷(图10-3)。涂刷时,切忌在一处来回涂滚,以免将底胶"咬起",形成凝胶而影响质量。条黏法、点黏法应按规定的位置和面积涂刷胶黏剂。

②卷材的铺贴。

各种胶黏剂的性能和施工环境不同,有的可以在涂刷后立即粘贴卷材,有的得待溶剂挥发一部分后才能粘贴卷材,尤以后者居多,因此要控制好胶黏剂涂刷与卷材铺贴的间隔时间。一般要求基层及卷材上涂刷的胶黏剂达到表干程度,其间隔时间与胶黏剂性能及气温、湿度、风力等因素有关，通常为10～30min，施工时可凭经验确定：用指触不黏手时即可开始粘贴卷材。间隔时间的控制是冷黏贴施工的难点，这对黏结力和黏结的可靠性影响甚大。

图10-2　长柄滚刷　　图10-3　油漆刷

卷材铺贴时应对准已弹好的粉线，并且在铺贴好的卷材上弹出搭接宽度线，以便第二幅卷材铺贴时，能以此为准进行铺贴。

平面上铺贴卷材时，一般可采用以下两种方法进行。一种是抬铺法，在涂布好胶黏剂的卷材两端各安排一个工人，拉直卷材，中间根据卷材的长度安排1～4人，同时将卷材沿长向对折，使涂布胶黏剂的一面向外，抬起卷材，将一边对准搭接缝处的粉线，再翻开上半部卷材铺在基层上，同时拉开卷材使之服帖。操作过程中，对折、抬起卷材、对粉线、翻平卷材等工序，几人均应同时进行。

另一种是滚铺法，将涂布完胶黏剂并达到要求干燥度的卷材用ϕ50～100mm的塑料管或原来用来装运卷材的纸筒芯重新成卷，使涂布胶黏剂的一面朝外，成卷时两端要平整，不应出现笋状，以保证铺贴时能对齐粉线，并要注意防止砂子、灰尘等杂物粘在卷材表面。成卷后用一根ϕ30mm×1 500mm的钢管穿入中心的塑料管或纸筒芯内，由两人分别持钢管两端，抬起卷材的端头，对准粉线，固定在已铺好的卷材顶端搭接部位或基层面上，抬卷材两人同时匀速向前展开卷材，随时注意将卷材边缘对准粉线，并应使卷材铺贴平整，直到铺完一幅卷材。

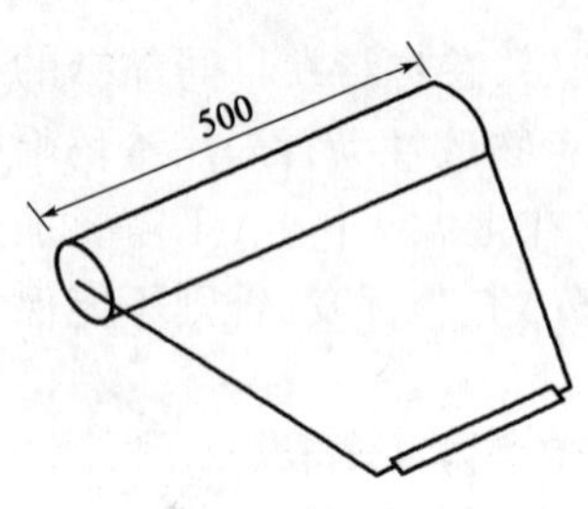

图10-4　压辊(滚筒)

每铺完一幅卷材，应立即用干净而松软的长柄压辊滚压(一般质量为30～40kg)，如图10-4所示，使其粘贴牢固。滚压应从中间向两侧边移动，做到排气彻底。

平面立面交接处，则先粘贴好平面，经过转角，由下向上粘贴卷材，粘贴时切勿拉紧，要轻轻沿转角压紧压实，再往上粘贴，同时排出空气，最后用手持压辊滚压密实，滚压时要从上往下进行。

③搭接缝的粘贴。

卷材铺好压粘后，应将搭接部位的结合面清除干净，可用棉纱沾少量汽油擦洗。然后采用油漆刷均匀涂刷接缝胶黏剂，不得出现露底、堆积现象。涂胶量可按产品说明控制，待胶黏剂表面干燥后(指触不黏)即可进行黏合。黏合时应从一端开始，边压合边驱除空气，不许有气泡和皱折现象，然后用手持压辊顺边认真仔细辊压一遍，使其黏结牢固。三层重叠处最不易压严，要用密封材料预先加以填封，否则将会成为渗水通道。

搭接缝全部粘贴后，缝口要用密封材料封严，密封时用刮刀沿缝刮涂，不能留有缺口，密封宽度不应小于10mm。

(6)沥青油毡卷材防水层施工。

①选用用油毡及沥青：油毡应选用不低于350号石油沥青油毡或沥青玻璃布油毡、再生橡胶油毡等，沥青应用建筑石油沥青(10号、30号甲、30号乙)和普通石油沥青。

②配制玛蹄脂：先将定量沥青破碎，放在沥青锅内均匀加热，并随时搅拌，至脱水无泡沫时，再缓慢加入预热好的干燥石棉纤维粉料，不停地搅拌至规定温度：建筑石油沥青的熬制温度不高于240℃，使用温度不低于190℃；普通石油沥青的熬制温度不高于280℃，使用温度不低于240℃，表面无泡沫，无疙瘩即可使用。

③配制冷底子油：先将石油沥青加热熔化，然后将热沥青倒入桶中，冷却至110℃，按石油沥青∶汽油＝30∶70的比例将汽油慢慢地倒入沥青桶中，搅拌均匀为止，密封好待用。

④清扫卷材：在宽敞平坦的地面上将油毡摊开，用扫帚将油毡表面的撒布物清扫干净，反卷，放通风处备用。

⑤涂刷冷底子油：在铺油毡前1～2h，在干燥、干净的基层上，用棕刷蘸油仔细地将基层涂刷一遍，厚度以0.5mm为宜，不得漏刷或出现麻点。

⑥铺贴油毡：

a.铺贴顺序：铺贴多跨或高低跨屋面时，应先远后近，先高跨后低跨。在一个单跨铺贴时，应铺贴排水比较集中的部位，如檐口、水落口、天沟等处，再铺油毡附加层，由低到高，使油毡按顺水方向搭接。

b.油毡铺贴层数按设计要求，一般为两毡三油，或三毡四油。

c 油毡铺贴方向，宜平行于屋脊铺设，每层由坡度下方向上铺贴。

d.油毡铺贴可根据屋面不同部位采用烧油法、刷油法、刮油法和撒油法，正常情况，将玛蹄脂用油壶左右来回地浇在卷材前的基层上，操作工人用两手按住卷材，均匀地用力向前推滚，铺平压实卷材，浇油宽度比卷材每边小1～2cm，铺设玛蹄脂的厚度控制在1～1.5mm。

e.铺贴时，应使油毡与下层紧密黏结，避免铺斜、扭曲。

同时将毡边多余的玛蹄脂及时刮去，仔细压紧、刮平，赶出气泡封严，如发现已铺贴的油毡有气泡、空鼓应随时进行处理。

f.油毡接头应采用搭接方法：上下层的搭接缝要错开1/3或者1/2幅宽；各层油毡的搭接宽度，长边不应小于70mm，短边不得小于100mm；平行于屋脊的搭接缝应顺流水方向搭接。

g.天沟、檐沟应增铺一层附加层，在与屋面交接处宜空铺，卷材收头应固定密封。

h.铺设保温层：铺设时先在卷材表面浇刷2～3mm厚的沥青玛蹄脂，趁热将洁净、预热至100℃，将直径为3～5mm的绿豆砂撒布均匀，用小铁滚滚压一遍，使其表面平整，一半嵌入沥青玛蹄脂中，未黏结的绿豆砂应随时清扫干净。

(7)卷材热黏贴施工工艺。

热黏贴是指采用热玛蹄脂或采用火焰加热熔化热熔防水卷材底层的热熔胶进行黏结的施工方法。常用的有SBS或APP(APAO)改性沥青热熔卷材，热玛蹄脂或热熔改性沥青黏结胶粘贴的沥青卷材或改性沥青卷材。这种工艺主要针对含有沥青为主要成分的卷材和胶黏剂，它采取科学有效的加热方法，对热源作了有效的控制，为以沥青为主的防水材料的应用创造了广阔的天地。同时取得良好的防水效果。

厚度小于3mm的卷材严禁采用热熔法施工，因为小于3mm的卷材在加热热熔底胶时极易烧坏胎体或烧穿卷材。大于3mm的卷材在采用火焰加热器加热卷材时既不得过分加热，以免烧穿卷材或使底胶焦化，也不能加热不充分，以免卷材不能很好地与基层粘牢。所以必须加热均匀，来回摆动火焰，使沥青呈光亮即止。热熔卷材铺贴常采取滚铺法，即边加热卷材边立即滚推卷材铺贴于基层,并用刮板用力推刮排出卷材下的空气,使卷材铺平,不皱折,不起泡,与基层粘贴牢固。推刮或辊压时,以卷材两边接缝处溢出沥青热熔胶为最适宜,并将溢出的热熔胶回刮封边。铺贴卷材亦应弹好标线,铺贴应顺直,搭接尺寸准确。

热玛蹄脂或热熔改性沥青黏结胶加热的温度应符合规定,沥青玛蹄脂加热温度不应高于240℃,使用温度不低于190℃,而热熔改性沥青黏结胶只要加热熔化就可以施工,温度不超过90℃。黏结层厚度,沥青玛蹄脂为1~1.5mm,作为面层时可以厚些,可达1.5~2m。而改性沥青黏结胶常作为涂膜层兼做胶黏剂,厚度由设计决定。施工时涂刮必须均匀,不得过厚而堆积。热熔卷材可采用满黏法或条黏法铺贴。

①滚铺法。这是一种不展开卷材而边加热烘烤边滚动卷材铺贴的方法。其步骤为:

第一步,起始端卷材的铺贴:将卷材置于起始位置,对好长、短方向搭接缝,滚展卷材1 000mm左右,掀开已展开的部分,开启喷枪点火,喷枪头与卷材保持50~100mm距离,与基层呈30°~45°角,将火焰对准卷材与基层交接处,同时加热卷材底面热熔胶面和基层,至热熔胶层出现黑色光泽、发亮至稍有微泡出现,慢慢放下卷材平铺于基层,然后进行排气,用压辊使卷材与基层黏结牢固。当起始端铺贴至剩下300mm左右长度时,将其翻放在隔热板上,用火焰加热余下起始端基层后,再加热卷材起始端余下部分,然后将其粘贴于基层。

第二步,滚铺:卷材起始端铺贴完成后即可进行大面积滚铺。持喷枪人位于卷材滚铺的前方,按上述方法同时加热卷材和基层,条黏时只需加热两侧边,加热宽度各为150mm左右。推滚卷材人蹲在已铺好的卷材起始端上面,等卷材充分加热后缓缓推压卷材,并随时注意卷材的平整顺直和搭接缝宽度。其后紧跟一人用棉纱团等从中间向两边抹压卷材,赶出气泡,并用刮刀将溢出的热熔胶刮压接边缝。另一个人用压辊压实卷材,使之与基层粘贴密实。

②展铺法。展铺法是先将卷材平铺于基层,再沿边掀起卷材予以加热粘贴。此方法主要适用于条黏法铺贴卷材,其施工方法如下:

第一步,先将卷材展铺在基层上,对好搭接缝,按滚铺法的要求先铺贴好起始端卷材。

第二步,拉直整幅卷材,使其无皱折、无波纹,能平坦地与基层相贴,并对准长边搭接缝,然后对末端作临时固定,防止卷材回缩,可采用站人等方法。

第三步,由起始端开始熔贴卷材,掀起卷材边缘约200mm高,将喷枪头伸入侧边卷材底下,加热卷材边宽约200mm的底面热熔胶和基层,边加热边向后退。然后另一人用棉纱团等由卷材中间向两边赶出气泡,并抹压平整。再由紧随的操作人员持压辊压实两侧边卷材,并用刮刀将溢出的热熔胶刮压平整。

第四步,铺贴到距末端1 000mm左右长度时,撤去临时固定,按前述滚压法铺贴末端卷材。

③搭接缝施工。热熔卷材表面一般有一层防黏隔离纸,因此在热熔黏结接缝之前,应先将下层卷材表面的隔离纸烧掉,以利搭接牢固严密。

操作时,由持枪人手持烫板(隔火板)柄,将烫板沿搭接粉线后退,喷枪火焰随烫板移动,喷枪应离开卷材50~100mm,贴近烫板。移动速度要控制合适,以刚好熔去隔离纸为宜。烫板和喷枪要密切配合,以免烧损卷材。排气和辊压方法与前述相同。

当整个防水层熔贴完毕后,所有搭接缝应用密封材料涂封严密。

(8)卷材收头应固定牢固,密封严密。

卷材铺到天沟、檐口、泛水立面时端头应固定牢固,这是因为卷材在后期热作用下收缩,末端首先受力最易脱开，雨水会逐步从开口处渗入卷材下部而导致屋面渗漏。因此对端头固定提出具体要求，不管采用满黏法，还是采取空铺法、点黏法、条黏法，在卷材末端800mm范围内均应全粘贴，尤其在泛水立面，在卷材末端处要用金属压条对卷材端头钉压固定，然后再用密封胶将其封严，并用聚合物水泥砂浆抹压，以避免翘边、开口。

3. 保护层种类及施工

规范规定"卷材屋面应有保护层"，因为防水层不但要起到防水作用，而且还要抵御大自然的雨水冲刷、紫外线、臭氧、酸雨的损害，温差变化的影响以及使用时外力的损坏，这些都会对防水层造成损害，缩短防水层的使用寿命，使防水层提前老化或失去防水功能。因此防水层应加保护层。以延缓防水层的使用寿命，这在功能上讲是合理的，在经济上是合算的，一般讲有了保护层，防水层的寿命至少延长一倍以上，如果做成倒置式屋面，防水层寿命延长更多。目前采用的保护层，是根据不同的防水材料和屋面功能决定的。见表10-11。

防水层保护层的种类一览表 表10-11

序号	保护层名称	材料做法	适用范围	优缺点
1	浅色涂层	丙烯酸彩色反射涂料	卷材、涂料或刚性防水层上	阻止紫外线、臭氧作用，反射部分阳光，降温，耐久性差
2	金属反射膜	铝箔、铝膜	改性卷材复面	反射部分阳光，降温，耐久性差
3	蛭石、云母粉	蛭石、云母片	涂膜表面	阻止紫外线，反射部分阳光，降低屋面温度，易脱落
4	粒料	砂、豆砂、彩砂、片石	油毡面保护层，改性沥青卷材面层	阻止紫外线，反射部分阳光，降低屋面温度，色彩鲜，易脱落
5	纤维毡，塑料网格布	化纤毡，塑料网格布	卷材、涂膜面层，刚性保护层面层	阻止紫外线，反射部分阳光，降温，防外力损害，可上人
6	卵石，块体	河卵石，混凝土制品	卷材、涂膜、倒置屋面保护层	阻止紫外线，反射阳光，降温，防外力损害
7	砂浆	水泥砂浆，聚合物水泥砂浆，隔离层，贴缸砖	卷材涂膜面层倒置屋面保护层	阻止紫外线、酸雨、臭氧对防水层损害，防雨水冲刷，降温，防外力损害，可上人
8	混凝土、钢筋混凝土	混凝土、钢筋混凝土、隔离层	卷材、涂膜面层、上人屋面、使用屋面、倒置屋面保护层	阻止紫外线、酸雨、臭氧对防水层损害，防雨水冲刷，降温，防外力损害，可作为面层使用，承荷量大

(1)浅色涂层的施工。

浅色涂层可在卷材、涂膜和刚性细石混凝土、砂浆上涂刷，涂刷面除干净外，还应干燥，涂膜应完全固化，刚性层应硬化干燥。涂刷时应均匀、不露底、不堆积，一般应涂刷两遍以上。

(2)金属反射膜黏铺。

金属反射膜一般在工厂生产时敷于热熔改性沥青卷材表面，也可以用黏结剂粘贴于涂膜表面。现场粘铺于涂膜表面时，应两人滚铺，从膜下排出空气立即辊压粘牢。

(3)蛭石、云母粉、粒料(砂、石片)撒布。

这些粒料如用于热熔改性沥青卷材表面时，系在工厂生产时粘附。在现场粘铺于涂膜表面时，是在涂刷最后一遍热玛蹄脂或涂料时，立即均匀撒铺粒料并轻轻地辊压一遍，待完全冷却或干燥固化后，再将上面未粘牢的粒料扫去。

(4)纤维毡、塑料网格布的施工。

纤维毡一般在四周用压条钉压固定于基层，中间可采取点黏固定，塑料网格布在四周亦应固定，中间均已咬口连接。

(5)卵石、块体铺设。

在铺设前应先点黏铺贴一层聚酯毡。卵石的大小要符合设计要求，并应全部密布铺满防水层。块体有各式各样的混凝土制品，如方砖、六角形、多边形，只要铺摆就可以，如上人屋面，则要求坐砂、坐浆铺砌，块体施工时，应铺平垫稳，缝隙均匀一致。

(6)水泥砂浆、聚合物水泥砂浆或干粉砂浆铺抹。

铺抹砂浆也应按设计要求，如需隔离层，则应先铺一层无纺布，再按设计要求铺抹砂浆，抹平压光；并按设计分格，也可以在硬化后用锯切割，但必须注意不可伤及防水层，锯割深度为砂浆厚度的1/3～1/2。

(7)混凝土、钢筋混凝土施工。

混凝土、钢筋混凝土保护层施工前应在防水层上作隔离层，隔离层可采用强度等级低的砂浆(石灰黏土砂浆)、油毡、聚酯毡、无纺布等；隔离层应铺平，然后铺放绑扎钢筋，支好分格缝模板，浇筑细石混凝土，也可以全部浇筑硬化后用锯切割混凝土缝，但缝中应填嵌密封材料。

4. 卷材防水层质量检验

卷材防水层的质量主要是施工质量并要求耐用年限内不得渗漏。所以材料质量必须符合设计要求，施工后不渗漏、不积水，极易产生渗漏的节点防水设防应严密，所以将它们列为主控项目。

当然，搭接、密封、基层黏结、铺设方向、搭接宽度，以及保护层，需设置排气通道等项目亦应列为检验项目，见表10-12。

卷材防水层质量检验表 表10-12

项目	检验项目	要求	检验方法
主控项目	1. 卷材防水层所用卷才及其配套材料	必须符合设计要求	检查出厂合格证、质量检验报告和现场抽样复验报告
	2. 卷材防水层	不得有渗漏或积水现象	雨后或淋水、蓄水试验
	3. 卷材防水层在天沟、檐沟、泛水、变形缝和水落口等处细部做法	必须符合设计要求	观察检查和检查隐蔽工程验收记录
一般项目	1. 卷材防水层的搭接缝	应黏(焊)结牢固、密封严密，并不得有皱折、翘边和鼓泡	观察检查
	2. 防水层的收头	应与基层黏结并固定牢固、缝口封严，不得翘边	观察检查
	3. 卷材防水层撒布材料和浅色涂料保护层	应铺撒或涂刷均匀，黏结牢固	观察检查
	4. 卷材防水层的水泥砂浆或细石混凝土保护层与卷材防水层间	应设置隔离层	观察检查
	5. 保护层的分格缝留置	应符合设计要求	观察检查
	6. 卷材的铺设方向，卷材的搭接宽度允许偏差	铺设方向应正确，搭接宽度的允许偏差为±10mm	观察和尺量检查
	7. 排气屋面的排气道、排气孔	应纵横贯通，不得堵塞；排气管应安装牢固，位置正确，封闭严密	观察和尺量检查

防水卷材现场抽样复验项目见表 10-13。

防水卷材现场抽样复验项目表　　表 10-13

材料名称	现场抽样数量	外观质量检验	物理性能检验
沥青防水卷材	大于 1 000 卷抽 5 卷,每 500 ~ 1 000 卷抽 4 卷,100 ~ 499 卷抽 3 卷,100 卷以下抽两卷,进行规格尺寸和外观质量检验。在外观质量检验合格的卷材中,任取一卷作物理性能检验	孔洞、硌伤、露胎、涂盖不匀,折纹、皱折,裂纹,裂口、缺边,每卷卷材的接头	纵向拉力,耐热度,柔度,不透水性
高聚物改性沥青防水卷材	同上	孔洞、缺边、硌伤、裂口、边缘不整齐,胎体露白、未浸透,撒布材料粒度、颜色,每卷卷材的接头	拉力,最大拉力时延伸率,耐热度,低温柔度,不透水性
合成高分子防水卷材	同上	折痕,杂质,胶块,凹痕,每卷卷材的接头	断裂拉伸强度,扯断伸长率,低温弯折,不透水性
石油沥青	同一批至少抽一次	—	针入度,延度,软化点
沥青玛碲脂	每工作班至少抽一次	—	耐热度,柔韧性,黏结力

学习情境四　涂膜防水层、刚性防水层施工

一、涂膜防水层

1. 防水涂料及胎体增强材料的种类和性能

(1)防水涂料。

防水涂料是一种流态或半流态物质,涂布在屋面基层表面,经溶剂或水分挥发,或各成分间的化学反应,形成有一定弹性和一定厚度的薄膜,使基层表面与水隔绝,起到防水密封作用。防水涂料能在屋面上形成无接缝的防水涂层,涂膜层的整体性好,并能在复杂基层上形成连续的整体防水层。因此特别适用于形状复杂的屋面;或在Ⅰ级、Ⅱ级防水设防的屋面上作为一道防水层与卷材复合使用,可以很好地弥补卷材防水层接缝防水可靠性差的缺陷,也可以与卷材复合共同组成一道防水层,在防水等级为Ⅲ级的屋面上使用。

防水涂料按其组成材料可分为沥青基防水涂料,改性沥青防水涂料,合成高分子防水涂料,沥青基涂料由于性能低劣、施工要求高,已被淘汰。

高聚物改性沥青防水涂料是以沥青为基料,用合成高分子聚合物进行改性,配制而成的水乳型、溶剂型或热熔型防水涂料。

(2)胎体增强材料。

胎体增强材料是指在涂膜防水层中增强用的聚酯无纺布、化纤无纺布、玻纤网格布等材料。其质量要求应符合表 10-14 的要求。

胎体增强材料质量要求 表 10-14

项目		质量要求		
		聚酯无纺布	化纤无纺布	玻纤网格布
外观		均匀、无团状、平整无折皱		
拉力(宽 50mm)	纵向	≥150	≥45	≥90
	横向	≥100	≥35	≥50
延伸率	纵向	≥10	≥20	≥3
	横向	≥20	≥25	≥3

2. 防水涂膜的施工要点

(1)防水涂膜的厚度是保证涂膜防水层质量的关键之一。

为了保证涂膜防水层的防水能力、耐久性和耐穿刺能力,除了对防水材料的性能提出一定的要求之外,涂膜必须具有足够的厚度,以抵御外力的作用,如基层开裂,风、雨的侵蚀,人为因素的破坏等。因此规范对不同材性的防水涂料组成一道防水层的厚度作出规定,不满足厚度要求,就不能成为一道防水设防,见表 10-15。涂料防水层施工完成后应按规定检测涂膜厚度。

涂膜厚度选用表 表 10-15

屋面防水等级	设防道数	合成高分子防水涂料	高聚物改性沥青防水涂料
Ⅰ级	3 道或 3 道以上	不应小于 1.5mm	—
Ⅱ级	两道设防	不应小于 1.5mm	不应小于 3mm
Ⅲ级	一道设防	不应小于 1.2mm	不应小于 3mm
Ⅳ级	一道设防	—	不应小于 2mm

防水涂料施工前,应根据涂料的品种,事先计算出规定厚度的防水材料用量,施工时通过控制防水涂料的用量来控制防水涂料的平均厚度。此外,施工时还应采取措施控制好涂膜厚度的均匀性,使防水涂膜厚薄一致,如水乳型或溶剂型涂料采用薄涂多遍的施工方法,反应型或热熔型涂料可以采用带齿的刮板刮涂,以保证厚度的均匀性。

(2)防水涂料的施工工艺。

涂膜防水常规施工程序是:

施工准备工作→板缝处理及基层施工→基层检查及处理→涂刷基层处理剂→节点和特殊部位附加增强处理→涂布防水涂料、铺贴胎体增强材料→防水层清理与检查整修→保护层施工。

其中板缝处理和基层施工及检查处理是保证涂膜防水施工质量的基础,防水涂料的涂布和胎体增强材料的铺设是最主要和最关键的工序,这道工序的施工方法取决于涂料的性质和设计方法。

涂膜防水的施工与卷材防水层一样,也必须按照“先高后低、先远后近”的原则进行,即遇有高低跨屋面,一般先涂布高跨屋面,后涂布低跨屋面。在相同高度的大面积屋面上,要合理划分施工段,施工段的交接处应尽量设在变形缝处,以便于操作和运输顺序的安排,在每段中要先涂布离上料点较远的部位,后涂布较近的部位。先涂布排水较集中的水落口、天沟、檐口,再往高处涂布至屋脊或天窗下。先作节点、附加层,然后再进行大面积涂布。一般涂布方向应顺屋脊方向,如有胎体增强材料时,涂布方向应与胎体增强材料的铺贴方向一致。

(3)准确计量、充分搅拌是保证多组分涂料防水质量的关键。

多组分防水涂料在施工现场要进行各组分的配合,施工时各组分或各材料间的配合比必须严格按照产品使用要求准确计量,以保证防水涂料的性能达到要求,保证每次配制涂料的性能稳定。

双组分涂料计量前,应先将各组分搅拌均匀。混合时先将主剂置入搅拌桶内,然后加入固化剂组分,并立即进行搅拌。搅拌桶应采用圆的铁桶或塑料桶,确保足够的搅拌时间,使涂料充分搅拌均匀。

单组分涂料可以参考双组分涂料的搅拌方法,如涂料沉淀较少时,也可采用人工搅拌或将涂料桶在屋面上来回滚动,使涂料搅拌均匀。未用完的涂料应加盖封严,容器桶中如有少量结膜现象,应清除或过滤后才能使用。

(4)防水涂料的涂布。

根据防水涂料种类的不同,防水涂料可以采用涂刷、刮涂或机械喷涂的方法涂布。

涂料涂布应分条或按顺序进行。分条进行时,每条的宽度应与胎体增强材料的宽度相一致,以免操作人员踩踏刚涂好的涂层。每次涂布前应仔细检查前遍涂层有否缺陷,如气泡、露底、漏刷、胎体增强材料皱折、翘边、杂物混入等现象,如发现上述问题,应先进行修补,再涂布后遍涂层。立面部位涂层应在平面涂布前进行,而且应采用多次薄层涂布,尤其是流动性好的涂料,否则会产生流坠现象,使上部涂层变薄,下部涂层增厚,影响防水性能。

①涂刷法和机械喷涂法。涂刷法是指采用滚刷或棕刷将涂料涂刷在基层上的施工方法;喷涂法是指采用带有一定压力的喷涂设备使从喷嘴中喷出的涂料产生一定的雾化作用,涂布在基层表面的施工方法。这两种方法一般用于固含量较低的水乳型或溶剂型涂料,涂布时应控制好每遍涂层的厚度,即要控制好每遍涂层的用量和厚薄均匀程度。涂刷应采用蘸刷法,不得采用将涂料倒在屋面上,再用滚刷或棕刷涂刷的方法,以免涂料产生堆积现象。喷涂时应根据喷涂压力的大小,选用合适的喷嘴,使喷出的涂料成雾状均匀喷出,喷涂时应控制好喷嘴移动速度,保持匀速前进,使喷涂的涂层厚薄均匀。

②刮涂法是指采用刮板将涂料涂布在基层上的施工方法,一般用于高固含量的双组分涂料的施工,由于刮涂法施工的涂层较厚,可以先将涂料倒在屋面上,然后用刮板将涂料刮开,刮涂时应注意控制涂层厚薄的均匀程度,最好采用带齿的刮板进行刮涂,以齿的高度来控制涂层的厚度。

(5)挥发性涂料应多次薄涂才能保证质量。

挥发性防水涂料是通过水分或溶剂的挥发使涂层干燥成膜的,因此挥发性防水涂料应分层分遍涂布,不得一次涂成,否则就会出现涂膜表面已干燥,而内部涂料的水分或溶剂却不能蒸发或挥发的现象,使涂膜难以干透而不能形成具有一定强度和弹性的防水膜。

涂料涂布时,涂布致密是保证涂膜质量的关键。应按规定的涂层厚度(以材料用量进行控制)均匀、仔细地涂布。各遍涂层之间的涂布方向应相互垂直,使上下层涂层互相覆盖严密,避免产生直通针眼气孔,提高防水层的整体性和均匀性。涂层间的接茬,在每遍涂布时应退茬 50 ~ 100mm,接茬时也应超过 50 ~ 100mm,避免在搭接处涂层变薄,发生渗漏。

双组分涂料虽然是通过组分间的化学反应直接形成涂膜，但如果一次涂层过厚，刮涂时难以控制涂层的厚薄均匀性，不能很好地保证涂层的厚度，所以双组分涂料也应通过2～3次刮涂形成设计要求的厚度。

(6)胎体增强材料的铺设。

胎体增强材料的铺设方向与屋面坡度有关。屋面坡度小于15%时可平行屋脊铺设，屋面坡度大于15%时，为防止胎体增强材料下滑，应垂直屋脊铺设。铺设时由屋面最低高程处开始向上操作，使胎体增强材料搭接顺流水方向，避免呛水。

胎体增强材料搭接时，其长边搭接宽度不得小于50mm，短边搭接宽度不得小于70mm。采用两层胎体增强材料时，由于胎体增强材料的纵向和横向延伸率不同，因此上下层胎体应同方向铺设，使两层胎体材料有一致的延伸性。上下层的搭接缝还应错开，其间距不得小于1/3幅宽，以避免产生重缝。

(7)细部节点的附加增强处理。

屋面细部节点，如天沟、檐沟、檐口、泛水、出屋面管道根部、阴阳角和防水层收头等部位均应加铺有胎体增强材料的附加层。一般先涂刷1～2遍涂料，铺贴裁剪好的胎体增强材料，使其贴实、平整，干燥后再涂刷一遍涂料。

3. 涂膜防水层的质量检验

涂膜防水层的质量包括防水施工质量和涂膜防水层的成品质量，其质量检验应包括原辅材料、施工过程和成品等几个方面。涂膜防水层质量检验的项目、要求和检验方法，见表10-16。

涂膜防水层质量检验的项目、要求和检验方法　　表10-16

项目	检验项目	要求	检验方法
主控项目	1. 防水涂料和胎体增强材料	必须符合设计要求	检查出厂合格证、质量检验报告和现场抽样复验报告
	2. 涂膜防水层	不得有渗漏或积水现象	雨后或淋水、蓄水试验
	3. 涂膜防水层在天沟、檐沟、泛水、变形缝和水落口等处细部做法	必须符合设计要求	观察检查和检查隐蔽工程验收记录
一般项目	1. 涂膜防水层的厚度	平均厚度符合设计要求，最小厚度不应小于设计厚度的80%	针测法或取样量测
	2. 防水层的表观质量	与基层黏结牢固，表面平整，涂刷均匀，无流淌、皱折、鼓泡、露胎体和翘边等缺陷	观察检查
	3. 涂膜防水层	应铺撒或涂刷均匀，黏结牢固	观察检查
	4. 涂膜防水层	应设置隔离层	观察检查
	5. 保护层分格缝留置	应符合设计要求	观察检查

防水涂料和胎体增强材料应按表 10-17 规定进行抽样检验。

防水涂料现场抽样复验项目 表 10-17

材料名称	现场抽样数量	外观质量检验	物理性能检验
高聚物改性沥青防水涂料	每 10t 为一批，不足 10t 按一批抽样	包装完好无损，且标明涂料名称、生产日期、生产厂名、产品有效期；无沉淀、凝胶、分层	固含量，耐热度，低温柔性，不透水性，延性，延伸率或抗裂性
合成高分子防水涂料、聚合物水泥防水涂料	每 10t 为一批，不足 10t 按一批抽样	包装完好无损，且标明涂料名称、生产日期、生产厂名、产品有效期	固体含量，拉伸强度，断裂延伸率，低温柔性，不透水性
胎体增强材料	每 3 000m^2 为一批，不足 3 000m^2 按一批抽样	均匀，无团状，平整，无皱折	拉力，延伸率

二、刚性防水层

1. 刚性防水层的构造要求

(1)屋面刚性防水层的厚度不宜小于 40mm，混凝土强度等级不应小于 C20，配置钢筋直径宜为 4 ~ 6mm，间距为 100 ~ 200mm 的双向钢筋网片，其上下保护层厚度不应小于 10mm，屋面排水坡度宜为 2% ~ 3%。

(2)防水层应留置分格缝，每个分格缝块以 20 ~ 30m^2 为宜，缝内嵌聚氯乙烯胶泥作密封材料。

(3)为减少防水层的温度应力和变形，可在防水层与基层之间设置纸筋灰、麻刀灰或浇热沥青干铺卷材、塑料薄膜等作隔离层。

2. 施工工艺流程

处理、清理基层→施工找平层→设置隔离层→绑扎钢筋→设置分格缝木条→浇筑细石混凝土→二次抹光→覆盖养护→取出分格缝木条→清缝→嵌缝→铺贴板缝保护层→清扫检查和修补→验收。

3. 施工要求

(1)找平层施工同卷材屋面，要求密实平整。

(2)使用不同材料铺设隔离层厚度应均匀，卷材底部可均匀撒一层滑石粉。

(3)钢筋网在平面上按常规铺设，在立墙转角处必须设置，但在分格缝处应断开，网片下部应有垫块，上部保护层厚度为 10 ~ 15mm。

(4)分格缝一般设置在屋面板的支承端，其纵横向间距不宜大于 6m。分格缝木条作成上口宽 20 ~ 40mm，下口宽 20mm，高度等于防水层厚度，除屋脊处设置纵向分格缝外，其余部位应尽量不设纵向缝。

(5)细石混凝土的水灰比不应大于 0.55，每立方米混凝土水泥用量不应大于 330kg，含砂率宜为 35% ~ 45%，灰砂比应为 1∶2 ~ 1∶2.5。

(6)混凝土应分块浇筑，浇筑前先刷素水泥浆一遍，再将混凝土倒在板面上铺平，用平板振动器振实后，用铁辊筒(长 74cm、直径 25cm、重 50kg)十字交叉地往复滚压 5 ~ 6 遍至密实，表面泛浆，用木抹抹平压实，待混凝土初凝前再进行二次压浆抹光，最后一遍待水泥收干时进行。

(7)每个分格板块的混凝土必须一次浇筑完成,不得留施工缝。

(8)在混凝土抹压最后一遍时,取出分格条,所留凹缝用1:2.5~3的水泥砂浆填灌,缝口留15~20mm深作嵌缝用。

(9)细石混凝土浇筑12~24h后,及时用草袋覆盖浇水养护,不少于14d。

(10)细石混凝土经养护并干燥后即可嵌缝,先去除分格缝内杂质,然后在缝内及两侧刷冷底子油一遍,用油膏嵌缝并压密实。

(11)分格板缝保护层可采用卷材或玻璃布覆盖,铺贴前清缝,涂刷冷子油,然后用玛蹄脂或冷胶料粘贴250mm宽卷材或玻璃布即完成刚性屋面全部工序。

学习情境五　屋面防水工程质量验收

一、屋面工程的质量要求及检查和验收

1.屋面工程的质量要求

屋面防水工程进行分部工程验收时,其质量应符合下列要求:

(1)防水层不得有渗漏或积水现象。

(2)屋面工程所使用的材料应符合设计要求和质量标准的规定。

(3)找平层表面平整,不得有酥松、起砂、起皮现象。

(4)保温层的厚度、含水率和表观密度应符合设计要求。

(5)天沟、檐沟、泛水和变形缝等构造,应符合设计要求。

(6)卷材铺贴方法和搭接顺序应符合设计要求,搭接宽度正确,接缝严密,不得有皱折、鼓泡和翘边现象。

(7)涂膜防水层的厚度应符合设计要求,涂层无裂纹、皱折、流淌、鼓泡和露胎体现象。

(8)刚性防水层表面应平整、压光,不起砂,不起皮,不开裂。分格缝应平直,位置正确。

(9)嵌缝密封材料应与两侧基层黏结牢固,密封部位光滑、平直,不得有开裂、鼓泡、下塌现象。

(10)瓦屋面的基层应平整、牢固,瓦片排列整齐、平直,搭接合理,接缝严密,不得有残缺瓦片。

2.屋面工程质量检查和验收的内容

(1)准备工作的检查验收:在防水工程施工前,应检查屋面工程是否通过图纸会审,施工方案或技术措施的内容是否完整,工序安排是否合理,进度是否科学,质量要求是否明确,质量目标是否制订;审查防水专业施工队的资质等级和施工人员的上岗证;检查屋面材料的进场情况,材料现场外观检查是否合格,现场抽检取样是否符合标准,测试数据是否有效,能否符合设计要求;检查施工机具和劳保用品数量和完好程度。

(2)基层质量的检查验收:找平层施工前,检查结构基层的质量是否符合防水工程施工的要求,找平层原材料的质量是否合格,配合比是否准确,水灰比和稠度是否适当;分格缝模板的位置是否准确,水泥砂浆抹压是否密实,坡度是否准确,是否及时进行二次压光;找平层表面质量检查。

(3)保温层质量的检查验收:保温层材料的品种是否正确,质量是否合格,板材的厚度是

否准确;整体现浇保温层的配合比是否正确,搅拌是否均匀,压实程度是否符合要求;松散保温材料的分层虚铺厚度和压实厚度是否与试验确定的参数相同;板状保温材料铺贴是否平稳,板缝间隙是否用同类材料嵌填密实,上下板块接缝是否错开;保温层施工完成后是否及时进行找平层和防水层的施工,如在覆盖前遇雨,有否采取临时覆盖措施,雨后应重新测定保温层的含水率。

(4)防水层的质量检查验收:防水层施工前应检查基层(找平层)质量是否合格;防水层材料及配套材料有否抽样检验合格,防水层施工时的气候条件是否满足要求,细部构造是否按照要求增设附加增强层;卷材铺贴前是否有弹线,卷材施工顺序、施工工艺是否正确,铺贴方向是否正确,黏结方法是否符合设计要求,卷材底面空气是否排尽,卷材的搭接宽度是否满足要求,卷材接缝是否可靠,封口是否严密;防水涂料配比是否准确,搅拌是否均匀,每遍涂刷的用量是否适当,涂刷的均匀程度,涂刷的遍数和涂料的总用量是否达到要求,涂刷的间隔时间是否足够,胎体增强材料的铺设方向、搭接宽度是否符合要求,涂膜防水层的厚度是否达到设计要求;刚性防水层与结构基层间有否设隔离层,分格缝模板的位置是否正确,模板是否牢固,钢筋品种、规格是否符合设计要求,钢筋间距和位置是否正确;细石混凝土的配比是否准确,搅拌是否均匀,每格的混凝土是否连续浇筑,混凝土有否压实抹光,是否及时进行二次压光,养护是否及时充分,养护时间是否达到要求,表面有无裂缝、起壳、起砂等缺陷,表面平整度允许偏差是否符合要求。

(5)保护层的质量检查验收:防水层是否已经验收合格,保护层施工时有否采取保护防水层的措施;浅色涂料保护层涂刷是否均匀,有无漏涂、露底现象;绿豆砂、云母或蛭石撒布是否均匀,黏结是否牢固;水泥砂浆、块材或细石混凝土保护层与防水层间是否设置隔离层,分格缝的位置是否准确,水泥砂浆或混凝土是否密实,表面有无缺陷;保护层的排水坡度是否符合设计要求。

(6)瓦屋面的质量检查验收:瓦及其配套材料是否抽样检验合格,基层质量是否合格,节点部位有否增强处理,防水层有否检查验收;平瓦屋面的顺水条、挂瓦条分档是否与材料尺寸匹配,铺钉是否平整牢固;平瓦铺置是否牢固,坡度过大时是否采取固定措施,瓦面是否整齐、平整、顺直,脊瓦与平瓦、脊瓦之间、平瓦之间的搭盖方向和尺寸是否正确,屋脊与斜脊是否顺直;油毡瓦固定钉的数量是否足够,有否钉平、钉牢,钉帽有无外露现象,与基层是否紧贴,油毡瓦间的对缝是否错开;金属板材的安装固定方法是否正确,搭接宽度是否符合要求,板材间的接缝是否有密封措施,密封是否严密,螺栓固定点密封是否严密,檐口线、泛水段是否顺直。

(7)隔热屋面的验收:隔热层施工前防水层有否验收合格,有无采取保护防水层的措施;架空隔热制品的质量是否达到要求,架空板施工前,屋面有否清理干净,支墩底部有无加强措施,支墩的间距是否准确,架空板是否采用坐浆铺砌,铺设是否平整、稳固,相邻板面的高低差是否符合标准,板缝是否勾填密实;蓄水区的划分及构造是否正确,排水管、溢水口、给水管、过水孔的位置尺寸、高程是否符合设计要求;种植屋面的排水坡度是否准确,种植层、疏水层材料是否符合设计要求、泄水孔的位置、尺寸、高程是否符合设计要求。

(8)屋面防水层的渗漏检查:检查屋面有无渗漏、积水,排水系统是否畅通,应在雨后或持续淋水2h后进行。有可能做蓄水检验的屋面,其蓄水时间不得少于24h。检查时应对顶层房间的天棚,逐间进行仔细的检查。如有渗漏现象,应记录渗漏的状态,查明原因,及时进行修补,直至屋面无渗漏为止。

二、屋面工程隐蔽验收记录和竣工验收资料

1. 屋面工程隐蔽验收记录的内容

屋面工程施工过程中,应认真进行隐蔽工程的质量检查和验收工作,并及时做好隐蔽验收记录。屋面工程隐蔽验收记录应包括以下主要内容:

(1)卷材、涂膜防水层的基层。

(2)密封防水处理部位。

(3)天沟、檐沟、泛水和变形缝等细部做法。

(4)卷材、涂膜防水层的搭接宽度和附加层。

(5)刚性保护层与卷材、涂膜防水层之间设置的隔离层。

2. 屋面工程竣工验收资料的内容及整理

屋面工程在开始施工到验收的整个过程中,应不断收集有关资料,并在分部工程验收前完成所有资料的整理工作,交监理工程师审查合格后提出分部工程验收申请,分部工程验收完成后,应及时填写分部工程质量验收记录,暂由施工单位保存。

屋面工程验收的文件和记录应按表 10-18 要求执行。

屋面工程验收的文件和记录表 表 10-18

序　号	项　　目	文件和记录
1	防水设计	设计图纸及会审记录,设计变更通知单和材料代用核定单
2	施工方案	施工方法、技术措施、质量保证措施
3	技术交底记录	施工操作要求及注意事项
4	材料质量证明文件	出厂合格证、质量检验报告和试验报告
5	中间检查记录	分项工程质量验收记录、隐蔽工程验收记录、施工检验记录、淋水或蓄水检验记录
6	施工日志	逐日施工情况
7	工程检验记录	抽样质量检验及观察检查
8	其他技术资料	事故处理报告、技术总结

练习题

1. 高层建筑和多层建筑各属于几级防水级别?其防水层的耐用年限各是几年?各有几道防水设防?

2. 防水层施工有哪些条件?

3. 找平层是防水层的依附层,其质量好坏将直接影响到防水层的质量,所以要求找平层必须做到的“五要”、“四不”、“三做到”,其内容各是什么?

4. 板状保温材料施工有哪些要求?

5. 沥青油毡卷材防水层施工有哪几道工序,其中铺贴油毡是如何进行的?

6. 刚性防水层施工有哪些具体要求?

参考文献

[1] 本书编写组. 建筑施工手册[M]. 3 版. 北京:中国建筑工业出版社,1997.

[2] 方先和. 建筑施工[M]. 武汉:武汉大学出版社,1992.

[3] 中国机械工业教育协会. 建筑施工[M]. 北京:机械工业出版社,2001.

[4] 中国建设教育协会继续教育委员会. 混凝土工程施工新技术[M]. 北京:中国环境科学出版社,2000.

[5] 姚谨英. 建筑施工技术[M]. 2 版. 北京:中国建筑工业出版社,2003.

[6] 中国建筑标准设计研究院. 混凝土结构施工图平面整体表示法制图规章和构造详图(11G101—1)[M]. 北京:中国计划出版社,2011.

[7] 中华人民共和国国家标准. GB 50204—2002 混凝土结构工程施工质量验收规范[S]. 北京:中国标准出版社,2002.

[8] 祖青山. 建筑施工技术[M]. 北京:中国环境科学出版社,2006.